电气控制技术与环境保护研究

张 艳 陈 宁 毛卫旭 主编

文化发展出版社

Cultural Development Press

图书在版编目（CIP）数据

电气控制技术与环境保护研究 / 张艳，陈宁，毛卫旭主编．—北京：文化发展出版社有限公司，2019.6

ISBN 978-7-5142-2597-6

Ⅰ．①电… Ⅱ．①张… ②陈… ③毛… Ⅲ．①电气控制－研究②电力工程－环境保护－研究 Ⅳ．① TM921.5 ② X322

中国版本图书馆 CIP 数据核字（2019）第 053506 号

电气控制技术与环境保护研究

主　　编：张　艳　陈　宁　毛卫旭

责任编辑：李　毅　　　　　　责任校对：岳智勇

责任印制：邓辉明　　　　　　责任设计：侯　铮

出版发行：文化发展出版社有限公司（北京市翠微路 2 号 邮编：100036）

网　　址：www.wenhuafazhan.com　www.printhome.com　　www.keyin.cn

经　　销：各地新华书店

印　　刷：阳谷毕升印务有限公司

开　　本：787mm×1092mm　1/16

字　　数：341 千字

印　　张：18.125

印　　次：2019 年 9 月第 1 版　2021 年 2 月第 2 次印刷

定　　价：56.00 元

Ｉ Ｓ Ｂ Ｎ：978-7-5142-2597-6

◆ 如发现任何质量问题请与我社发行部联系。发行部电话：010-88275710

编委会

前　言
PREFACE

电气控制技术是以各类电动机为动力的传动装置与系统为对象，以实现生产过程自动化的控制技术。电气控制系统是其中的主干部分，在国民经济各行业中的许多部门得到广泛应用，是实现工业生产自动化的重要技术手段。随着科学技术的不断发展、生产工艺的不断改进，特别是计算机技术的应用，新型控制策略的出现，不断改变着电气控制技术的面貌。

电气控制技术得到了广泛的重视，在生活中得到了越来越多的应用，在生产实践方面，大部分电子产品都必须依靠电气控技术来完成；在网络技术飞速发展的今天，电气控制技术在计算机技术的带动下不断发展。伴随着电力电子技术和计算机技术的快速发展，电气控制技术也进入发展的快速通道，现在，计算机技术和电力电子技术已经完全地融入到了电气控技术中，使得电气控技术更加精准和简单。各行业逐渐地发现了电气控制技术的可靠、安全、反应快速、节能等优点，所以越来越多的行业开始引入电气控制系统。电气控技术的应用范围很广，小到一个家庭，大到飞机、火箭，所以电气控技术的发展对国家的经济发展有着重要的意义。现在这项技术中已经融入了很多的其他技术，加快了电气技术相关行业的发展。

我国政府高度重视保护环境，认为保护环境关系到国家现代化建设的全局和长远发展，是造福当代、惠及子孙的事业。多年来，中国政府将环境保护确立为一项基本国策，把可持续发展作为一项重大战略，坚持走新型工业化道路，在推进经济发展的同时，采取一系列措施加强环境保护。特别是近年来，中国政府坚持以科学发展观统领环境保护事业，坚持预防为主、综合治理，全面推进、重点突破，着力解决危害人民群众健康的突出环境问题；坚持创新体制机制，依靠科技进步，强化环境法治，发挥社会各方面的积极性。经过努力，在资源消耗和污染物产生量大幅增加的情况下，环境污染和生态破坏加剧的趋势减缓，部分流域污染治理初见成效，部分城市和地区环境质量有所改善，工业产品的污染排放强度有所下降，全社会环境保护意识进一步增强。

　　本书在编写过程中参考了大量的国内外专家和学者的专著、报刊文献、网络资料，以及电气控制技术与环境保护的有关内容，借鉴了部分国内外专家、学者的研究成果，在此对相关专家、学者表示衷心的感谢。

　　虽然本书编写时各作者通力合作，但因编写时间和理论水平有限，书中难免有不足之处，我们诚挚地希望读者给予批评指正。

《电气控制技术与环境保护研究》编委会

目　录
CONTENTS

第一章　常用的低压电器

第一节　低压电器的基础

一、低压电器的定义及用途

凡是自动或手动接通或断开电路，以及能实现对电路或非电对象切换、控制、保护、检测、变换和调节的电气元件统称为电器。

1. 低压电器的定义

低压电器是指工作在交流频率为 50Hz、额定电压为 1200V 及以下的和直流额定电压为 1500V 及以下的电器。

2. 低压电器的用途

低压电器在电路中的作用是根据外界所施加的信号或要求，自动或手动地接通或分断电路，从而连续或断续地改变电路的参数或状态，以实现对电路中电对象或非电对象的切换、控制、检测、保护、变换或调节等。

二、低压电器的分类

电器的用途广泛，功能多样，种类繁多，构造各异，其分类方法很多。从使用角度常分为以下几种。

1. 按工作电压等级分类

（1）低压电器。通常是指工作电压在交流电压 1200V 或直流电压 1500V 以下的各种电器。如接触器、继电器、刀开关、主令电器等。

（2）高压电器。通常是指工作电压高于交流电压 1200V 或直流电压 1500V 以上的各种电器。如高压熔断器、高压隔离开关、高压断路器等。

2. 按用途分类

低压电器按用途分类的主要内容，见表 1–1。

表1-1　按用途分类

类型	主要内容
主令电器	用于自动控制系统中发送控制指令的电器。如控制按钮、主令开关、行程开关、万能转换开关等
控制电器	用于各种控制电路和控制系统的电器。如接触器、各类控制继电器、起动器、控制器等
配电电器	用于电能的输送和分配的电器。如高压断路器、隔离开关、各类刀开关、断路器等
保护电器	用于保护电路及用电设备的电器。如熔断器、热继电器、各种保护继电器、避雷器等
执行电器	用于完成某种动作或传动功能的电器。如电磁铁、电磁阀、电磁离合器等

3. 按工作原理分类

（1）电磁式电器。依据电磁感应原理来工作的电器。如交、直流接触器、各种电磁式继电器、电磁阀等。

（2）非电量控制电器。这类电器的工作是靠外力或某种非电物理量的变化而动作的。如行程开关、按钮、压力继电器、温度继电器等。

三、低压电器的主要技术参数

电器要可靠地接通和分断被控电路，而不同的被控电路工作在不同电压或电流等级、不同通断频繁程度及不同性质负载的情况下，对电器提出了各种技术要求。如触头（点）在分断状态时要有一定的耐压能力，防止漏电或介质击穿，因而电器应有额定工作电压这一基本参数；触头（点）闭合时，总有一定的接触电阻，负载电流在接触电阻上产生的压降和热量不应过大，因此对电器的触头（点）规定了额定电流值；被控负载的工作情况对电器的要求有着重要的影响，如笼型异步电动机反接制动及反向时的电流峰值比起动时电流的峰值约大2倍，所以电动机频繁反向时，控制电器的工作条件较差，于是，有些控制电器被制成能工作使用在较恶劣条件下，而有些则不能，这就使电器有了不同的使用类别。配电电器担负着接通和分断短路电流的任务，相应地规定了极限通、断能力；电器分断电流时出现的电弧要烧损触点甚至熔焊，因此电器都有一定的使用寿命。

1. 使用类别

按国家标准《电气简图用图形符号》，将控制电器的主触点和辅助触点的使用类别列于表1-2。

表1-2 控制电器触点的标准合作类别

触点	电流种类	使用类别	典型用途举例
主触点	交流	AC-1 AC-2 AC-3 AC-4	无感或微感负载、电阻炉 绕线转子异步电动机的起动、分断 笼型异步电动机的起动、运转中分断 笼型异步电动机的起动、反接制动、反向、点动
	直流	DC-1 DC-3 DC-5	无感或微感负载、电阻炉 并励电动机的起动、点动与反接制动 串励电动机的起动、点动与反接制动
辅助触点	交流	AC-11 AC-14 AC-15	控制交流电磁铁 控制小容量（<72VA）电磁铁负载 控制容量大于72VA的电磁铁负载
	直流	DC-11 DC-13 DC-14	控制直流电磁铁 控制直流电磁铁，即电感与电阻的混合负载 控制电路中有经济电阻的直流电磁铁负载

2. 主要参数——额定工作电压和额定工作电流

额定工作电压是指在规定条件下，能保证电器正常工作的电压值，通电压值。有的电磁机构的控制电器还规定了电磁线圈的额定工作电压。

额定工作电流是根据电器的具体使用条件确定的电流值，它与额定电压、电网频率、额定工作制、使用类别、触点寿命及防护等级等因素有关，同一个开关电器可以对应不同使用条件以规定不同的工作电流值。

3. 通断能力

通断能力以表1-3中非正常负载时能接通和断开的电流值来衡量。接通能力是指开关闭合时不会造成触点熔焊的能力。断开能力是指开关断开时能可靠灭弧的能力。

表1-3 相应于合作类别的接通和分断条件

类别	正常负载						非正常负载					
	接通			分断			接通			分断		
	I/I_N	U/U_N	$\cos\phi$	I/I_N	U/U_N	$\cos\phi$	I/I_N	U/U_N	$\cos\phi$	I/I_N	U/U_N	$\cos\phi$
AC-1	1	1	0.95	1	1	0.95	1.5	1.1	0.95	1.5	1.1	0.95
	2.5	1	0.65	1	0.4	0.65	4	1.1	0.65	4	1.1	0.65
	6	1	0.35	1	0.17	0.35	10	1.1	0.35	8	1.1	0.35
	6	1	0.35	6	1	0.35	10	1.1	0.35	8	1.1	0.35

4. 寿命

寿命包括机械寿命和电气寿命。机械寿命是指电器在无电流的情况下能操作的次数; 电气寿命是指按所规定的使用条件而不需要修理或更换零件的负载操作次数。

四、选择低压电器的注意事项

我国生产的低压电器品种规格较多, 在选择时首先考虑安全性, 安全可靠是对任何电器的基本要求, 保证电路和用电设备的可靠运行是正常生活与生产的前提。其次是经济性, 即电器本身的经济价值和使用该电器产生的价值。另外, 在选择低压电器时还应注意以下内容。

了解电器的正常工作条件, 如环境温度、湿度、海拔高度、振动和防御有害气体等方面的能力; 了解电器的主要技术性能, 如用途、种类、通断能力和使用寿命等; 明确控制对象及使用环境; 明确相关的技术数据, 如控制对象的额定电压、额定功率、操作特性、起动电流及工作制度等。

第二节　电磁式低压电器的结构与工作原理

一、电磁机构

电磁机构是电磁式电器的信号检测部分。它的主要作用是将电磁能量转换为机械能量并带动触头动作, 从而完成电路的接通或分断。电磁机构由吸引线圈、铁心、衔铁等几部分组成。

1. 常用的磁路结构

常用的磁路结构可分三种形式, 如图 1-1 所示。

(1) 衔铁沿棱角转动的拍合式铁心, 如图 1-1 (a) 所示。这种形式广泛应用于直流电器中。

(2) 衔铁沿轴转动的拍合式铁心, 如图 1-1 (b) 所示。其铁心形状有 E 形和 U 形两种。这种形式多用于触头容量较大的交流电器中。

(3) 衔铁直线运动的双 E 形直动式铁心, 如图 1-1 (c) 所示。这种形式大都用于交流接触器、继电器中。

电磁式电器分为直流与交流两大类, 都是利用电磁铁的原理制成。通常直流电磁铁的铁心是用整块钢材或工程纯铁制成, 而交流电磁铁的铁心则用硅钢片叠铆而成。

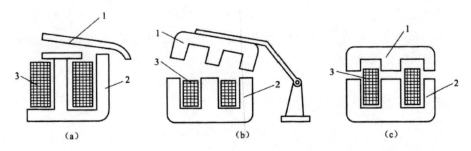

图 1-1　常用的磁路结构

（a）衔铁沿棱角转动的拍合式铁心；（b）衔铁沿轴转动的拍合式铁心；
（c）衔铁直线运动的双 E 形直动式铁心
1—衔铁；2—铁心；3—吸引线圈

2. 吸引线圈

吸引线圈的作用是将电能转换成磁场能量。按通入电流种类不同，可分为直流线圈和交流线圈。

对于直流电磁铁：直流电磁铁在稳定的状态下通入恒定的磁通，铁心中没有磁滞损耗和涡流损耗，也就不产生热量，只有线圈是产生热量的热源。因此，直流电磁铁的线圈没有骨架，并且直流电磁铁的吸引线圈做成高而薄的瘦长型，使线圈与铁心直接接触，从而使线圈中产生的热量通过铁心散发出去，以便于散热。铁心和衔铁用软钢或工程纯铁制成。直流电磁铁的外形特征：瘦长型。

对于交流电磁铁：由于交流电磁铁的铁心中通过的是交变磁通，因此交流电磁铁的铁心中会存在磁滞损耗和涡流损耗，这样线圈和铁心都会发热。所以一方面，交流电磁铁的吸引线圈做成有骨架的，使铁心与线圈隔离并将线圈制成短而厚的矮胖型；另一方面，交流电磁铁的铁心用电工硅钢片叠铆而成，以减少磁滞损耗和涡流损耗，更有利于铁心和线圈的散热。交流电磁铁的外形特征：矮胖型。

3. 电磁吸力与吸力特性

电磁式电器采用交、直流电磁铁的基本原理，电磁吸力是影响其可靠工作的一个重要参数。电磁铁的吸力可按下式求得：

$$F_{at} = \frac{10^7}{8\pi} B^2 S \qquad (1-1)$$

式中 F_{at}——电磁吸力，N；

　　　B——气隙中的磁感应强度，T；

　　　S——磁极截面积，m^2。

在固定铁心与衔铁之间的气隙值 δ 及外加电压值 U 一定时，对于直流电磁铁，电磁吸力是一个恒定值。但对于交流电磁铁，由于外加正弦交流电压，其气隙磁感应强度也按正弦规律变化，即

$$B=B_m\sin\omega t \tag{1-2}$$

将式（1-2）代入式（1-1）整理得：

$$F_{at} = \frac{F_{atm}}{2} - \frac{F_{atm}}{2}\cos 2\omega t = F_0 - F_0\cos 2\omega t$$

式中 F_{atm}——电磁吸力最大值，$F_{atm} = \dfrac{10^7}{8\pi}B^2{}_mS$；

F_0——电磁吸力平均值，$F_o = \dfrac{F_{atm}}{2}$。

因此交流电磁铁的电磁吸力是随时间变化而变化的。

另外，交、直流电磁铁在吸合或释放过程中，气隙 δ 值是变化的，因此电磁吸力 F_{at} 又随 δ 值变化而变化。通常交流电磁铁的吸力是指它的平均吸力。所谓吸力特性，是指吸动过程中电磁吸力 F_{at} 随衔铁与铁心间气隙 δ 变化的关系曲线。不同的电磁机构有不同的吸力特性。图 1-2 表示一般电磁铁的吸力特性。

对于直流电磁铁，其励磁电流的大小与气隙 δ 无关。动作过程中为恒磁动势工作，其吸力随气隙 δ 的减小而增大，所以吸力特性曲线比较陡峭，如图 1-2 中的曲线 1 所示。而交流电磁铁的励磁电流与气隙 δ 成正比。动作过程中为近似恒磁通工作，其吸力随气隙 δ 的减小略有增大，所以吸力特性比较平坦，如图 1-2 中的曲线 2 所示。

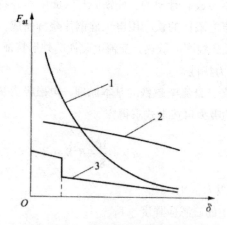

图 1-2 一般电磁铁的吸力特性
1—直流电磁铁吸力特性；2—交流电磁铁吸力特性；3—反力特性

4. 反力特性和返回系数

所谓反力特性，是指吸动过程中反作用力 Fr 与气隙 δ 的关系曲线，如图 1-2 中的曲线 3 所示。

为了使电磁机构能正常工作，其吸力特性与反力特性配合必须得当。在衔铁吸合过程中，其吸力特性必须始终处于反力特性的上方，即吸力要大于反力。衔铁释放时，吸力特性必须位于反力特性的下方，即反力要大于吸力。

返回系数是指释放电压 U_{re}（或释放电流 I_{re}）与吸合电压 U_{at}（或吸合电流 I_{at}）的比值。用 β 表示，或 $\beta_{I=} \dfrac{I_{re}}{I_{at}}$。

返回系数是反映电磁式电器动作灵敏度的一个参数，对电器工作的控制要求、保护特性和可靠性有一定的影响。

5. 交流电磁机构上短路环的作用

根据交流电磁铁的吸力公式［式（1-1）］可知，交流电磁机构的电磁吸力 F_{at} 是一个两倍电源频率的周期性变量。它有两个分量：一个是恒定分量 F_0，其值为最大吸力值 F_{atm} 的一半；另一个是交变分量 $F_{\sim}$，交变分量 $F_{\sim} = F_0 \cos 2\omega t$ 其幅值为最大吸力值的一半，并以两倍电源频率变化，总的电磁吸力 F_{at} 在从 0 到 F_{atm} 的范围内变化，其实际吸力曲线如图 1-3 所示。

电磁机构在工作中，衔铁始终受到反作用弹簧、触头弹簧等反作用力的作用。尽管电磁吸力的平均值 F_0 大于反作用力 F_r，但在某些时候电磁吸力 F_{at} 仍将小于反作用力 F_r（如图 1-3 中画有斜线部分所示）。当电磁吸力 $F_{at} < F_r$ 时，衔铁开始释放；当 $F_{at} > F_r$ 时衔铁又被吸合。如此周而复始，从而使衔铁产生振动发生噪声。为此必须采取有效措施，以消除振动和噪声。

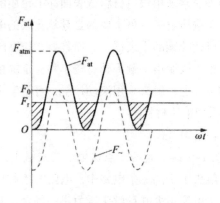

图 1-3　交流电磁机构实际吸力曲线示意

消除振动和噪声具体办法：是在铁心端部开一个槽，槽内嵌入称为短路环（或称阻尼环）的铜环，如图 1-4 所示。短路环把铁心中的磁通分为两部分，即不穿过短路环的 Φ_1 和穿过短路环的 Φ_2，且 Φ_2 滞后于 Φ_1，使合成吸力始终大于反作用力，从而消除了振动和噪声。

短路环通常包围 2/3 的铁心截面，一般用铜、锰、白铜（也称康铜）或镍铬合金等材料制成。

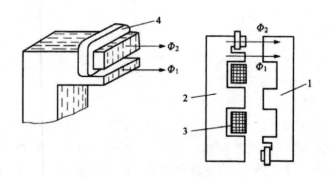

图 1-4　交流电磁铁的短路环
1—衔铁；2—铁心；3—线圈；4—短路环

二、触头系统

触头是电器的执行部分，起到接通和分断电路的作用。因此，要求触头的导电、导热性能良好，触头通常是用铜制成。但铜的表面会容易氧化而生成一层氧化铜，将增大触头的接触电阻，使触头的损耗增大，温度上升。所以有些电器，如继电器和小容量的电器，其触头通常采用银质材料或表面涂上银质的铜材料，这不仅在于其导电和导热性能均优于铜质触头，更主要的是其氧化膜的电阻率与纯银相似（氧化铜则不然，其电阻率可达纯铜的十余倍），而且要在较高的温度下才会形成，同时又容易粉化。因此，银（或涂银）触头具有较小和稳定的接触电阻。对于大中容量的低压电器，在结构设计上，触头采用滚动接触，可将触头表面的氧化膜去掉，这种结构的触头，也常采用铜质材料。

触头主要有以下几种结构形式：

（1）桥式触头。图 1-5（a）是两个点接触的桥式触头，图 1-5（b）是两个面接触的桥式触头，两个触头串于同一条电路中，电路的接通与断开由两个触头共同完成。点接触形式适用于电流不大并且触头压力小的场合，面接触形式适用于大电流的场合。

（2）指形触头。图1-5（c）所示为指形触头，其接触面为一直线，故又称为线接触。触头接通或分断时产生滚动摩擦，以利于去掉氧化膜。此种形式适用于通电次数多、电流大的场合。

为了使触头接触得更加紧密，以减小接触电阻，并消除开始接触时产生的振动，在触头上装有接触弹簧，在刚刚接触时产生初压力，并且随着触头闭合增大触头压力。

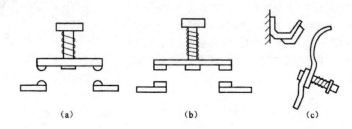

图1-5 触头的结构形式

（a）桥式触头的点接触； （b）桥式触头的面接触； （c）指形触头的线接触

三、电弧的产生及灭弧方法

在大气中断开电路时，如果被断开电路的电流超过某一数值，断开后加在触头间隙两端电压超过某一数值（一般在12～20V之间）时，触头间隙中就会产生电弧。电弧实际上就是触头间气体在强电场作用下产生的电离放电现象，即当触头间刚出现分断时，两触头间距离极小，电场强度极大，在高热和强电场作用下，金属内部的自由电子从阴极表面逸出，奔向阳极，这些自由电子在电场中运动时撞击中性气体分子，使之激励和游离，产生正离子和电子。因此，在触头间隙中产生大量的带电粒子，使气体导电形成了炽热的电子流，即电弧。

电弧产生后，伴随高温产生并发出强光，将触头烧损，并使电路的切断时间延长，严重时还会引起火灾或其他事故。因此，在电器中应采取适当的措施熄灭电弧。常用的灭弧方法有以下几种（见表1-4）。

表1-4 常用的灭弧方法

方法	主要内容	图例
电动力灭弧	如右图所示，它是一种桥式结构双断口触头。当触头打开时，在断口中产生电弧，在电动力 F 的作用下，使电弧向外运动并拉长，加快冷却并熄灭。这种灭弧方法一般用于小容量交流接触器中	1—静触头；2—动触头

续表

方法	主要内容	图例
磁吹灭弧	其原理如右图所示。在触头电路中串入一个磁吹线圈，负载电流产生的磁场方向如右图所示。当触头断开产生电弧后，同样原理在电动力作用下，电弧被拉长并吹入灭弧罩6中使电弧冷却并熄灭。这种灭弧装置是利用电弧电流灭弧，电流越大，吹弧能力越强。它广泛应用于直流接触器中	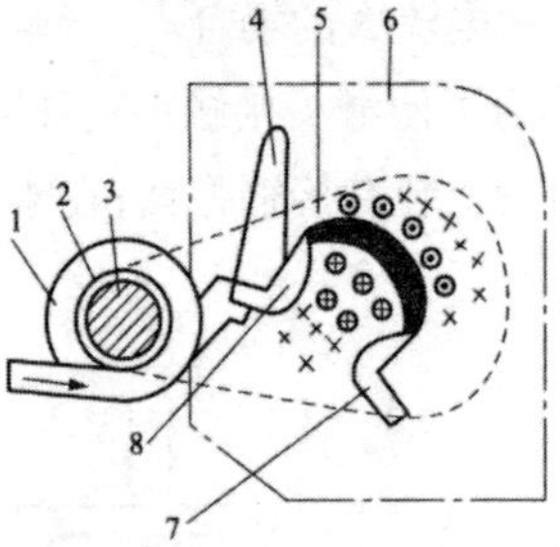 1—磁吹线圈；2—绝缘套；3—铁心；4—引弧角；5—导磁夹板；6—灭弧罩；7—动触头；8—静触头
窄缝灭弧	这种灭弧方法是利用灭弧罩的窄缝来实现的。灭弧罩内只有一个纵缝，缝的下部宽些上部窄些，如右图所示。当触头断开时，电弧在电动力作用下进入缝内，窄缝可将电弧弧柱直径压缩，使电弧同缝壁紧密接触，加强冷却和消电离作用，使电弧熄灭加快。灭弧罩的材料通常用陶土、石棉水泥或耐弧塑料。窄缝灭弧常用于交流和直流接触器中	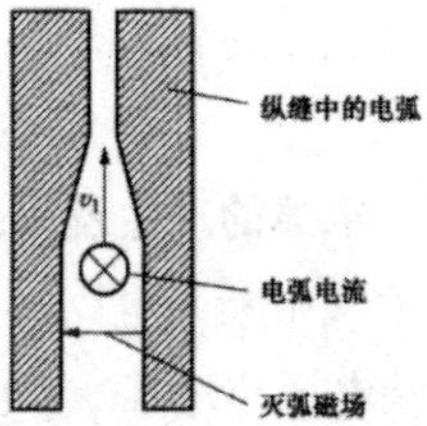 纵缝中的电弧；电弧电流；灭弧磁场
栅片灭弧	右图为栅片灭弧示意图。灭弧栅由多片镀铜薄钢片（称为栅片）组成，它们安放在电器触头上方的灭弧栅内，彼此之间互相绝缘。当电弧产生时，在电动力作用下，电弧被拉入灭弧栅片中而被栅片分割成数段串联的短弧，栅片之间互相绝缘，每片栅片相当于一个电极，每对电极都有150～250V的绝缘强度，使整个灭弧栅的绝缘强度大大增强，以致外电压无法维持，使电弧迅速冷却而很快熄灭。栅片灭弧常用于大电流的刀开关与大容量交流接触器中	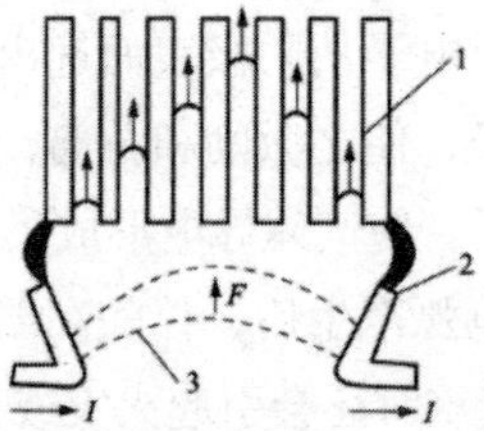 1—灭弧栅片；2—触头；3—电弧

第三节　开关电器

一、刀开关

刀开关是低压电器中结构比较简单、应用十分广泛的一种手动操作电器。常用于低压电路中的电源开关、隔离开关和小容量的交流异步电动机做非频繁地起动的操作开关。

刀开关由操作手柄、触刀、静插座和绝缘底板组成。依靠手动操作触刀插入插座或脱离插座，完成电源接通与分断控制。

刀开关的种类很多，按触刀的极数不同可分为单极、双极和三极刀开关；按灭弧装置不同可分为带灭弧装置和不带灭弧装置刀开关；按触刀的转换方向不同可分为单掷和双掷刀开关；按接线方式不同可分为板前接线和板后接线刀开关；按操作方式不同可分为直接手柄操作和远距离联杆操作刀开关；按有无熔断器可分为带熔断器式刀开关（负荷开关）和不带熔断器式刀开关（普通刀开关）。在电力拖动控制电路中，最常用的是负荷开关，它又可分为开启式负荷开关与封闭式负荷开关两种。

刀开关的主要技术参数有额定电压、额定电流、通断能力、动稳定电流、热稳定电流等。刀开关的主要类型有胶盖瓷底刀开关、负荷开关、熔断器式刀开关。

1. 胶盖瓷底刀开关（开启式负荷开关）

胶盖瓷底刀开关是结构最简单、应用最广泛的一种手控电器。胶盖瓷底刀开关主要用于频率为 50Hz、电压小于 380V、电流小于 60A 的电力线路中，在低压控制线路中，用于不频繁的接通和分断电路，或用于电路与电源的隔离。

胶盖瓷底刀开关按极数可划分为单极、双极与三极，胶盖瓷底刀开关是一种最常见的刀开关。

胶盖瓷底刀开关在一般的符号中，上部竖线代表电源的进线端，下部竖线代表电源的出线端，中间的斜线代表触刀，虚线代表机械连接，触刀能联动。

常用的刀开关有 HK1、HK2 系列的胶盖瓷底刀开关，它们的额定电压为交流380V，额定电流有 5A、30A、60A 三种。HK2 系列的胶盖瓷底刀开关的技术数据见表 1–5。

表 1–5　HK2 系列的胶盖瓷底刀开关的技术数据

额定电压（V）	额定电流（A）	极数	最大分断电流（A）	控制电动机功率（kW）	机械寿命（万次）	电寿命（万次）
250	10 15 30	2	50 500 5000	1.1 1.5 3.0	10000	2000
380	15 30 60	3	500 1000 1000	2.2 4.0 5.5	10000	2000

在安装胶盖瓷底刀开关时，必须垂直安装，手柄应向上，不得倒闭装或平装。并且上方进线座应该接电源侧，这样拉开触刀时动触头（刀片）和熔体上就不带电，使操作和更换熔体比较安全，避免由于重力自动下落引起的误动作而合闸。如果倒装，则手柄应向下，可能会因为手柄自动下落引起误动作而合闸，这样将可能造成人身或设备事故的发生。

2. 铁壳开关（封闭式负荷开关）

铁壳开关主要适用于配电线路，它可作为电源开关、隔离开关和应急保护开关之用。铁壳开关一般用于手动非频繁接通或断开负荷的电路，电路末端的短路保护以及控制 15kW 以下的交流电动机做非频繁直接起动和停止。

铁壳开关的操动机构采用储能合闸方式，在开关上装有速断弹簧，用钩子扣在转轴上。当转动手柄开始分闸（或合闸）时，U 型动触刀不移动，只拉伸了弹簧，积累了能量。当转轴转到某一角度时，弹簧力使动触刀迅速从静触座中拉开（或迅速嵌入静触座），电弧迅速熄灭，因此具有较高的分、合闸速度。铁壳开关的外壳还装有机械联锁装置，使开关合闸后不能打开箱盖，箱盖打开后不能再合开关，保证了用电安全。

常用的型号有 HR5、HH4、HH10、HH11 等系列。

HH 系列开关是一种熔断器和开关的组合体，带有灭弧装置。因为这种开关能在带负载情况下进行操作，所以也叫作负荷开关；又因为它具有铸铁或钢板制成的全封闭外壳，俗称铁壳开关或钢壳开关。这种开关的特点是结构简单，价格便宜。当开关在照明、电热及作隔离开关使用时，其额定电流一般等于所控制电路中各个负载额定电流之和，作负荷开关使用时，由于触头要承受电动机在起动时的电弧，开关的额定电流应增加至电动机额定电流的 2 ~ 3 倍。表 1-6 所示为 HH4 负荷开关额定电流与所控制的电动机容量的配合，可供选择负荷开关时参考。

表 1-6　负荷开关的技术数据

控制电动机的最小功率（kW）	3	7.5	13
负荷开关的额定电流（A）	15	30	60

目前，常用的产品有 HD14、HD1、HS1 系列刀开关，其中，HD17 为新型换代产品；HK2、HD13BX 系列为开启式负荷开关；HD13BX 为较先进开启式负荷开关，其操作方式为旋转封闭式负荷开关。HR3、HR5 系列为熔断器式刀开关，其中 HR5 刀开关中的熔断器采用 NT 型低压高分断型，并且结构紧凑，其分断能力高达 100kA。

刀开关的选用内容如下：

根据使用场合，选择刀开关的型号、极数及操作方法；刀开关的额定电压应大于或等于线路电压；刀开关的额定电流应大于或等于线路的额定电流。对于电动机负载，开启式负荷开关额定电流可取为电动机额定电流的 3 倍，封闭式负荷开关额定电流可取为电动机额定电流的 5 倍。

二、转换开关与组合开关

1. 转换开关

转换开关又称组合开关，一般用于电气设备中非频繁地通断电路、转换电源和负载、测量三相电压以及直接控制小容量感应电动机的运行状态。

转换开关由动触头（动触片）、静触头（静触片）、转轴、手柄、定位机构及外壳等部分组成。其动、静触头分别叠装于数层绝缘壳内。当转动手柄时，每层的动触头随方形转轴一起转动。

常用产品有 HZ5、HZ10 和 HZ15 系列。HZ5 系列是类似万能转换开关的产品，其结构与一般转换开关有所不同；HZ10 为早期全国统一设计产品；HZ15 为新型的全国统一设计的更新换代产品。

转换开关有单极、双极和多极之分。普通类型的转换开关各极是同时通断的，特殊类型的转换开关各极交替通断（一个操作位置其触头一部分接通，另一部分断开），以满足不同的控制要求。其表示方法类似于万能转换开关。转换开关的图形符号和文字符号如图 1-6 所示。

刀开关与转换开关选用时主要考虑以下几内容：

根据使用场合去选择合适的产品型号和操作方式；应使其额定电压大于或等于电路的额定电压，其额定电流应大于或等于电路的额定电流；安装方式、外形尺寸与定位尺寸。

2. 组合开关

组合开关也是一种刀开关，不过它的刀片（动触片）是转动式的，比刀开关轻巧、组合性强，能组成各种不同线路。

组合开关是一种多触点、多位置、可控制多个回路的电器。一般用于非频繁地接通或断开电路、电源和负载的互换，测量三相电压及控制小容量的异步电动机的正反转等。

组合开关由若干分别装在数层绝缘件内的双断点桥式动触片、静触片（它与盒外的接线相连）组成。动触片装在附加有手柄的绝缘方轴上，方轴随手柄而旋转，于是动触片也随方轴转动并变更其与静触片分、合位置。所以，组合开关实际上是一个多触点、多位置式可以控制多个回路的主令电器，也称转换开关。

组合开关可分为单极、双极和多极三类，其主要参数有额定电压、额定电流、允许操作频率、极数、可控制电动机最大功率等，其中额定电流具有 10A、20A、40A 和 60A 等几个等级。全国统一设计的新型组合开关有 HZ15 系列，其他常用的组合开关有 HZ10、HZ5 和 HZ2 型，近年引进生产的德国西门子公司的 3ST、3LB 系列组合开关也有应用。

组合开关根据接线方法不同可组成以下几种类型：同时通断（各极同时接通或同时分断）、交替通断（一个操作位置上，只有总极数中的一部分接通，而另一部分断开）、两位转换（类似双投开关）、三位转换、四位转换等，以满足不同电路的控制要求。

组合开关在电气原理图中的画法如图 1-6 所示。图中虚线表示操作位置，而不同操作位置的各对触点通断状态示于触点下方或右侧，规定在与虚线相交位置上涂黑圆点表示接通，没有涂黑圆点表 7K 断开。另一种是用触点通断状态表来表示，表中以 "+"（或 "X"）表示触点闭合，"-"（或无记号）表示分断。

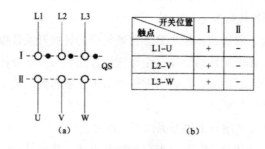

图 1-6　组合开关的图形符号
（a）操作位置示意；（b）触点通断状态表

三、断路器

断路器俗称自动开关，用于低压配电电路非频繁通断控制，在电路发生短路、过载或欠电压等故障时，能自动分断故障电路，是低压配电线路中应用广泛的一种保护电器。

断路器的种类繁多，按其用途和结构特点可分为框架式断路器、塑料外壳式断路器、直流快速断路器和限流式断路器等。框架式断路器主要用作配电网络的保护开关，而塑料外壳式断路器除可用作配电网络的保护开关外，还可以用作电动机、照明电路及电热电路的控制开关。

塑料外壳式断路器的结构和用途：塑料外壳式断路器曾称为装置式断路器，这种断路器的所有零部件都安装在一个塑料外壳中，没有裸露的带电部分，使用比较安全，其结构由绝缘外壳、触头系统、操动机构和脱扣器四部分组成。

塑料外壳式断路器多为非选择型，而且容量较小，一般在 600A 以下，新型的塑料外壳式断路器也可制成选择型，而且容量不断增大，有的容量已达 3000A 以上。小容量的断路器（50A 以下）一般采用非储能闭合、手动操作；大容量断路器的操动机构多采用储能式闭合，可以手动操作，也可由电动机操作，还可进行远距离遥控。塑料外壳式断路器可以装设多种附件，以适应各种不同控制和保护的需要，具有较高的短路分断能力、动稳定性和比较完备的选择性保护功能。它与万能式断路器相比，具有结构紧凑、体积小、操作简便、安全可靠等特点，缺点是通断能力比万能式断路器低，保护和操作方式较少，而且有些可以维修，有些则不能维修。这种断路器广泛用于配电线路中，作为主电路和小容量发电机的保护和配电开关，也可用作小型配电变压器低压侧出线总开关以及各种大型建筑（如宾馆、大楼、机场、车站等）和住宅的照明电路控制和保护，还可用作各种生产设备的电源开关。

塑料外壳式断路器的品种很多，有我国自行开发的 DZ15、DZO 等系列产品，引进国外技术生产的日本的 T 系列、美国的 H 系列、德国的 3VE 系列、中法合资的 C45 系列等产品，以及国内各生产企业以各自产品命名的高新技术塑料外壳式断路器。

下面以塑料外壳式断路器为例，简单介绍断路器的结构、工作原理、图形符号与文字符号、使用与选用方法。

1. 断路器的结构和工作原理

断路器主要由触头、灭弧系统和各种脱扣器［包括过电流脱扣器、失电压（欠电压）脱扣器、热脱扣器、分励脱扣器和自由脱扣器］三个基本部分组成。

图 1-7 所示为断路器工作原理示意。开关是靠操动机构手动或电动合闸的，触头闭合后，自由脱扣机构将触头锁在合闸位置上。当电路发生上述故障时，通过各自的脱扣器使自由脱扣机构动作，自动跳闸实现保护作用。分励脱扣器则用作远距离控制分断电路。

2. 断路器的主要技术参数和系列产品

断路器的主要技术参数有额定电压、额定电流、极数、脱扣器类型及其整定电流范围、分断能力、动作时间等。

常用的塑料外壳式断路器有 DZ10、DZ15、DZ19、DZ20、DZ30、C45N、S060 等系列产品。其中 DZ20 系列为 20 世纪 90 年代的更新换代产品，该产品具有较高的分断能力，可达 50kA。DZ20 系列塑料外壳式断路器和 DZ20W 无飞弧断路器（以下简称断路器）适用于交流 50Hz（或 60Hz）、额定电流 1250A、额定绝缘电压 690V、额定工作电压 380（400）V 及以下的配电线路中，作为分配电能和线路及电源设备的过载、短路和欠电压保护。其中 Y、J、G 型额定电流 225A 及以下和 Y 型

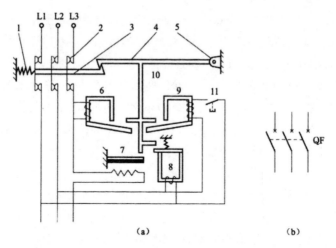

图1-7　断路器工作原理示意

（a）示意图；（b）断路器图形及文字符号

1—分闸弹簧；2—主触点；3—传动杆；4—锁扣；5—轴；6—过电流脱扣器；7—热脱扣器；8—欠电压和失电压脱扣器；9—分励脱扣器；10—杠杆；11—分闸按钮

400A及以下的断路器也可作为保护电动机用，在正常情况下，可分别作为线路的不频繁转换及电动机的不频繁起动之用。同时DZ20的附件较多，除具有欠电压脱扣器、分励脱扣器外还具有报警触头和两组辅助触头，使用更加方便。DZX19系列为限流塑断路器，可利用短路电流所产生的电动力使触头在8～10ms内迅速断开，限制了网络上可能出现的最大的短路电流，适用于要求分断能力较高的场合。DZS6～20系列为小容量电动机及配电电网的过载和短路保护。其主要技术指标及外形安装尺寸与西门子公司的3VEI系列相同，可取代同类的进口产品。C45N系列是小电流等级的塑料外壳式断路器，体积小，动作灵敏，采用卡轨式安装方式，普遍应用于低压电网，作为短路或过载保护。S060系列是导线保护塑料外壳式断路器。

DZ15型塑料外壳式断路器主要用于交流50Hz、额定电压380V、额定电流100A及下的电路中，作为配电、电动机、照明线路的过载、短路保护之用，也可用在控制电路中不频繁的起动或转换电动机的工作状态。其主要技术参数见表1-7。

3. 漏电保护断路器

漏电保护断路器实质上是为了防止发生人身触电和漏电火灾等事故而研制的一种新型电器。当人身触电或设备漏电时能迅速切断电路，从而避免人身和设备受到危害，其应用相当广泛。这种漏电保护断路器实际上就是装有漏电检测保护元件的塑料外壳式断路器。

表 1-7 DZ15 型塑料外壳式断路器主要技术参数

型号	壳架额定电流（A）	额定电压（V）	极数	脱扣器额定电流（A）	额定短路通断能力（kA）	电气、机械寿命（次）
DZ15-40/1	40	220	1	6、10、16、20、25、32、40	3	15000
DZ15-40/2		380	2			
DZ15-40/3			3			
DZ15-40/4			4			
DZ15-63/1	63	220	1	10、16、20、25、32、40、50、63	5（DZ15-63）10（DZ15G-63）	10000
DZ15-63/2		380	2			
DZ15-63/3			3			
DZ15-63/4			4			
DZ15-100/3	100	380	3	80、100	6（DZ15-100）10（DZ15G-100）	10000
DZ15-100/4			4			

漏电保护断路器接入电路时，应接在电能表和熔断器后面，安装时应按开关规定的标志接线。接线完毕后应按动试验按钮，检查保护断路器是否可靠动作。漏电保护断路器投入正常运行后，应定期校验，一般每月需在合闸通电状态下按动试验按钮一次，检查漏电保护断路器是否正常工作，以确保其安全性。

第四节 熔断器

一、熔断器的用途、结构及工作原理

1. 熔断器的用途

熔断器是用于配电线路的严重过载和短路的保护电器。由于其具有结构简单、体积小、使用维护方便、具有较高的分断能力和良好的限流性能等优点，因而获得广泛的应用。

2. 熔断器的结构

熔断器主要由熔体、熔管、填料、盖板、接线端、指示器和底座等部分组成。熔体由易熔金属材料铝、锡、锌、银、铜及其合金制成，通常制成丝状或片状。熔管是熔体的外壳，在熔体熔断时兼有灭弧作用。

3. 熔断器的工作原理

熔断器串接在被保护的电路中，当电路正常工作时，熔断器通过一定大小的电流其熔体不溶化，主电路发生短路或严重过载时，熔体中流过很大的故障电流，当电流产生的热量达到熔体的溶点时，熔体熔化，电路自动切断，从而达到保护的目的。

电流通过熔体时产生的热量与电流的平方和电流通过的时间成正比。因此，电流越大熔体溶断的时间越短。这一特性称为熔断器的保护特性或安秒特性，即熔断器的熔断时间与熔断电流的关系曲线，如图 1-8 所示。

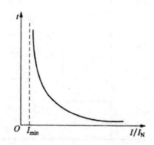

图 1-8　熔断器的安秒特性曲线示意

图 1-8 中 I_{min} 为最小熔断电流，即通过熔断器电流小于此电流时不会熔断。所以选择的熔体额定电流 I_N 应小于 I_{min}，I_{min}/I_N=1.5 ~ 2.0，称为熔化系数，它反映过载时的保护特性。熔断器安秒特性数值关系见表 1-8。

表 1-8　熔断器安秒特性数值关系

熔断电流	（1.25 ~ 1.30）I_N	1.67I_N	2I_N	2.5I_N	3I_N	4I_N
熔断时间	∞	1h	40s	8s	4.5s	2.5s

二、熔断器的类型与技术参数

1. 熔断器的类型及常用系列产品

（1）插入式熔断器

常用产品有 RC1A 系列，主要用于低压分支电路的短路保护。由于其分断能力较弱，一般多用于民用和工业的照明电路中。

（2）螺旋式熔断器

常用产品有 RL6、RL7、RLS2 等系列，该系列产品的熔管内装有石英砂，用于熄灭电弧，具有较高的分断能力，并带熔断指示器，当熔体熔断时指示器自动弹出。其中 RL6、RL7 多用于机床配线电路中，RLS2 为快速熔断器，主要用于保护硅整流元件和晶闸管等半导体元件。

（3）封闭管式熔断器

该种熔断器分为无填料、有填料和快速三种。RM10 系列为无填料的，在低压电力网络成套配电设备中作短路保护和连续过载保护。其特点是可拆卸，当熔体熔断后，用户可按要求自行拆开，重新装入新的熔体。RT12、RT14、RT15 系列为有填料的熔断器，技术参数符合国际电工低压熔断器标准，与国外同类产品的外形、安装尺寸相同，具有较大的分断能力，用于较大短路电流的电力输配系统中，还可以用于熔断器式隔离器、开关熔断器等开关电器中。RS3 系列为快速熔断器，主要用于保护半导体元件。

（4）新型熔断器

1）自复式熔断器。自复式熔断器是一种新型熔断器，它利用金属钠做熔体，在常温下，钠的电阻很小，允许通过正常工作电流，当电路发生短路时，短路电流产生高温使钠迅速气化，气态钠的电阻变得很高，从而限制了短路电流。当故障消除后，温度下降，金属钠重新固化，恢复其良好的导电性。其优点是能重复使用，不必更换熔体，但在线路中只能限制故障电流，而不能切断故障电路，一般与断路器配合使用。常用产品有 RZI 系列。

2）高分断能力熔断器。随着电网供电容量的不断增加，对熔断器的性能指标也提出了更高的要求，如根据德国 AEG 公司制造技术标准生产的 NT 型系列产品为低压高分断能力熔断器，额定电压至 660V，额定电流至 1000A，分断能力可达120kA，适用于工业电气装置、配电设备的过载和短路保护。NT 型熔断器符合国际电工标准和我国新制定的低压熔断器标准，并且与国外同类产品具有通用性和互换性。NT 型熔断器规格齐全，具有功率损耗低、保护特性稳定、限流性能好、体积小等特点。同时，NT 型熔断器也可作为导线的过载和短路保护。另外，引进该公司制造技术还生产了 NGT 型熔断器，该系列为快速熔断器，作为半导体器件保护之用。表 1-9 为 NT 型熔断器的主要技术参数。

表 1-9　NT 型熔断器主要技术参数

额定电压（V）	额定电流（A）	熔体额定电流（A）	额定分断能力
500	160	4、6、10、16、20、25、32、35、40、50、63、80、100、125、160	500V 120kA
	250	80、100、125、160、200、224、250	
	400	125、160、200、224、250、300、315、355、400	
	630	315、355、400、425、500、630	
380	1000	800、1000	380V100kA

（5）快速熔断器

随着电子技术的迅猛发展，半导体元器件已开始被广泛应用于电气控制和电力拖动装置中。然而，由于各种半导体元器件的过载能力很差，通常只能在极短的时间内承受过载电流，时间稍长就会将其烧坏。因此，一般熔断器已不能满足要求，应采用动作迅速的快速熔断器进行保护，快速熔断器又称为半导体器件保护熔断器。

2. 快速熔断器的结构

目前，常用的快速熔断器主要有 RS 系列有填料快速熔断器、RLS 系列螺旋式快速熔断器和 NGT 系列半导体器件保护用熔断器三大类。

（1）RS 系列有填料快速熔断器。常用 RS 系列有填料快速熔断器主要有 RS0 和 RS3 两个系列产品。其中，RS0 系列产品主要用于硅整流元器件及其成套装置的短路保护，RS3 系列产品主要用作晶闸管及其成套装置的短路保护。

快速熔断器的结构与 RT0 系列有填料封闭管式熔断器的结构基本一致，只是熔体的材料和形状有所不同。RS3 系列快速熔断器的结构主要由瓷熔管、石英砂填料、熔体和接线站高频陶瓷制成，熔管内填充石英砂填料；熔体一般由性能优于铜的纯银片制成，银片上开有 V 形深槽，使熔片的狭窄部分特别细，因此，过载时极易熔断。另外，熔体沿轴向还设有多个断口以适应熄弧的需要。还有，为缩小安装空间和保证接触良好，快速熔断器的接线端子一般做成表面镀银的汇流排式。此种结构能使熔断器达到快速熔断的要求。

（2）RLS 系列螺旋式快速熔断器。RLS 系列快速熔断器是 RL 系列螺旋式熔断器的派生，除熔体材料（采用变截面银片）和结构不同外，其基本结构和外形没有多大区别。目前，常用的有 RLS1 和 RLS2 两个系列产品，它们适用于小容量的硅整流器件和晶闸管的短路或过载保护。

（3）NGT 系列半导体器件保护用熔断器。NGT 系列熔断器是我国引进德国 AGE 公司制造技术生产的一种高分断能力快速熔断器，其结构也是有填料封闭管式。NGT 系列熔断器具有损耗小、性能稳定、分断能力高等优点，被广泛应用于半导体器件的保护。

三、熔断器的选择原则

熔断器的选择主要考虑以下几方面因素：

（1）熔断器类型应根据线路要求、使用场合、安装条件和各类熔断器的适用范围来确定。

（2）熔断器额定电压应大于或等于线路的工作电压。

（3）熔体的额定电流与负载的大小及性质有关，其选择方法是：

1）对于阻性负载的短路电流保护应使熔断器的熔体电流等于或略大于电路的工作电流。

2）对于电动机负载，应考虑冲击电流的影响，按下式计算：

单台电动机：$I_{fu} \geqslant （1.5 \sim 2.5）I_N$

式中 I_N——电动机的额定电流。

多台电动机：$I_{fu} \geqslant （1.5 \sim 2.5）I_{Nmax} + \Sigma I_N$

式中 I_{Nmax}——容量最大的一台电动机的额定电流；

　　　ΣI_N——其他电动机额定电流的总和。

3）在电容器设备中，电容器电流是经常变化的，因此在这种设备中熔断器只作为短路保护。一般情况，熔体的额定电流应大于电容器额定电流的 1.6 倍。

（4）额定分断能力必须大于电路中可能出现的最大故障电流。

（5）选择性保护特性。在电路系统中，电器之间的选择性保护特性非常重要，它能把故障产生的影响限制在最小范围内，即要求电路中某一支路发生短路或过载故障时，只有距离故障点最近的熔断器动作，而主回路的熔断器或断路器不动作，这种合理的选配称为选择性配合。根据系统的具体条件可分为熔断器之间上一级和下一级的选择性配合以及断路器与熔断器的选择性配合等。具体选择可参考各电路的保护特性。

第五节　主令电器

一、控制按钮

1. 控制按钮的用途和分类

（1）按钮的用途。按钮又称按钮开关或控制按钮，是一种短时间接通或断开小电流电路的手动控制器，一般用于电路中发出起动或停止指令，以控制电磁起动器、接触器、继电器等电器线圈电流的接通或断开，再由它们去控制主电路。控制按钮也可用于信号装置的控制。

（2）按钮的分类。随着工业生产的需求，按钮的规格品种也在日益增多。驱动方式由原来的直接推压式，转化为旋转式、推拉式、杠杆式和带锁式（即用钥匙转动来开关电路，并在将钥匙抽走后不能随意动作，具有保密和安全功能）。传感接触部件也发展为平头、蘑菇头以及带操纵杆式等多种形式。带灯指示按钮也日益普遍地使用在各种系统中。

按钮的具体分类如下。

1）按按钮的用途和触头的结构分类，有起动按钮（动合按钮）、停止按钮（动断按钮）和复合按钮（动合和动断组合按钮）三种。

2）按按钮的结构形式、防护方式分类，有开启式、防水式、紧急式、旋钮式、保护式、防腐式、钥匙式和带指示灯式等。为了标明各个按钮的作用，通常将按钮做成红、绿、黑、黄、蓝、白等不同的颜色加以区别。一般红色表示停止按钮，绿色表示起动按钮。

2. 按钮的结构和工作原理

（1）按钮的结构。控制按钮由按钮帽、复位弹簧、桥式触点和外壳等组成。

（2）按钮的工作原理。当按钮在外力作用下，首先断开动断触点，然后再接通动合触点。复位时，动合触点先断开，动断触点后闭合。当撤去外力，按钮在复位弹簧的作用下将触头恢复原状，从而实现了对电路的控制。

随着计算机技术的不断发展，控制按钮又派生出用于计算机系统的弱电按钮新产品，如 SJL 系列弱电按钮，具有体积小、操作灵敏等特点。

控制按钮选用要考虑其使用场合，对于控制直流负载，因直流电弧熄灭比交流困难，故在同样的工作电压下直流工作电流应小于交流工作电流，并根据具体控制方式和要求选择控制按钮的结构形式、触头数目及按钮的颜色等。目前，使用较多的产品有 LA18、LA19、LA20、LA25 和 LAY3 等系列。其中 LA25 系列为通用型按钮的更新换代产品，采用组合式结构，可根据需要任意组合其触点数目，最多可组成 6 个单元。LAY3 系列是根据德国西门子公司技术标准生产的产品，规格品种齐全，其结构形式有按钮式、紧急式、钥匙式和旋转式等。有的带有指示灯，适用工作电压 660V（AC）或 440V（DC）以下，额定电流 10A 的场合，可取代同类进口产品。

二、位置开关

位置开关在电气控制系统中，用以实现顺序控制、定位控制和位置状态的检测。在位置开关中，以机械行程直接接触驱动作为输入信号的有行程开关和微动开关，以电磁信号（非接触式）输入动作信号的有接近开关。

1. 行程开关

行程开关是一种利用生产机械的某些运动部件的碰撞来发出控制指令的主令电器，用于控制机械的运动方向、行程大小和位置保护等。当行程开关用于位置保护时，也称为限位开关。

行程开关是实现行程控制的小电流（5A 以下）的主令电器，其作用与控制按钮相同，只是其触头的动作不是靠手按动，而是利用机械运动部件的碰撞使触头动作，即将机械信号转换成电信号，通过控制其他电器来控制运动部件的行程大小、运动方向或进行限位保护。

目前，国内生产的行程开关品种规格很多，较为常用的有 LXW5、LX19、LXK3、LX32、LX33 等系列。新型 3SE3 系列行程开关的额定工作电压为 500V，额定电流为 10A，其机械、电气寿命比常见的行程开关更长。LXW5 系列为微动开关。行程开关的操动机构有直动、滚动直动、杠杆单轮、双轮、滚动摆杆可调式及杠杆可调式等。

行程开关在选用时，应根据不同的使用场合，满足额定电压、额定电流、复位方式和触点数量等方面的要求。

（1）行程开关的选择

1）根据使用场合和控制对象来确定行程开关的种类。当生产机械运动速度不是太快时，通常选用一般用途的行程开关；当生产机械行程通过的路径不宜装设直动式行程开关时，应选用凸轮轴转动式的行程开关；而在工作效率很高、对可靠性及精度要求也很高时，应选用接近开关。

2）根据使用环境条件，选择开启式或保护式等防护形式；根据控制电路的电压和电流选择系列；根据生产机械的运动特征，选择行程开关的结构形式（即操作方式）。

（2）行程开关的使用和维修

行程开关安装时，应注意滚轮的方向，不能接反。与挡铁碰撞的位置应该符合控制电路的要求，并能确保能与挡铁可靠碰撞；应经常检查行程开关的动作是否灵活或可靠，螺钉有否松动现象，发现故障要及时排除；应定期清理行程开关的触头，清除油垢或尘垢，及时更换磨损的零部件，以免发生误动作而引起事故的发生。

2. 接近开关

接近开关又称无触点行程开关，是以不直接接触方式进行控制的一种位置开关。它不仅能代替有触点行程开关来完成行程控制和限位保护等，还可用于高速计数、测速、检测零件尺寸等。由于它具有工作稳定可靠、寿命长、重复定位精度高以及能适应恶劣的工作环境等特点，所以在工业生产方面已获得了广泛应用。

接近开关按其工作原理分为高频振荡型、电容型、永磁型等。其中以高频振荡型最为常用。高频振荡型接近开关的电路由振荡器、放大器和输出三部分组成。

工作原理：当装在生产机械上的钨检测体（铁磁棒）接近感应头时，由于感应作用，处于高频振荡器线圈磁场中的金属检测体内产生涡流损耗（如果是铁磁金属物体，还有磁滞损耗），这时振荡器的回路电阻增大，能量损耗增大，以致振荡减弱，直至终止。因此，接在振荡电路后面的开关动作，发出相应的信号，即能检测出金属检测体的存在。当金属检测体脱离开感应头后，振荡器即恢复振荡，开关恢复为原始状态。

（1）接近开关的选择

接近开关较行程开关价格高，因此仅用于工作频率、可靠性及精度要求均较高的场合；按有关距离要求选择型号、规格；按输出要求是有触头还是无触头以及触头数量，选择合适的输出型式。

（2）接近开关的安装和维修

接近开关应按产品使用说明书的规定正确安装，注意引线的极性、规定的额定工作电压范围和开关的额定工作电流极限值。对于非埋入式接近开关，应在空间留有一非阻尼区（即按规定使开关在空间偏离铁磁性物体或金属物一定距离）。接线时，应按引出线颜色线辨别引出线的极性和输出型式。在调整动作距离时，应使运动部件（被测工件）离开检测面轴向距离在驱动距离之内，例如，对于 LJ5 系列接近开关的驱动距离为约定动作距离的 0 ~ 80%。

三、万能转换开关

万能转换开关是具有更多操作位置和触点、能够换接多个电路的一种手动控制电器。

万能转换开关实际是一种多挡位、控制多回路的组合开关，用于控制电路发布控制指令或用于远距离控制，也可作为电压表、电流表的换相开关，在操作不太频繁的情况下，也可用于小容量电动机的起动、调速和换向控制。由于其换接电路多，用途广泛，故有万能转换开关之称。

表征万能转换开关特性的有额定电压、额定电流、手柄型式、触点座数、触点对数、触点数排列型式、定位特征代号、手柄定位角度等。如 LW6 系列万能转换开关额定电压为交流 380V、直流 220V，额定电流为 5A，触点座排列型式有单列式、双列式和三列式。对于双列式，其列与列之间用齿轮啮合，并由公共手柄进行操作，双列式的触点对数比单列式增加一倍。当定位机构用不同限位方式时，LW6 所用手柄可达 2 ~ 12 个操作位置。

万能转换开关的选用：按额定电压和工作电流选用相应的万能转换开关；按操作需要选定手柄的形式；按控制要求参照万能转换开关产品样本确定触点数量及接线图编号；选择面板形式及标志。

四、主令控制器与凸轮控制器

1. 主令控制器

主令控制器按预定顺序频繁地切换复杂的、多个控制电路的主令电器，它与磁力控制盘配合，可实现对起重机、轧钢机、卷扬机及其他生产机械的远距离控制。

主令控制器是由触点、凸轮、定位机构、转轴、面板及其支承件等部分组成。

主令控制器的主要产品有 LK14、LK15、LK16、LK17 系列，LK14 系列主令控制器的额定电压为 380V，额定电流为 15A，控制电路数为 12 个。LK14 系列主令控制器的主要技术数据见表 1-10。

表 1-10　LK14 系列主令控制器的主要技术数据

型号	额定电压（V）	额定电流（A）	控制电路数	外形尺寸 （mm×mm×mm）
LK14-12/90	380	15	12	227×220×300
LK14-12/96				
LK14-12/97				

（1）主令控制器的选择

1）使用环境：室内用应选用防护式、室外用应选用防水式。

2）电路数及控制电路的选择：全系列主令控制器的电路数有 2、5、6、8、16、24 等规格，一般选择时总留有若干电路作备用。

3）减速器传动比的选择。LK 系列的减速器传动比有 1∶5、1∶20、1∶30、1∶36、1∶16.65 等几种型式，其中 1∶16.65 的传动比为凸轮鼓串联型。串联是指控制器内有两个凸轮鼓交替旋转；并联是指两个凸轮鼓同时旋转。

（2）主令控制器的使用和维修

安装前应认真查对产品铭牌上的技术数据与所选择的规格是否一致；检查外壳、灭弧罩等是否损坏；安装前应操作手柄不少于 5 次，检查有无卡滞现象。触头的开闭顺序是否符合要求；应按图接线，经检查无误才能通电；保养时应注意清除控制器内灰尘，所有活动部分应加润滑油；不使用时，手柄应停在零位。

主令控制器的常见故障及其排除方法见表 1-11。

表 1-11　主令控制器的常见故障及其排除方法

常见故障	可能原因	排故方法
触头过热或烧损	（1）电路电流过大； （2）触头压力不足； （3）触头表面有油污； （4）触头超行程过大	（1）选用较大容量的主令控制器； （2）调整或更换触头弹簧； （3）清洗触头； （4）更换触头
手柄转动失灵	（1）定位机构损坏； （2）静触头的固定螺钉松脱； （3）控制器内有杂物	（1）修理或更换定位机构； （2）紧固螺钉； （3）清除杂物

主令控制器的图形符号和文字符号及触点的通/断表与万能转换开关相同。

2. 凸轮控制器

凸轮控制器是一种大型的手动控制电器，具有多挡位、多触点、利用手动操作的特点，可通过转动凸轮来接通或断开大电流（主电路电流）电路的转换开关。

主要用于起重设备中直接控制中小型绕线式异步电动机的起动、停止、调速、反转和制动，也适用于有相同要求的其他电力拖动场合。

凸轮控制器主要由触点、转轴、凸轮、杠杆、手柄、灭弧罩及定位机构等组成。其外形及某一层凸轮触点组件结构示意图如图 1-9 所示。

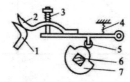

图 1-9 凸轮控制器原理图
1—静触头；2—动触头；3—触头弹簧；4—弹簧；5—滚子；6—绝缘方轴；7—凸轮

凸轮控制也是由不同形状的凸轮、触点组件套在方形转轴上组合而成的。当转动手柄时，在绝缘方轴上的凸轮随之转动，从而使触点组按设计次序直接接通和断开绕线型异步电动机定子和转子电路，不用通过继电器、接触器，直接控制电动机的启动、调速、制动以及正反转控制。

第六节　接触器

一、交流接触器

交流接触器由四部分组成，见表 1-12。

表 1-12 交流接触器的组成

项目	主要内容
电磁机构	电磁机构由线圈、动铁心（衔铁）和静铁心组成
灭弧装置	容量在 10A 以上的接触器都有灭弧装置，对于小容量的接触器，常采用双断口桥形触头与陶土灭弧罩。对于大容量的接触器常采用纵缝灭弧罩或栅片灭弧结构
触头系统	交流接触器的触头系统包括主触头和辅助触点。主触头主要用于通/断主电路，有 3 对或 4 对动合触头并带有灭弧罩。辅助触点用于控制电路，起电气连锁或控制作用，通常有两对动合、动断触点，分布在主触头的两侧，无灭弧装置
其他部件	包括反作用弹簧、缓冲弹簧、触头压力弹簧、传动机构及外壳等

常用的交流接触器有 CJO、CJ10、CJ20、3YC、LC1–D 和 LC2–D 等系列。

二、直流接触器

直流接触器的结构和工作原理基本与交流接触器相同。在结构上也是由电磁机构、触头系统和灭弧装置等部分组成。但也有不同之处，主要表现在铁心结构、线圈形状、触头形状与数量、灭弧方式以及吸力特性、故障形式等方面。

直流接触器主要用于远距离闭合和断开额定电压至 440V，额定电流至 630A 的直流电力线路中，以及频繁地控制直流电动机正转、反转、起动、停止和制动。

直流接触器主要由电磁机构、触头系统和灭弧装置等部分组成（见表 1–13）。

表 1–13　直流接触器的组成

组成名称	内容
触头系统	直流接触器的触头系统包括主触头和辅助触点。主触头主要用于通 / 断主电路，一般做成单极和双极，由于触头闭合或断开的电流较大，所以采用滚动接触的指形触头。辅助触头的通断电流较小，一般采用点接触的双断点桥式触头
电磁机构	直流接触器的电磁机构由线圈、动铁心（衔铁）和静铁心组成。因线圈中流过的是直流电，铁心不会产生涡流，所以铁心可用整块铸铁和铸钢制成，也不需装短路环。铁心不发热，没有铁心损耗。线圈的匝数较多，电阻相对较大，电流流过时会发热。为了使线圈散热性能良好，一般将线圈绕制成长而薄的瘦高型圆筒状
灭弧装置	直流接触器的主触头在直流电路断开较大电流时，往往会产生强烈的电弧，容易烧伤触头和延时断电。为了快速灭弧，直流接触器常采用磁吹式灭弧装置

三、接触器的主要技术参数和类型

1. 接触器的主要技术参数

接触器的主要技术参数，见表 1–14。

表 1–14　接触器的主要技术参数

技术参数	主要内容
额定电流	接触器的额定电流是指主触头的额定工作电流。它是在一定的条件（额定电压、使用类别和操作频率等）下规定的，目前常用的电流等级为 10 ~ 800A
额定电压	接触器的额定电压是指主触头的额定电压。交流有 220V、380V 和 660V，其在特殊场合应用的额定电压高达 1140V，直流主要有 110V、220V 和 440V
机械寿命和电气寿命	接触器是频繁操作电器，应有较高的机械和电气寿命，该指标是产品质量的重要指标之一
额定操作频率	接触器的额定操作频率是指每小时允许的操作次数，一般为 30 次、60 次 /h 和 120 次 /h

技术参数	主要内容
动作值	动作值是指接触器的吸合电压和释放电压。规定接触器的吸合电压大于线圈额定电压的 85% 时应可靠吸合，释放电压不高于线圈额定电压的 70%
吸引线圈的额定电压和频率	吸引线圈的额定交流电压有 36V、127V、220V 和 380V，频率有 50Hz 和 60Hz。额定直流电压有 24V、48V、220V 和 440V

2. 接触器的常用产品

（1）目前交流接触器的产品系列：CJT1 系列交流接触器（可全面替代 CJO、CJ9、CJ10 等淘汰产品），CJ20、CJ40、CJ101 系列交流接触器，JWCJ12、JWCJ20 系列断相保护消声节能交流接触器，CJ12 和 CJ24 系列转动式交流接触器等。CJ10X 系列为消弧接触器，是近年发展起来的新产品。

（2）目前直流接触器的产品系列。

1）CZ 系列：CZO 系列、CZ18 系列、CZ21 系列、CZ28 系列。CZ18 系列直流接触器为全国统一设计的新型直流接触器，其主要技术参数见表 1-15。

表 1-15　CZ18 系列直流接触器主要技术参数

型号	额定电压（V）	额定电流（A）	辅助触点数	额定操作频率（次）	吸引线圈电压（V）	线圈消耗功率（W）	机械寿命（万次）	电气寿命（万次）
CZ18-40	440	40	两对动合触点、两对动断触点	1200	24、48、110、220、440	22	500	50
CZ18-80		80		1200		30		
CZ18-160		160		600		40		
CZ18-315		315		600		43		
CZ18-630		630		600		50	30	30

2）B 系列接触器优化了结构设计，采用"倒装"式结构，即主触头系统在后面，电磁系统在前面，其优点是：安装简便、更换线圈方便。由于主接线端靠近安装面，使接线距离缩短，且不用考虑飞弧距离，便于安装多种附件，如附加辅助触点组、位置锁紧器、定时器（气囊式和电子式）、机械连锁机构、电涌压抑器和自锁继电器等。当接触器配 WB3 自锁继电器时，可以使接触器进行无声节电运行和断电自锁保持。其附件通用性好，容易卡装。B 系列交流接触器派生产品如 B75C 为切换电容接触器，主要适用可补偿回路中接通和分断电力电容器，以调整用电系统的功率因数，接触器具有抑制接通电容时出现的冲击电流的功能。

除了上述交流接触器外，还有由晶闸管和交流接触器组合而成的应用于特殊场合的混合式交流接触器和真空接触器等。混合式交流接触器能使交流接触器在无弧的情况下通 / 断负载。

（3）接触器的选择主要依据以下几方面：

根据负载性质选择接触器的类型；额定电压应大于或等于主电路工作电压；额定电流应大于或等于被控电路的额定电流。对于电动机负载还应根据其运行方式适当增大或减小；吸引线圈的额定电压与频率要与所控制电路的电压和频率保持一致。

四、接触器常见故障分析

接触器是频繁通断负载的电器，其可靠性直接影响电气系统的性能。掌握接触器的故障分析及其排除方法可缩短电气设备维修的时间。接触器的常见故障及处理方法见表1-16。

表 1-16　接触器的常见故障及处理方法

故障现象	故障原因	排故方法
吸力不足	1. 电源电压过低或波动大； 2. 线圈的额定电压高于控制回路电压； 3. 其可动部分被卡住； 4. 反作用弹簧压力过大	1. 调整电源电压； 2. 更换符合要求的线圈； 3. 调整可动部分； 4. 调整反作用弹簧压力
线圈过热或烧毁	1. 线圈匝间短路； 2. 衔铁与铁心间隙过大； 3. 操作频率过高； 4. 电源电压过高或过低	1. 更换线圈； 2. 修理或更换铁心； 3. 按条件使用接触器； 4. 调整电源电压
衔铁发生振动与噪声	1. 短路环损坏与脱落； 2. 短路环歪或铁心截面有锈蚀等； 3. 可动部分被卡； 4. 电源电压偏低	1. 更换铁心或短路环； 2. 调整或清理铁心截面； 3. 调整可动部分； 4. 提高电源电压
触点不能复位	1. 触点溶焊在一起； 2. 铁心剩磁太大； 3. 触点表面被电弧灼伤烧毁； 4. 可动部分被卡阻	1. 修理或更换触点； 2. 消除剩磁或更换铁心； 3. 清理铁心截面； 4. 拆除机械卡阻现象
触点过热	1. 触点接触压力不足； 2. 触点表面接触不良； 3. 触点表面被电弧灼伤； 4. 负载电流过大	1. 调整触点压力； 2. 调整触点使其良好； 3. 修理可更换触点； 4. 减小负载或更换

第二章　电气控制系统的基本环节

第一节　电气原理图的绘制与阅读

一、电气原理图的绘制原则

电气系统图中电气原理图应用最多，电气原理图又称为电路图。为便于阅读与分析控制线路，根据简单、清晰的原则，采用电气元件展开的形式绘制而成。它包括所有电气元件的导电部件和接线端点，但并不按电气元件的实际位置来画，也不反映电气元件的形状、大小和安装方式。电路图可以水平绘制或垂直绘制。

绘制电气原理图应遵循的原则，见表2-1。

表2-1　绘制电气原理图应遵循的原则

原则序号	主要内容
一	控制（辅助）电路要分开画。控制电路画出控制主电路工作的控制电器的动作顺序，画出用作其他控制要求的接触器和继电器的线圈、各种电器的动合、动断触点组合构成的控制逻辑，实现需要的控制功能。控制（辅助）电路是指设备中的信号电路和照明电路部分
二	电气原理图一般分主电路和控制（辅助）电路两部分：主电路就是从电源到电动机的大电流通过的通路，是设备的驱动电路。主电路通常用粗实线画在电路图的左侧或上面。控制（辅助）电路包括控制回路、照明电路、信号电路及保护电路等，是控制主电路的通断、监视、保护主电路正常工作的电路。辅助电路一般用细实线画在电路图的右侧或下面
三	电气原理图中，所有电器的触点，都应该按没有通电和没有外力作用时的初始开闭状态画出，例如接触器、继电器的触点，按吸引线圈不通电时的状态画，控制器按手柄处于零位时的状态画，按钮、行程开关的触点按不受外力时的状态画出等
四	电气原理图中，无论是主电路还是辅助电路，各电气元件一般按动作顺序从上到下、从左到右依次排列，可水平布置或者垂直布置。水平布置时，电源线垂直画，其他电路水平绘制，控制电路中的耗能元件画在电路图的最右端。垂直布置时，电源线水平绘制，控制电路中的耗能元件画在电路图的最下端
五	电气原理图中，有直接电联系的交叉导线连接点，要用黑圆点表示。无直接电联系的交叉导线连接点不画黑圆点

续表

原则序号	主要内容
六	电气原理图中，各个电气元件和部件在控制线路中的位置，应根据便于阅读的原则安排，同一电器元件根据需要可以不画在一起，但文字符号要相同
七	电气原理图中，所有电器元件不画出实际的外形图，而采用国家规定的统一标准的图形符号，文字符号也要符合国家规定

图纸下方的1、2、3、……数字是图区编号，它是为了便于检索电气线路，方便阅读分析，避免遗漏而设置的。图区编号也可以设置在图的上方。电气原理图上方编号的"电源开关及保护……"等字样，表明对应区域下方元件或电路的功能。

二、电气原理图的阅读方法

一般设备电气原理图中可分为主电路（或主回路）、控制电路及辅助电路。在读电气原理图之前，先要了解被控对象对电力拖动的要求，了解被控对象有哪些运动部件以及这些部件是怎样动作的，各种运动之间是否有相互制约的关系，熟悉电路图的制图规则及电气元器件的图形符号。

读电气原理图时要先从主电路入手，掌握电路中电器的动作规律，根据主电路的动作要求再看与此相关的电路。一般步骤如下：

（1）看本次设备所用的电源。一般多用三相交流电源（380V、50Hz），也有用直流电源的设备。

（2）分析主电路共有几台电动机，分清它们的用途、类别（笼型异步电动机、绕线转子异步电动机、直流电动机或是同步电动机）。

（3）分清各台电动机的动作要求，如起动方式、转动方式、调速及制动方式，各台电动机之间是否有相互制约关系。

（4）了解主电路中所用的控制电器及保护电器。前者是指除常规接触器之外的控制元件，如电源开关（转换开关及断路器）、万能转换开关。后者是指短路保护器件及过载保护器件，如空气断路器中电磁脱扣器及热过载脱扣器的规格，熔断器、热继电器及过电流继电器等器件的用途及规格。

一般在了解了主电路后，就可阅读和分析控制电路和辅助电路了。由于存在着各种不同类型的生产机械，它们对电力拖动也就提出了各式各样的要求，表现在电路图上有各种不相同的控制及辅助电路。分析控制电路时首先分析控制电路的电源电压。一般生产机械，如仅有一台或较少电动机拖动的设备，其控制电路较简单。控制电路的电压常采用交流380V，可直接由主电路引入。对于采用多台电动机拖动且控制要求又比较复杂的生产设备，控制电压采用交流 110V 或 220V。

一般电气原理图为了阅读方便，在原理图的上方写有文字，用以表示下属电路的功能，例如"电源开关及保护""主电动机""起停控制电路"等。在原理图的下方写有数字 1、2、3……用以表示上属电路的坐标位置。

第二节 电气控制系统图的分类与有关规定

一、电气原理图

电气原理图的全称为电气控制原理图，简称电路图。电气原理图是根据控制电路的工作原理，为阅读和分析方便，采用电器元件展开的形式而绘制的。电气原理图不是按照电器元件的实际位置来绘制的。

电气原理图的绘制应注意：

（1）在电气原理图中，各个电器元件在整个电气控制原理图中的位置，一般都根据便于阅读为原则，按照其动作的顺序从上到下、从左到右依次排列，可以水平布置也可以垂直布置。

（2）电气原理图包括主电路和辅助电路两大部分。主电路是从电源到电动机的大电流所通过的电路；辅助电路包括控制电路、照明电路、信号电路和保护电路等。辅助电路流过的电流一般为 5A 左右。

（3）电气原理图中图形符号的大小、线条的粗细可以放大或缩小，但是在同一张图中，同一个图形符号的大小应该保持一致，各符号间以及符号本身的比例应该保持不变。

二、电器元件布置图

电器元件布置图主要是用来表示电气控制工程中的各个电器元件的实际安装位置和接线情况，为生产机械电气控制设备的制造、安装、维修提供必要的资料。以机床电器布置图为例，它主要由机床电气设备布置图、控制柜及控制板图电气设备布置图、操纵台及悬挂操纵箱电气设备布置图等组成。电器布置图可按电气控制系统的复杂程度集中绘制或单独绘制。但在绘制这类图形时，机床轮廓线用细实线或点划线表示，所有能见到的以及需要表示清楚的电气设备，均用粗实线绘制出简单的外形轮廓。

电器元件布置图的绘制应注意：电器元件布置图中主电路的熔断器和控制电路

的熔断器要尽可能地放在一起；电器元件布置图中较重或较大的电器应该放置在图的下面；电器元件布置图中要经常操作控制的元件，应该放在操作人员能够方便操作的位置。

三、电气安装接线图

电气安装接线图是为了安装电气设备和电器元件进行配线或检修电器故障服务的。绘制电气安装接线图的原则如下：

外部单元同一电器的各个部件要画在一起，其布置要求尽可能地符合电器的实际情况；各个电器元器件的图形符号、文字符号和回路的标记均是以电气原理图为准，并与之保持一致；不在同一个控制箱、不在同一个配电屏上的各个电气元件的连接，必须通过接线端子板来进行连接。如电动机 M。连接导线应该注明导线的规格（导线的数量、导线的截面积等），一般不表示实际线路的走线途径，在施工时由操作人员按实际情况选择最佳的走线方式；对于控制装置的外部接线应该在电气安装接线图上或用接线表来表示清楚，并标明电源的引入端。

第三节　电器元件的图形符号和文字符号

一、图形符号

图形符号是用图形表示电气器件的符号。图形符号通常用于图样或其他文件，用以表示一个设备或概念的图形、标记或字符。

电气控制系统图中的图形符号必须按国家标准绘制，本书绘出的电气控制系统的部分图形符号含有符号要素、一般符号和限定符号。

1. 符号要素

它是一种具有确定意义的简单图形，必须同其他图形组合才构成一个设备或概念的完整符号。如接触器动合主触点的符号就由接触器触点功能符号和动合触点符号组合而成。

2. 一般符号

它是用以表示一类产品和此类产品特征的一种简单的符号。如电动机可用一个圆圈表示，其中直流电动机用圆圈内加字母 M ，交流电动机用圆圈内加字母 M 。

3. 限定符号

它是用于提供附加信息的一种加在其他符号上的符号。

运用图形符号绘制电气系统图时应注意下面内容：

符号尺寸大小、线条粗细依国家标准可放大与缩小，但在同一张图样中，同一符号的尺寸应保持一致，各符号之间以及符号本身的比例应保持不变；标准中展示出的符号方位，在不改变符号含义的前提下，可根据图面布置的需要旋转，或成镜像位置，但文字和指示方向不得倒置；大多数符号都可以附加上补充说明标记；有些具体器件的符号由设计者根据国家标准的符号要素、一般符号和限定符号组合而成；国家标准未规定的图形符号，可根据实际需要，按突出特征、结构简单、便于识别的原则进行设计，但需报国家标准局备案。当采用其他来源的符号或代号时，必须在图解和文件上说明其含义。

二、文字符号

文字符号是用文字表明电气器件的符号。可以表示在图形符号的上方或近旁。文字符号适用于电气技术领域中技术文件的编制，用以标明电气设备、装置和元器件的名称及电路的功能、状态和特征。

文字符号分为基本文字符号（单字母或双字母）和辅助文字符号。常用文字符号参见《简明电工手册》。

1. 基本文字符号

基本文字符号有单字母符号与双字母符号两种。单字母符号按拉丁字母顺序将各种电气设备、装置和元器件划分为 23 大类，每一类用一个专用单字母符号表示，如"C"表示电容器类，"R"表示电阻器类等。双字母符号由一个表示种类的单字母符号与另一个字母组成，且以单字母符号在前，另一字母在后的次序列出，如"F"表示保护器件类，"FU"则表示为熔断器。

2. 辅助文字符号

辅助文字符号是用来表示电气设备、装置和元器件以及电路的功能、状态和特征的。如"RD"表示红色，"L"表示限制等。

辅助文字符号也可以放在表示种类的单字母符号之后组成双字母符号，如"SP"表示压力传感器，"YB"表示电磁制动器等。为简化文字符号，若辅助文字符号由两个以上字母组成时，允许只采用其第一位字母进行组合，如"MS"表示同步电动机。辅助文字符号还可以单独使用，如"ON"表示接通，"M"表示中间线等。

3. 补充文字符号的原则

规定的基本文字符号和辅助文字符号如不够使用，可按国家标准中文字符号组成规律和下述原则予以补充。

在不违背国家标准文字符号编制原则的条件下，可采用国家标准中规定的电气技术文字符号；在优先采用基本和辅助文字符号的前提下，可补充国家标准中未列出的双字母文字符号和辅助文字符号；使用文字符号时，应按电气名词术语国家标准或专业技术标准中规定的英文术语缩写而成；基本文字符号不得超过两位字母，辅助文字符号一般不超过三位字母。文字符号采用拉丁字母大写正体字，且拉丁字母中"I"和"○"不允许单独作为文字符号使用。

第四节　电气控制线路的保护环节

一、电流型保护

电流型保护的基本工作原理：通过保护电器中检测的电流信号，经过变换和放大再去控制保护对象，当电流达到整定值时，保护电器开始动作以切断控制电路。属于电流型保护的有短路保护、过电流保护、过载保护、欠电流保护、断相保护。

1. 短路保护

当电路发生短路（电器的绝缘、电动机的绝缘、导线的绝缘发生损坏和线路发生故障）时，会在电路中产生很大的短路电流，瞬间的故障电流将达到额定电流的几倍至几十倍，使电气设备或配电线路因此产生过热、电动力损坏，严重的会产生电弧而引起火灾。因此要求一旦发生短路故障时，控制电路能快速地切断电源的保护称为短路保护。

常用的短路保护元器件有熔断器和自动空气开关。

熔断器的熔体串联在被保护的电路中，当电路发生短路或严重过载时，熔断器的熔丝会自动熔断，从而切断电路，达到保护的目的。

自动空气开关又称自动空气断路器，有断路、过载和欠电压保护作用。这种开关能在线路发生上述故障时快速地自动切断电源。它是低压配电重要的保护元件之一，常作低压配电盘的总电源开关及电动机变压器的合闸开关。

当电动机容量较小时，控制线路不需另外设置熔断器作短路保护，因主电路的熔断器同时可作控制线路的短路保护。当电动机容量较大时，控制电路要单独设置熔断器作短路保护。断路器既可作短路保护，又可作过载保护。线路出故障，断路器跳闸，故障排除后只要重新合上断路器即能重新工作。

2. 过载保护

电动机长期超载运行，电动机的绕组温升超过额定值，造成电动机绝缘材料变脆、寿命缩短，严重时还会造成电动机损坏。过载保护是反时限的，过载电流越大，则达到允许温升的时间也越短。常用的过载保护器件是热继电器。

电动机的负载突然增加，断相运行或电网电压降低都会引起电动机过载。电动机长期过载运行，绕组温升超过其允许值，电动机的绝缘材料就要变脆，寿命就会减少，严重时损害电动机。过载电流越大，达到允许温升的时间就越短。热继电器可以满足这样的要求：当电动机为额定电流时，电动机为额定温升，热继电器不动作；在过载电流较小时，热继电器要经过较长时间才动作；过载电流较大时，热继电器则经过较短时间就会动作。出于热惯性的原因，热继电器不会受电动机短时过载冲击电流或短路电流的影响而瞬时动作，所以在使用热继电器作过载保护的同时，还必须设有短路保护。

3. 过电流保护

过电流保护被广泛地用于直流电动机或交流绕线型电动机。对于交流笼型电动机由于其短时的过电流不会造成严重的后果，故一般可以不设过电流保护。

如果在直流电动机和交流绕线型异步电动机起动或制动时，限流电阻被短接，将会造成很大的起动或制动电流。另外，负载的加大也会导致电流增加。过大的电流将会使电动机或机械设备损坏。过电流保护常采用电磁式过电流继电器来实现。当电动机过电流达到过电流继电器的动作值时，继电器动作，使串接在控制电路中的动断触点动作断开控制电路，电动机随之脱离电源并停转，达到了过电流保护的目的。

二、电压型保护

1. 失电压保护

在电动机运行时，如果电源电压因故障而消失，那么在电源再度恢复时，如果电动机自行起动，则将造成生产设备事故甚至人身伤害事故。为了防止电网失电后恢复供电时电动机自行起动的保护叫失电压保护。失电压保护通常采用欠电压继电器。采用接触器及按钮控制电动机的起动与停止，也具有失电压保护的作用。

2. 欠电压保护

当电网电压过分降低时也会引出一些事故，如电器元件自行释放等。造成控制线路不正常，甚至会产生事故。因此在电源电压降到允许值以下时，要及时切断电源，这就是欠电压保护。一般，欠电压保护通常也可采用欠电压继电器。采用接触器及按钮控制电动机的起动与停止线路，也具有欠电压保护的作用。还可以采用自动断路器或专门的电磁式电压继电器。

3. 过电压保护

为了防止电源电压过高而引起电流增大或者绝缘击穿等事故，造成电气设备的损坏而进行的保护措施称为过电压保护。过电压保护常常采用过电压继电器来实现。

三、位置保护及其他保护

生产机械的运动部件，在行程、越位的大小及运动部件的相对位置上都要有一定的限制，限制在一定的范围之内。如工作台的上下、前后运动；起重设备的上下、左右、前后的运动行程中都必须有适当的保护，这种保护称位置保护。

位置保护可采用限位（行程）开关、干簧继电器、接近开关等。

电气控制电路中还有其他保护，包括以下几种。

（1）弱磁场保护。对于直流电动机，其在运行时，若磁场减弱或磁场消失，都会引起电动机转速很快地升高，使换向恶化，损坏机械机构，甚至会出现"飞车"现象。直流电动机在起动时，若发生弱磁场情况，将会在电枢中出现很大的起动电流。为此，必须设置弱磁场的保护，及时切断电源。常用的弱磁场保护装置为欠电流继电器。

（2）超速保护。生产机械设备运行速度超过允许的规定速度时，将会造成生产设备的损坏甚至危及人身安全。为此，必须设置超速保护装置来控制转速或切断电源。

其他保护还有温度、压力、流量保护等，为此专门设计和制造了各种专用的电器，如温度、压力、流量、速度继电器。它们的基本工作原理都是在控制电路中串联了这些参数控制的动合触点和动断触点，以适用于各种继电器在各种场合的保护之需。

电力拖动系统中可以根据不同的工作情况，对电动机设置一种或几种保护措施。保护元件有多种，对于同一种保护要求可选用不同的保护元件。在选用保护元件时，应该考虑保护元件本身的保护特性、电动机的容量和电路的复杂情况，以及保护元件的经济指标等问题。表2-2列出了电动机的各种保护。

表2-2　电动机的各种保护

保护名称	故障原因	采用的保护元件
短路保护	电源、负载短路	熔断器、自动空气开关
过电流保护	不正确的起动、过大的负载转矩、频繁的正反向起动	过电流继电器
过载保护和过热保护	长期的过载运行	热继电器、热敏电阻、自动空气开关、热脱扣器
零电压和欠电压保护	电源电压突然消失或降低	零电继电器、欠压继电器或利用接触器、中间继电器

保护名称	故障原因	采用的保护元件
弱磁场保护	直流励磁电流然消失或减小	欠电流继电器
超速保护	电压过高或弱磁场	过电压继电器、离心开关、测速发电机

第五节　电气控制系统中的控制原则

一、时间控制原则

在电气自动控制系统中，时间控制原则应用得最为广泛。它在交、直流电动机的起动、能耗制动电路中，以及所有与"时间"这一参数有关的控制电路中，都可以使用时间控制原则。关键是所需要对应的电器元件是时间继电器，由它构成的控制电路比较简单，不易受电源电压、电流等参数的影响，这种控制原则对任何型号的电动机都适用。关键元件：时间继电器。

二、行程（位置）控制原则

行程控制原则也是非常重要的原则。凡是涉及反映运动部件运行位置的控制，都可以使用行程控制原则。它所利用的参数是"行程""位置"。它所对应的电器元件是行程开关。由它构成的控制电路比较简单，不受其他参数的影响，只与运动部件的位置有关。关键元件：行程开关。

三、速度控制原则

速度控制原则主要用于直流电动机和三相笼型异步电动机的反接制动，以及同步电动机的励磁和加速控制，它所利用的参数是"速度"，它所对应的电器元件主要是速度继电器，由它构成的控制电路也比较简单，但在控制加速时易受电网电压的影响，而制动时则无影响。关键元件：速度继电器。

四、电流控制原则

电流控制原则主要用于串励电动机与绕线型异步电动机的分级起动、制动，并作为电路的过电流或欠电流保护。它所利用的参数是"电流"，它所对应的电器元件主要是电流继电器，由它所构成的电路联锁较为复杂，并受各种参数的影响较大，因此可靠性也较差。关键元件：电流继电器。

五、顺序控制原则

由于生产工艺的要求或者一些保护要求的不同，将会使电气自动控制系统中多台电动机的动作顺序不同。所谓顺序控制原则，就是将各种控制电器及其触头，按照一定的逻辑关系组合来实现控制系统的要求，下面是常用的几种方法。

（1）如果要求在 A 接触器先通电以后，B 接触器才能通电（或不许通电），可将 A 接触器的动合（或动断）触头串接在 B 接触器线圈的控制电路中；或者 B 接触器线圈的电源、接于 A 接触器自锁触头之后，反之亦然。这种逻辑关系同样适用于继电器。

（2）如果在若干个条件中，只要有一个条件满足，接触器线圈就能通电，可采用并联的接法。在当所有条件都满足后，接触器才能通电，可采用串联的接法。

（3）若要求 A、B 两只接触器不能同时接通，可在其线圈前互串对方的动断辅助触头，即

在 B 接触器线圈前串接 A 接触器的动断辅助触头，在 A 接触器线圈前串接 B 接触器的动断辅助触头，这样可保证每次最多只能有一只接触器通电，而另一只则不行，这种逻辑关系称为联锁（或互锁）。

顺序控制原则所利用的"参数"，实际上就是逻辑代数："0"和"1"。

对于以上几种电气控制原则，应该根据控制对象的要求，既可以单独使用，也可以将几种电气控制原则灵活组合使用。

电动机的各种控制原则、使用场合、工作特点列于表 2-3 中。选择电气控制原则时，除了考虑其本身的特点之外，还应该考虑电力拖动系统所提出的基本要求，如工艺要求、安全可靠性、操作维修等因素。

表 2-3　电动机的各种控制原则、使用场合和工作特点

电气控制原则	使用场合	特点	对应电器元件及单位
时间控制原则	交、直流电动机的起动、能耗制动及按一定时间动作的控制电路	电路简单、不受电源电压、电流等参数的影响，对于任何型号的电动机都适用	时间继电器单位：秒（s）
速度控制原则	直流电动机和笼型电动机的反接制动，同步电动机的励磁和加速控制	电路简单，控制加速时受电源电压的影响，制动时间则无影响	速度继电器单位：转/分（r/min）

电气控制原则	使用场合	特点	对应电器元件及单位
电流控制原则	串励电动机与绕线型异步电动机的分级起动、制动和作为电路的过电流保护与欠电流保护	电路联锁复杂，可靠性差，会受各种参数的影响	电流继电器单位：安培（A）
行程控制原则	运动部件运行位置控制	电路简单，不受各种参数的影响，只反映运动部件的位置	行程开关单位：米（m）
电势控制原则	直流电动机的加速与反接制动	能较准确地反映电动机的转速	单位：伏特（V）
频率控制原则	同步电动机投入同步直流励磁	电路简单，但准确度较差	单位：赫兹（Hz）

第三章 电气控制线路的分析及电气控制系统的设计

第一节 电路的表示方法

电气控制原理图又可称为电路图,电路图可以水平绘制也可以垂直绘制。按照电路图中的驱动部分和被驱动部分之间的机械连接表示方法的不同,电路的电气符号的表示方法有集中表示法、半集中表示法和分散表示法三种(见表 3-1)。

表 3-1 电路的电气符号的表示方法

方法	主要内容	图例
集中表示法	将一个电路中各个电器组成部分用图形符号在图上绘制在一起的方法,如右图所示。这种方法的优点:容易寻找电路中电器的各个部分。但是这种方法连线较多,使读图增加困难。因此这种方法仅仅适用于较为简单的电路图	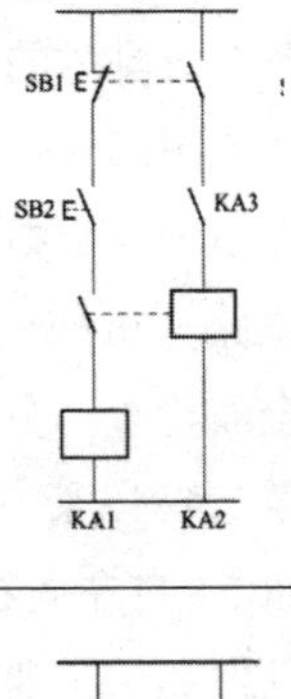
半集中表示法	将电路中电器的各个组成部分的图形符号在电路图中分散布置而绘制,并用虚线表示它们之间的关系,如右图所示。这种方法也会出现一些连接线,使读图有点困难。因此这种方法也仅适用于较为简单的电路图	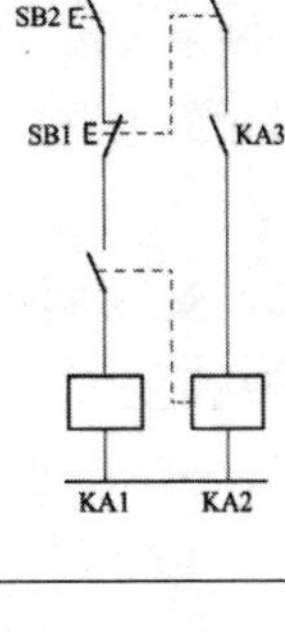

续表

方法	主要内容	图例
分散表示法	把电路中同一个电器的各个组成部分的图形符号，在电路图上分散绘制，但它们必须是用同一个项目代号表示，如右图所示。这种方法绘制电路图的图面简洁，但读图时为寻找同一个项目图形符号的不同部分就比较困难	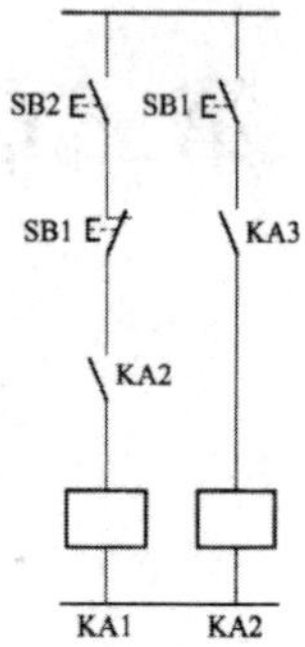 SB2 SB1 SB1 KA3 KA2 KA1 KA2

第二节　查线读图法

一、查线读图法的基本原理

电气控制线路的分析是在掌握了机械设备及电气控制系统的构成、运行方式、相互关系，以及各电动机和执行电器的用途和控制等基本条件之后，即可对设备控制线路进行具体的分析。按照由主到辅、由上到下、由左到右的原则分析电气原理图。较复杂的图形，通常可以"化整为零"，将控制电路化成几个独立环节的细节分析，然后再串为一个整体分析。

电路分析的一般原则是：化整为零、顺藤摸瓜、先主后辅、集零为整、安全保护和全面检查。分析电气控制系统时，通常要结合有关技术资料，将控制线路"化整为零"，即以某一电动机或电器元件（如接触器或继电器线圈）为对象，从电源开始，自上而下、自左而右，逐一分析其接通及断开的关系（逻辑条件），并区分出主令信号、联锁条件和保护要求等。根据图区坐标标注的检索可以方便地分析出各控制条件与输出的因果关系。

常用的电路分析电气控制原理图的方法有两种：查线读图法和逻辑代数法。

二、查线读图法的工作步骤

查线读图法（又称为直接读图法或跟踪追击法）是按照电气控制线路图，根据生产过程的工作步骤依次读图，一般要按照以下步骤进行。

1. 了解生产工艺与执行电器的关系

在分析电气线路之前，应该熟悉生产机械的工艺情况，充分了解生产机械要完成哪些动作，这些动作之间又有什么联系；然后进一步明确生产机械的动作与执行电器的关系，必要时可以画出简单的工艺流程图，为分析电气线路提供方便。

2. 分析主电路

从主电路入手，根据每台电动机和执行电器的控制要求去分析它们的控制内容。控制内容包括起动、转向控制、调速、制动等。因此，主电路一般要容易些，可以看出有几台电动机，各有什么特点，是属于哪一类的电动机，是采用什么方法起动，是否要求正反转，有无调速和制动要求等。

3. 分析控制电路

根据主电路中各电动机和执行电器的控制要求，逐一找出控制电路中的控制环节，利用前面学过的典型控制环节的知识，按功能的不同将控制线路"化整为零"来分析。一般情况下控制电路比主电路要复杂一些。如果比较简单，根据主电路中各电动机或电磁阀等执行电器的控制要求，逐一找出控制电路中的控制环节，即可分析其工作原理，从而掌握其动作情况；如果比较复杂，一般可以按控制线路分成几部分来分析，采取"化整为零"的方法，分成一些基本的、熟悉的基本控制环节的单元电路，然后将各单元电路"集零为整"进行综合分析，最后得出其工作情况。

4. 分析辅助电路

辅助电路中的各个环节如电源显示、参数测定、工作状态显示、照明和故障报警显示等，大多是由控制电路中的电器元件来控制的，所以对辅助电路进行分析也是很有必要的。辅助电路大多是由控制电路中的元件来控制的，所以在分析辅助电路时，还要回过头来对照控制电路进行分析。

5. 分析联锁和保护环节

机床对于安全性和可靠性有很高的要求，为了实现这些要求，除了合理地选择拖动方式和控制方案外，在控制线路中还设置了一系列电气保护和必要的电气联锁，这些联锁和保护环节必须弄清楚，以便于分析。

6. 总体检查

经过"化整为零"的局部分析，逐步分析了每一个局部电路的工作原理以及各部分之间的控制关系之后，还必须用"集零为整"的方法，检查整个控制线路，看是否有遗漏，特别是要从电气控制系统（线路）的整体角度，去进一步地分析和理解各控制环节之间的联系，以理解电路中每个电气元件的名称及作用。

查线读图法是分析电气原理图的最基本的方法，其应用也最广泛。查线读图法具有直观性强、容易掌握的优点，因而得到广泛采用。其缺点是分析复杂线路时容易出错，叙述也较长。

第三节　电气控制系统的设计

一、电气控制系统的设计内容

一般控制线路的设计的基本内容如下：

设计电气原理图；选择控制线路中的相关控制电器，制定电气元器件的明细表；确定电力装备的总体布置；绘制电气布置图；绘制安装接线图；绘制电气设备安装接线图；设计或选用操作台与电气控制柜；编写电气书与设计书。

二、电气控制系统设计的一般规律与要求

1. 控制线路应最大限度地实现生产机械和工艺要求

控制线路应最大限度地实现生产机械和工艺对电气控制线路的要求。设计之前，首先要调查清楚生产工艺要求。不同的场合对控制线路的要求应该有所不同：对一般控制线路只要满足起动、反转、制动就可以了；对有些要求在一定范围内平滑调速和按规定改变转速，出现事故时需要有必要的保护及信号预报以及各部分运动要求有一定的配合和联锁关系等；如果已经有类似设备，还应该了解现有的控制线路特点以及操作人员对这些设备的反应。

在科学技术日益飞速发展的今天，对电气控制线路的要求越来越高，新的电气元器件和电气装置、控制方法层出不穷，如智能的断路器、软起动器、变频器等电气控制元件。系统的先进性总是伴随着电气元器件的不断发展、更紧密地联系在一起的电气控制线路的设计人员应该不断地密切关心控制电机、电器技术、电子技术的新发展，不断地关注收集新产品的资料，更新专业知识，以便及时应用到控制系统的设计中，使设计出的电气控制线路能更好地满足于生产机械的要求，并且在技术指标、技术稳定性、技术可靠性等方面有进一步的提高。

2. 电气控制线路的设计应该简单经济

电气控制线路在满足于工艺要求的前提下，应该力求使控制线路简单、经济。

（1）控制线路应该标准。应该尽量选用标准的、常用的或者经过实际考验过的控制线路和控制环节。

（2）控制线路应该简短。设计控制线路时，尽量缩减连接导线的数量和长度。应该考虑到各元器件之间的实际接线。特别要注意电气控制柜、电气操作台、限位

开关之间的连接线。连接导线的方法如图3-1所示。图3-1（a）所示是不合理的连线方法，图3-1（b）所示是合理的连线方法。因为控制按钮在电气控制操作台上，而接触器是在电气控制柜内，一般都是将起动按钮和停止按钮直接连接，这样就可以减少一次连接线。

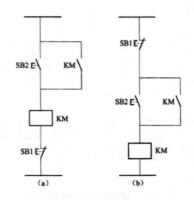

图3-1　连接导线方法

（a）不合理连线；（b）合理连线

（3）控制线路要减少不必要的触点来简化线路。控制线路使用的触点越少，线路出现故障的概率就越低，工作的可靠性就越高。在简化、合并触点的过程中，应将着眼点放在同类触点的合并上，一个触点能完成的动作，不能用两个触点。在简化触点的过程中应该注意触点的额定电流是否允许，同时也应考虑对其触点对控制回路的影响。

（4）控制线路要能节约电能。电气控制线路在工作时，除了必须要通电的电器之外，其余的电器要求尽量不通电以节约电能，同时延长电器的使用寿命。

3. 要保证电气控制线路工作的可靠性和安全性

为了使电气控制线路能可靠安全地工作，最主要是要求选用可靠的电器元器件，如尽量选用机械寿命和电气寿命长、结构坚实、动作可靠、抗干扰性能强的电器。

同时在具体的电气线路的设计中应该注意以下几点。

（1）正确连接电器的线圈。在电气控制线路中，交流电器线圈是不能串联使用的。如果外加电压是这两个线圈的额定电压之和，也是不允许的。因为两个电器的动作时间总有先有后，有一个电器通电吸合并动作，它线圈上的电压降也相应增大，从而使另一个电器达不到所需动作的工作电压。

因此，两个电器需要同时动作时，其两个线圈应该并联连接。

（2）应该尽量避免几个电器依次动作的现象。在电气控制线路中应该尽量避免许多电器依次动作后才能接通另一个电器的现象，如图3-2（a）所示。接通接触器线圈KM3要经过接触器线圈KM、KM1、KM2三对动合触点才能动作。如果改为图3-2（b）所示，则每个线圈的通电只需要经过一对电器触点，这样可靠性会更高。

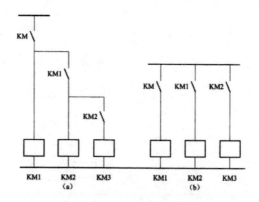

图3-2　避免几个电器依次动作

（a）不合理接线；（b）合理接线

（3）避免出现寄生电路。在电气控制线路的设计中，要注意避免出现寄生电路（又叫假电路）。如图3-3所示为一个具有指示灯和过载保护的正—停—反运行电路中产生的寄生电路。

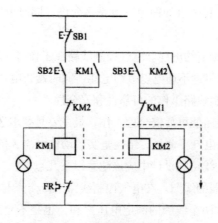

图3-3　产生的寄生电路示意

在正常工作时，控制线路能完成正反转的起动、停止、反转和信号灯的指示，当电动机发生过载的情况，热继电器FR动作时，控制电路就会出现寄生电路。如图3-3中虚线部分所示，使接触器KM1无法释放，不能起保护作用。防止产生寄生电路的办法，将控制电路中热继电器的动断触点 FR 移到停止按钮 SB1 之下，如图 3-4 所示。

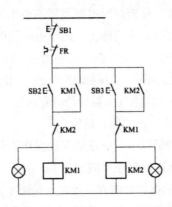

图 3-4　带指示灯的正—反—停控制电路

（4）要避免产生触点的"竞争"与"冒险"现象。所谓的"竞争"，就是设想在两个电器 A 和 B 中，当一个电器 A 通电时会引起另一个电器 B 的失电，继而又会产生第一个电器 A 失电的可能。电器发生不按预期的约定时序动作的情况，使其触点争先吸合，发生振荡，这种现象称为电路的"竞争"。如果电器 A 因抢先一步自锁继续得电，竞争的结果是"胜利"；如果电器 A 因来不及自锁而不能继续得电，则竞争的结果是"失败"。电器 A 究竟是胜利还是失败，与电气控制线路的设计及电器的动作速度有关。

由于电气元器件的固有释放延时作用，因此会出现电器不按要求的逻辑功能转换状态的可能性，这种现象称为"冒险"。"竞争"与"冒险"现象都会造成控制回路不能按要求而动作，因此引起控制失灵。如图 3-5 所示是接触器触点的"竞争"与"冒险"电路。

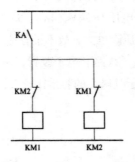

图 3-5　触点的"竞争"与"冒险"电路

当电路中的 KA 闭合时，接触器 KM1、KM2 竞争吸合，只有经过多次振荡吸合"竞争"之后，才能稳定在一个状态上；同样，当 KA 断开时，接触器 KM1、KM2 又会争先断开，产生振荡。通常，分析控制电路电器的动作及触点的接通和断开都是静态的，没有考虑其动作的时间。而实际上，由于电磁线圈的电磁惯性、机械惯性等因素，在触点通与断的过程中，总会存在一定的固有时间（几十毫秒至几百毫秒），这是电气元器件的固有特性。在电气控制线路设计时，要避免触点的"竞争"与"冒险"现象，要防止控制电路中因电气元器件的固有特性而引起的配合不良的后果。

4. 电气控制线路中要有一定的保护措施

电气控制线路在故障的情况下，应该能保证操作人员、电气设备、生产机械的安全，并且能够有效地、迅速地阻止事故的扩大。为此，在电气控制线路中，应该采取一定的保护措施。常用的保护措施有采用漏电保护开关的自动切断电源的保护、短路保护、过载保护、失电压保护、低压保护、联锁保护、行程保护与过电流保护等。

三、控制电路电源种类与电压数值的要求

根据相关规定，如果电源具有接地中线时，可以将控制电压直接接到相线与接地线之间。对于电磁线圈总数（包括接触器、继电器、电磁铁、电磁离合器线圈等）超过五个（包括五个）时的电气控制柜外还具有控制器件或仪表的机床，必须采用分离绕组的变压器给控制电路和信号电路供电。当机床电器中有几个控制变压器时，一个变压器尽可能地只给机床一个单元的控制电路供电，只有这样才能使不工作的那一个控制电路不会发生危及人身、机床设备、工件安全的事故。

由变压器供电的交流控制电路，变压器二次侧的电压为 24V 或 48V，50Hz。对于触点外露在空气中的电路，若电压过低使电路工作不可靠时，应该采用 48V 或更高的电压 110V（优选值）或 220V，50Hz。

对于电磁线圈总数在五个以下的控制电路，可以直接接在两根相线之间或相线与中线之间。直流控制电路的电压有 24V、48V、110V 或 220V。对于大型机床，因其线路长，串接的触点多，电压降也大，故不推荐使用 24V 或 48V 交、直流电压。

对于只能使用低电压的电子线路和电子装置，可以采用其他的低电压；对电气控制线路主电路中的电器，由于其触点的容量比较大，一般情况下仍采用交流电源。

第四章　电气控制的基本线路

第一节　电动机的交流直接起动控制线路

一、交流电动机单向控制线路

交流电动机单向控制线路又称为具有联锁的控制线路。

如图 4-1 所示是三相笼型异步交流电动机单向全压起动控制线路。

交流电动机单向控制线路的控制特点：①在控制线路的起动按钮 SB2 两端并联了一个接触器的辅助触点 KM；②在控制线路中串联了一个停止按钮 SB1。

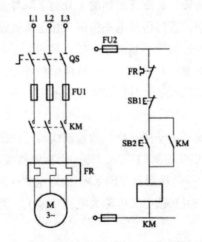

图 4-1　三相笼型异步交流电动机单向全压起动控制线路示意

1. 控制线路的组成

它的主电路是由隔离开关 QS，熔断器 FU1、接触器 KM 的主触头、热继电器 FR 的热元件与电动机 M 构成，画在图的左边。它的控制回路是由起动按钮 SB2、停止按钮 SB1、接触器 KM 的线圈及其接触器的动合辅助触点、热继电器 FR 的动断触点和熔断器 FU2 构成，画在图的右边。

2. 控制线路的工作原理

起动时，合上隔离开关 QS，引入三相电源。按下起动按钮 SB2，交流接触器 KM 的吸引线圈通电，接触器主触头闭合，电动机接通电源、电动机直接起动并运转。同时与起动按钮 SB2 并联的 KM 动合辅助触点闭合，使接触器吸引线圈经这条路经通电，这样，当起动按钮 SB2 复位时，接触器 KM 的线圈仍可通过自身触点继续通电，从而保持电动机的连续运行。这种依靠接触器自身的辅助触点而使其线圈保持通电的现象称为自锁。这一对起自锁作用的辅助触点，则称为自锁触点。

要使电动机 M 停止运转，只要按下停止按钮 SB1，将控制线路断开即可。这时接触器 KM 断电释放，接触器 KM 的三个动合主触头将三相电源切断，电动机 M 停止旋转。当松开按钮后，停止按钮 SB1 的动断触点在复位弹簧的作用下，又可恢复到原来的动断状态，但接触器线圈已经不能再依靠自锁触点通电了，因为自锁触点随着接触器的断电而断开。

二、交流电动机可逆控制线路

在生产加工过程中，往往要求电动机能够实现可逆运行。如机床工作台的前进与后退、主轴的正转与反转、起重机吊钩的上升与下降等。这就要求电动机可以正反转，由电动机原理可知，若将接至电动机的三相电源进线中的任意两相对调，即可使电动机反转。所以可逆运行控制线路实质上是两个方向相反的单向运行线路，但为了避免误动作引起电源相间短路，又在这两个相反方向的单向运行线路中加设了必要的互锁。按照电动机可逆运行操作顺序的不同，有"正—停—反"和"正—反—停"两种控制线路。

图 4-2 为电动机可逆"正—停—反"的控制线路。该图是利用两个接触器的动断触头 KM1、KM2 起到相互控制的作用，即一个接触器线圈 KM1 通电时，利用其动断触头的断开来锁住另一个接触器线圈 KM2 的通电。这种利用两个接触器的动断辅助触头互相控制的方法叫互锁（又可称为电气互锁），而两对起互锁作用的触头便叫互锁触头。

图 4-2 控制线路要实现正反转操作控制时，必须先按下停止按钮 SB1，然后才能反向起动，因此定义它为"正—停—反"的控制线路。

该控制线路存在不足：在生产实际中，为了缩短工时，设备需要频繁地正反转运行，而图 4-2 只能先正向再停止，然后才能反向起动，这样显然拉长了过渡过程的时间。为此引出了以下一种控制线路，称为可逆"正—反—停"控制线路。

如图 4-3 所示为电动机可逆"正—反—停"控制线路。

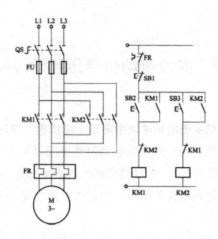

图 4-2　电动机可逆"正—停—反"控制线路

　　在可逆"正—反—停"控制线路中，要求正转时，正向起动按钮 SB2 的动合触点用作正转接触器 KM1 的吸引线圈瞬间通电，起动按钮 SB2 的动断触点串联在反转接触器 KM2 吸引线圈的电路中使之瞬间失电。同样，反转时，反向起动按钮 SB3 的动合触点使反转接触器 KM2 的吸引线圈瞬间通电，起动按钮 SB3 的动断触点串联在正转接触器 KM1 吸引线圈的电路中使之瞬间失电。当按下按钮 SB2 或 SB3 时，通常首先是按钮的动断触点断开，然后才是按钮的动合触点闭合。这样当电动机要实现正反转运行时，就不必去按下停止按钮 SB1 了，缩短了过渡过程的时间。

　　该控制线路中利用按钮互相控制的方法叫按钮互锁（又可称为机械互锁）。

　　图 4-3 所示的电动机可逆"正—反—停"控制线路中，既有接触器的触点互锁，又有按钮的互锁，这样保证了电路的可靠工作，常用于一般的电力拖动控制系统。

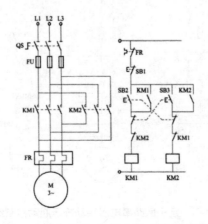

图 4-3　电动机可逆"正—反—停"控制线路

第二节　交流电动机降压起动控制线路

一、交流笼型电动机定子绕组电路串电阻（电抗器）降压起动控制

定子绕组串电阻降压起动，就是在起动时将电阻串接在定子绕组中，以降低电动机的端电压来限制其起动电流。起动结束时该电阻被短接，电动机加入额定电压，作正常运行。用来限制起动电流的电阻，叫起动电阻。定子绕组串电阻降压起动有手动和自动两种控制方法。

1. 手动控制

在手动控制中，又有用开关手动与用按钮手动控制两种。

（1）用开关手动控制。如图 4-4（a）所示，合上电源隔离开关 QS，由于定子绕组中串联电阻 R 起到了分压作用，使定子绕组所承受的电压仅仅是额定电压的一部分，这样就限制了起动电流。当电动机转速达到或接近稳定转速时，合上手动开关 SA，这时电阻 R 被手动开关 SA 的触点所短接，定子绕组上的电压便又上升到额定值，使电动机正常运行。

（2）用按钮手动控制。如图 4-4（b）所示，有两个接触器，按下起动按钮 SB2，接触器 KM1 线圈得电并自锁，电动机经起动电阻 R 降压后起动，起动结束时，按下正常运行按钮 SB3，接触器 KM2 线圈得电后自锁，起动电阻 R 被短接，电动机进入全压运行。

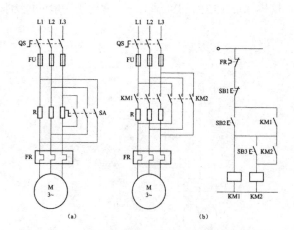

图 4-4　定子回路串电阻手动降压起动控制线路
（a）用手动开关控制电路；（b）用按钮手动控制电路

2. 自动控制

手动控制线路很简单，但这种控制方法既不方便又不可靠，如果电阻短接早了，会达不到降压起动的目的；如果电阻短接晚了，又会拉长起动的过渡过程的时间。在自动控制系统中是依靠时间继电器来实现自动切换的。要实现自动控制的线路很多，有简单的也有复杂的。

（1）图4-5（a）控制线路的工作原理。合上电源隔离开关QS，按下起动按钮SB2，接触器KM1线圈得电自锁，电动机定子回路串入电阻降压起动，在接触器KM1吸引线圈得电的同时，时间继电器KT吸引线圈也得电，经过一段时间的延时（Δt），时间继电器KT延时闭合的动合触点闭合，接触器KM2吸引线圈得电动作，将电阻R短接，电动机进入了全压状态下的正常运行。

（2）图4-5（b）控制线路的工作原理。图4-5（b）解决了图4-5（a）存在的问题，那就是在工作时KM1、KM2、KT吸引线圈都得电，其实KM1、KT得电是多余的。

其工作原理：合上电源隔离开关QS，按下起动按钮SB2，接触器KM1线圈得电，电动机定子回路串入电阻降压起动，在接触器KM1得电的同时，时间继电器KT线圈也得电，经过一段时间的延时（Δt），时间继电器KT延时闭合的动合触点闭合，接触器KM2线圈得电动作，将电阻R短接，同时，KM2用其动断触点将KM1、KT回路切断，并且KM2自锁。电动机进入了全压状态下的正常运行。该线路有一个优点：工作时减少了通电电器元件。

这种线路，虽然在工作时只有一个电器通电，但却存在着潜在的危险——"竞争"。所谓"竞争"，就是设想在两个电器A和B中，当一个电器A通电时引起另一个电器B失电，继而又可能会引起第一个电器A失电。如果电器A因抢先自锁而继续得电，"竞争"的结果电器A是"胜利"，如果说电器A因自锁来不及保住而不能继续得电，"竞争"的结果电器A是"失败"。"胜利"和"失败"与电气线路以及电器的动作速度有关。

存在"竞争"的控制线路是不可靠的，在线路设计时应该力求避免。

（3）图4-5（c）控制线路的工作原理。图4-5（c）控制线路是没有"竞争"的线路。

其工作原理：合上电源开关QS，按下起动按钮SB2，接触器KM1线圈得电，同时时间继电器KT通电自锁，电动机定子回路串入电阻降压起动，经过一段时间的延时（Δt），接触器KM2吸引线圈通电并自锁，短接了起动电阻R并使接触器KM1吸引线圈失电，同时又使时间继电器KT线圈失电。电动机进入了全压状态下的正常运行。

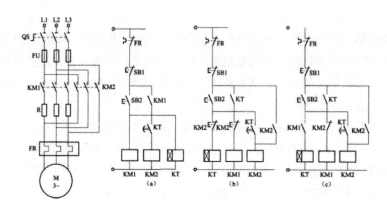

图 4-5 定子回路串电阻自动降压起动控制线路

（a）简单的控制电路；（b）存在"竞争"的控制电路；（c）消除"竞争"的控制电路

二、笼型异步电动机定子绕组丫—△降压起动控制

定子回路星形—三角形（丫—△）降压起动是笼型三相异步电动机降压起动方法之一。星形—三角形降压起动控制是指电动机起动时，使定子绕组接成星形，以降低起动电压，限制起动电流；电动机起动后，当转速上升到接近额定值时，再把定子绕组改接为三角形，使电动机在全电压下运行。星形—三角形起动控制只适用于正常运行时为三角形连接的笼型电动机，而且只适用于轻载起动，如碎石机等。星形—三角形降压起动控制分为手动和自动两种。

1. 手动控制

（1）用手动开关控制。如图 4-6（a）所示，起动时，先合上电源开关 QS，再将手动开关扳向"起动"位置，电动机定子绕组便接成星形，等电动机的转速上升至达到或接近额定转速成时，再将手动开关扳向"运行"位置，使电动机的定子绕组接成三角形，电动机正常运行。

（2）用按钮开关控制。如图 4-6（b）所示，按起动按钮 SB2，接触器 KM1、KM2 线圈得电使电动机作星形联结起动。经过一段时间，再按正常运行按钮 SB3，可在断开接触器 KM1 的同时使 KM3 线圈得电自锁，电动机做三角形联结正常运行。该电路常用于 4kW 以上的△接法电动机的起动控制中。

2. 自动控制

图 4-7 为星形—三角形（丫—△）降压起动自动控制线路之一。图中 KM1 为星形联结接触器，KM2 为接通电源接触器，KM3 为三角形联结接触器，KT 为时间继电器，HL1 为星形联结的指示灯，HL2 为三角形联结的指示灯。

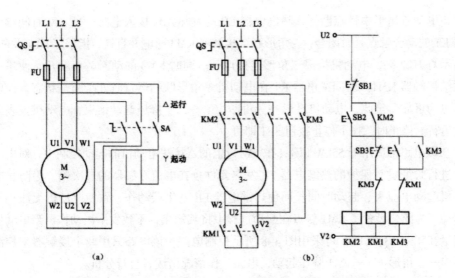

图 4-6　星形—三角形（丫—△）降压起动的手动控制线路
（a）用手动开关控制；（b）用按钮开关控制

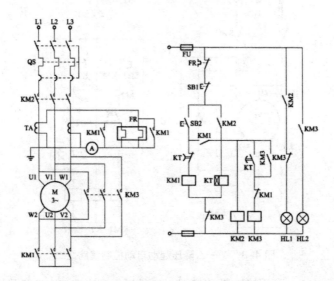

图 4-7　丫—△降压起动自动控制线路之一

　　其工作原理：合上电源开关 QS，按下起动按钮 SB2，KM1 星形联结接触器通电，接通电源接触器 KM2 通电并自锁，电动机 M 连接成星形，接入三相电源进行降压起动，同时指示灯 HL1 亮，并同 KM1 的两对动合辅助触点将热继电器 FR 发热元件短接。在按下 SB2，星形联结接触器 KM1 通电动作的同时，时间继电器 KT 通电，经一段时间延时后，时间继电器 KT 的动断触点断开，星形联结接触器 KM1 断电释放，电动机星形中性点断开，热继电器 FR 的发热元件接入电路；另一对时间继电器 KT 的动合触点延时闭合，三角形联结接触器 KM3 通电并自锁，指示灯 HL1 关断，指示灯 HL2 亮，电动机接成三角形连接运行。同时 KM3 的动断触点断开，使星形联结接触器 KM1、时间继电器 KT 在电动机三角形联结运行时处于断电状态，使电路更为可靠。至此，电动机星形—三角形（丫—△）降压起动结束，电动机投入正常运行。停止时，按下停止按钮 SB1 即可。

该电路常适用于 55kW 以下、13kW 以上的△接法电动机的起动控制中，对电动机进行长期过载保护的热继电器 FR 发热元件接在电流互感器的二次侧，为防止电动机起动电流大、起动时间长而使热继电器 FR 发生误动作，致使电动机无法正常起动。为此，设置了 KM1 触点在起动过程中将其短接，不致发生误动作。当电动机容量在 4 ~ 13kW 时，可采用图 4-8 所示控制电路。该电路只用两个接触器来控制星形—三角形（丫—△）降压起动，电路工作情况由读者自行分析。

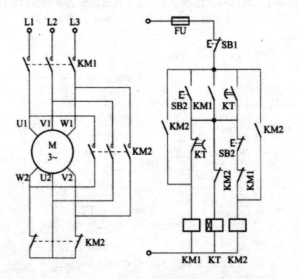

图 4-8 丫—△降压起动自动控制线路之二

电路主要特点：利用接触器 KM2 的动断辅助触点来连接电动机星形中性点，由于电动机三相平衡，星形中性点电流很小，该触点容量是允许的；电动机在星形—三角形（丫—△）降压起动过程中，KM1 与 KM2 换接过程有一间隙，会有短时断电，这样可避免由于电器动作不灵活引起电源短路的故障发生。但由于存在机械惯性，在换接成三角形联结时，电动机电流并不大，对电网没多大影响；将起动按触器 KM2 线圈电路中，使电动机 M 刚起动时不至于直接接成三角形。

三、自耦变压器降压起动控制线路

自耦变压器降压起动的控制线路是利用自耦变压器的降压作用来达到限制电动机起动电流的目的。在电动机起动时，其定子绕组得到的电压是自耦变压器的二次电压，一旦起动完成，自耦变压器便被隔离；此时自耦变压器的一次电压（即全压）就直接加到定子绕组上，电动机便进入全压正常运行状态。

自耦变压器降压起动的方法，主要适用于起动容量较大，且正常工作时定子绕组接成星形或三角形的电动机。

自耦变压器二次绕组有电源电压的多个抽头，能获得多种起动转矩，一般比星形—三角形（丫—△）降压起动时的起动转矩要大得多。自耦变压器虽然价格较贵，而且不允许频繁起动，但仍是三相笼型异步电动机最常用的一种降压起动装置。作降压起动用的自耦变压器又称为起动补偿器。这种起动补偿器包括手动操作、自动操作两种形式。自动操作的起动补偿器有 XJ01 型等系列。XJ01 型降压起动补偿器适用于功率为 14 ~ 28kW 的电动机。

自耦变压器降压起动自动控制线路如图 4–9 所示。

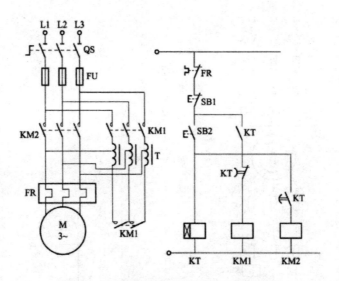

图 4–9　自耦变压器降压起动自动控制线路

电路的工作原理：起动时，合上电源开关 QS，按下起动按钮 SB2，接触器 KM1 的吸引线圈和时间继电器 KT 的线圈同时通电吸合，时间继电器 KT 瞬时动作的动合辅助触点闭合并自锁，接触器 KM1 主触头闭合，电动机 M 通过自耦变压器开始作降压起动。

时间继电器 KT 经过一段时间的延时后，其延时动断触点打开，使接触器 KM1

吸引线圈断电，接触器 KM1 的主触头断开，从而将自耦变压器脱离电源；而时间继电器的延时动合触点闭合，则使接触器 KM2 吸引线圈通电，接触器 KM2 的主触头闭合，于是电动机 M 又直接在全压下运行，从而完成整个起动过程。按下停止按钮 SB1，则时间继电器 KT、接触器 KM2 吸引线圈断电，电动机 M 停转。

四、转子回路串电阻起动控制线路

串接在三相转子绕组回路中的起动电阻，一般按星形接线。电动机在起动之前，起动电阻全部接入电路，在起动过程中，起动电阻将被逐步地短接。根据绕线型异步电动机起动过程中转子电流的变化及需要的起动时间，可分为电流控制原则和时间控制原则。

1. 电流原则控制绕线型电动机转子串电阻起动的控制线路

电流原则控制绕线型电动机转子串电阻起动的控制线路如图 4-10 所示。

图 4-10 中 KM1 ～ KM3 为短接电阻接触器；R1 ～ R3 为转子电阻；KUC1 ～ KUC3 为欠电流继电器；KM 为电源接触器；KA 为中间继电器。

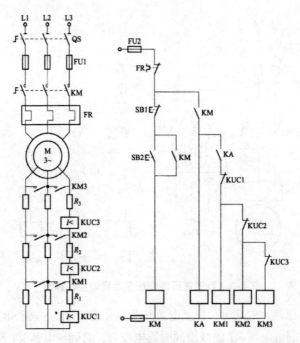

图 4-10　电流原则控制绕线型电动机转子串电阻起动的控制线路

电路的工作原理：合上电源开关 QS，按下起动按钮 SB2，电源接触器 KM 吸引线圈通电并自锁，电动机 M 定子绕组接入三相电源，转子回路串入全部电阻起动。

同时中间继电器 KA 通电，为短接电阻接触器 KM1 ～ KM3 通电做准备。由于刚起动时的电流很大，欠电流继电器 KUC1 ～ KUC3 吸合电流相同，故同时吸合并动作，其动断触点都断开，使短接电阻接触器 KM1 ～ KM3 暂时都处于断电状态，转子串入全部的电阻，达到了限流和提高起动转矩的目的。

在起动过程中，随着电动机转速的升高，起动电流逐渐减小，而欠电流继电器 KUC1 ～ KUC3 的释放电流值却调节得不同，其中欠电流继电器 KUC1 的释放电流值最大，其次是 KUC2，KUC3 最小。所以，当起动电流减小到欠电流继电器 KUC1 的释放电流整定值时，KUC1 首先释放，其动断触点复位闭合，短接电阻接触器 KM1 通电，短接了第一段转子电阻 R1；由于电阻短接，转子电流增加，起动转矩也增大，致使转速又加快上升，这又使起动电流下降，当降低到欠电流继电器 KUC2 的释放电流值时，其动断触点复位闭合，使短接电阻接触器 KM2 通电，短接了第二段转子电阻 R2；如此继续下去，直至转子电阻全部被短接，电动机起动过程才结束。

为了保证电动机转子串入全部电阻起动，设置了中间继电器 KA。如果没有中间继电器 KA，当起动电流由零上升并且未达到电流继电器的吸合值时，电流继电器 KUC1 ～ KUC3 未能吸合，将使短接电阻接触器 KM1 ～ KM3 同时通电，使转子电阻全部被短接，电动机将进行直接起动。而设置了中间继电器 KA 后，中间继电器 KA 是在电源接触器 KM 通电动作后才带电使其动合触点闭合的，在此之前，电流继电器 KUC1 ～ KUC3 已经达到吸合值并且动作，其动断触点已经先将短接电阻的接触器 KM1 ～ KM3 电路断开，以确保串入电路断开，确保串入全部的转子电阻，以免电动机直接起动。

2. 时间原则控制绕线型电动机转子串电阻起动的控制线路

按时间原则控制绕线型电动机转子串电阻起动的控制线路如图 4-11 所示。它是依靠时间继电器 KT 的触头自动短接起动电阻的控制线路。图中 4-11 的 KM 为电源接触器；KM1 ～ KM3 为短接转子电阻接触器；KT1 ～ KT3 为时间继电器，其工作过程请读者自行分析。

五、转子绕组串频敏变阻器起动控制线路

绕线型电动机转子串电阻起动的控制线路较为复杂，且起动电阻体积及能耗都较大，在逐段切除电阻的起动过程中，转子电流和转矩突然增大，会产生一定的机械冲击。为获得较平滑的机械特性，可采用一种较为理想的起动设备——频敏变阻器，它具有阻抗能够随着转子电流频率的下降而自动减小的特性。

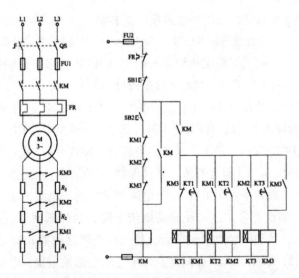

图 4-11　按时间原则控制绕线型电动机转子串电阻起动的控制线路

异步电动机转子串接频敏变阻器起动的控制线路如图 4-12 所示。图 4-12 所示的 KM1 为电源接触器，KM2 为短接频敏变阻器接触器，KT 为起动时间继电器。

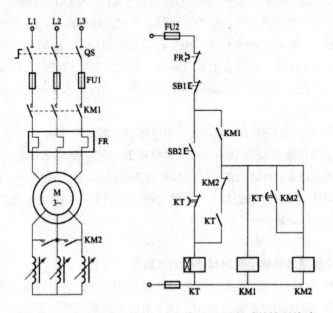

图 4-12　异步电动机转子串接频敏变阻器起动的控制线路

电路的工作原理：合上电源总开关 QS，按下起动按钮 SB2，时间继电器 KT、电源接触器 KM1 相继通电并自锁，电动机定子接通电源，转子回路串接入频敏变阻器起动。随着电动机转速的平稳上升，频敏变阻器的阻抗值 Z_p 逐渐自动降低，当转速上升到接近额定转速，时间继电器 KT 的延时整定时间达到设定值时，其延时动合触头动作，使短接频敏变阻器的接触器 KM2 通电并自锁，将频敏变阻器短接，电动机进入正常运行状态。

应该指出：该电路在操作时，按下起动按钮 SB2 的时间应稍长一些，待电源接触器 KM1 动合辅助触头闭合后才可松开，否则不能自锁。电源接触器 KM1 线圈的通电，需在时间继电器 KT、短接频敏变阻器接触器 KM2 触头工作正常的条件下进行，若发生短接频敏变阻器接触器 KM2 的触头熔焊、时间继电器 KT 的触头熔焊及其线圈断线等故障时，电源接触器 KM1 线圈将无法通电，从而避免了电动机直接起动和转子长期串接频敏变阻器的不正常现象发生。

第三节　交流异步电动机的制动控制线路

一、交流异步电动机的机械制动

对于间隙工作的设备制动时，需要有一个机械的制动力，因此制动器在间隙工作的设备（如起重机机械）中既是工作装置又是安全装置。

根据制动器的构造可以分成块式制动器，带式样制动器，盘式、多盘制动器，圆锥式制动器等；根据制动器的操作情况可以分成常闭式制动器、常开式制动器、综合式制动器。在桥式起重机上一般多采用常闭式制动器，特别在桥式起重机的提升机构上必须采用常闭式制动器，以确保安全。

在这么多的制动器中，由于块式制动器结构简单，制造方便，成对的制动瓦块互相平衡，制动轮轴不受弯曲负荷等，因此在桥式样起重机上广泛使用。

二、交流电动机的电气制动

三相异步电动机从切除电源到完全停止运转。由于惯性的关系，总要经过一段时间，这拉长了过渡过程的时间，往往不能适应某些生产机械工艺的要求。如万能铣床、卧式车床、电梯等，为提高生产效率及准确停位，要求电动机能迅速停车，对电动机进行制动控制。制动方法一般有机械制动和电气制动两大类。电气制动采用反接制动和能耗制动。

1. 反接制动控制线路

反接制动控制的工作原理：改变异步电动机定子绕组中的三相电源相序，使定子绕组产生方向相反的旋转磁场，从而产生制动转矩，实现制动。反接制动要求在电动机转速接近零时及时切断反相序的电源，以防止电动机反向起动。

反接制动过程：当想要停车时，首先将三相电源切换，然后当电动机转速接近零时，再将三相电源切断。控制线路就是要实现这一过程。其控制电路如图4-13所示。

电路工作原理：电动机正在正方向运行时，如果把电源反接，电动机的转速将由正转急剧下降至零。如果不及时切除电源，则电动机又要从零开始反向起动运行。所以必须在电动机的转速制动到零时及时地将反接电源切断，电动机才能停下来。控制线路是利用速度来"判断"电动机的停止与旋转。电动机与速度继电器KS的转子是同轴相联的，电动机转动时速度继电器KS的动合触点闭合，电动机静止时速度继电器KS的动合触点断开。

在主电路中，接触器KM1的主触点是用来提供电动机的工作电源，KM1称为电源接触器；接触器KM2的主触点是用来提供电动机停车时的制动电源，KM2称为制动接触器。

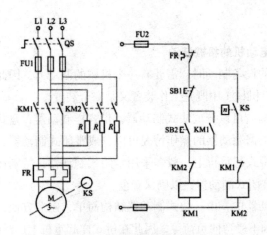

图4-13　反接制动的控制线路之一

图4-14所示的是反接制动的控制线路之二。

电路工作原理：起动时合上电源开关QS，按下起动按钮SB2，接触KM1的吸引线圈通电，接触器KM1的主触头闭合，电动机起动运行。当电动机M的转速上升至一定的数值时，速度继电器KS的动合触点闭合，为反接制动做准备。

停车时，按下停止按钮SB1，电源接触器KM1的吸引线圈断电，接触器KM1的主触头断开电动机的工作电源；而接触器KM2的吸引线圈通电，接触器KM2的主触头闭合，串入电阻R进行反接制动，迫使电动机的转速下降。当电动机的转速降至100r/mm以下时，速度继电器KS的动合触点复位断开，使接触器KM2线圈断电，及时切断电动机的电源防止了电动机的反向起动。

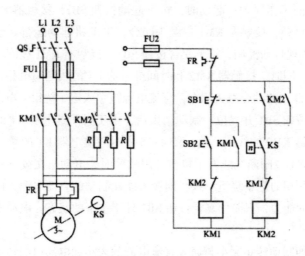

图 4-14　反接制动的控制线路之二

图 4-13 中有这样一个问题：在停车期间，如果为了调整工件，需要用手来转动机床主轴时，速度继电器 KS 的转子也将随着转动，其动合触点闭合，接触器 KM2 通电动作，电动机接通电源发生制动作用，不利于调整工作。

图 4-14 中的反接制动线路解决了这个问题。控制线路中停止按钮 SB1 使用了复合按钮，并在其动合触点上并联了 KM2 的动合触点，使制动接触器 KM2 能自锁。这样在用手转动电动机时，虽然速度继电器 KS 的动合触点闭合，但只要不按复合按钮 SB1，制动接触器 KM2 就不会通电，电动机也就不会反接于电源，只有按下复合按钮 SB1，制动接触器 KM2 才能通电，制动电路才能接通并工作。

因电动机反接制动电流很大，故在主回路中串入电阻 R，可防止制动时电动机绕组过热。

2. 能耗制动控制线路

能耗制动控制的工作原理：在切断三相异步电动机的三相交流电源同时，将一个直流电源引入定子绕组，产生直流静止磁场。电动机转子由于惯性仍沿原方向转动，则转子在直流静止磁场中切割磁力线，产生一个与电动机转动方向相反的电磁转矩，实现对电动机转子的制动。

能耗制动控制的特点：断交流、通直流、接电阻。

（1）单向运行能耗制动控制线路。

1）按时间原则控制线路。图 4-15 为按时间原则的单向能耗制动控制线路。图 4-15 中：变压器 T、整流装置 VC 提供直流电源；接触器 KM1 的主触头闭合接通三相电源，KM2 将直流电源接入电动机定子绕组。

控制电路的工作原理：起动时，按下起动按钮 SB2，接触器 KM1 吸引线圈通电衔铁吸合并自锁，接触器 KM1 主触头闭合，电动机起动运行。停车时，采用时间继电器 KT 实现自动控制，按下复合按钮 SB1，接触器 KM1 线圈断电释放，切断三相交流电源。同时，接触器 KM2 和时间继电器 KT 的线圈通电并自锁，制动接触器 KM2 在主电路中的动合触头闭合，直流电源被引入定子绕组，电动机开始能耗制动，松开复合按钮 SB1 并复位。制动结束后，由于时间继电器 KT 的延时动断触点断开制动接触器 KM2 的线圈回路。图 4-15 中时间继电器 KT 的瞬时动合触点的作用是为了考虑 KT 线圈断线或发生机械卡阻故障时，电动机在按下复合按钮 SB1 后能迅速制动，两相的定子绕组不致长期接入能耗制动的直流电源，此电路具有手动控制能耗制动的能力，只要使复合按钮 SB1 外于按下的状态，电动机就能实现能耗制动。

能耗制动的制动转矩大小与通入直流电流的大小和电动机的转速 n 有关，同样的转速，电流大，制动转矩大，制动作用也强。一般接入的直流电流为电动机空载电流的 3 ~ 5 倍，电流过大会烧坏电动机的定子绕组。电路采用了在直流电源回路中串接可调电阻的方法，以调节制动电流的大小。能耗制动时，制动转矩随电动机的惯性转速的下降而减小，因而制动平稳。这种制动方法是将转子惯性转动的机械能转换成电能，又消耗在转子电阻的能耗上，所以称为能耗制动。

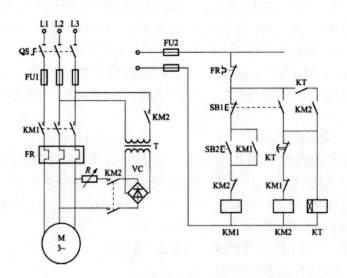

图 4-15　按时间原则的单向能耗制动控制线路

2）按速度原则控制线路。图 4-16 为按速度原则控制的单向能耗制动控制线路。该线路是在控制电路中取消了时间继电器 KT 的线圈及其触点电路，而在电动机转轴同轴端安装了速度继电器 KS，并且用速度继电器 KS 的动合触点取代了时间继电器 KT 延时动断触点。这样，控制线路中的电动机在刚刚脱离三相交流电源时，由于电动机转子的惯性速度仍很高，速度继电器 KS 的动合触点仍然处于闭合状态，所以，接触器 KM2 的线圈在按下停止按钮 SB1 后通电并自锁。于是，两相定子绕组获得直流电源，电动机进入能耗制动。当电动机转子的惯性速度接近零时，速度继电器 KS 的动合触点复位，制动接触器 KM2 的吸引线圈断电而释放衔铁，能耗制动结束。

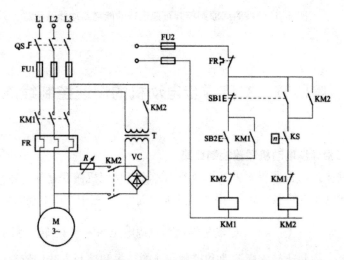

图 4-16 按速度原则控制的单向能耗制动线路示意

（2）可逆运行能耗制动控制线路。图 4-17 为电动机按时间原则控制可逆运行的能耗制动控制线路。KM1 为正转用接触器；KM2 为反转用接触器；KM3 为制动用接触器；SB1 为总停止按钮；SB2 为正向起动按钮；SB3 为反向起动按钮。

在正向运转过程中，需要停止时，按下停止按钮 SB1，正转接触器 KM1 断电，制动接触器 KM3 和时间继电器 KT 的线圈通电并自锁，制动接触器 KM3 的动断触点断开并锁住电动机起动电路，制动接触器 KM3 动合主触头闭合，使直流电压加至定子绕组，电动机进行正向能耗制动，转速迅速下降，当转速下降接近零时，时间继电器 KT 的延时动断触点断开制动接触器 KM3 线圈电源，电动机正向能耗制动结束。由于制动接触器 KM3 动合触点的复位，时间继电器 KT 线圈也随之失电。

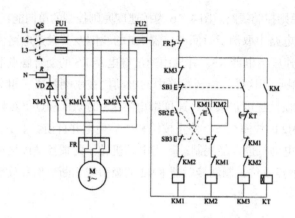

图4-17　按时间原则控制可逆运行的能耗制动线路示意

第四节　交流异步电动机的调速控制线路

一、三相异步电动机调速控制线路

为了使生产机械获得更大的调速范围，除了采用机械变速外，还可采用电气控制方法实现电动机的多速运行。由电机基本原理可知，三相异步电动机转速表达式为：

$n=n_o（1-s）=\dfrac{60f}{p}（1-s）$。电动机转速与电源电压的频率 f、转差率 s、磁极对数 p 有关。由于变频调速与串级调速和控制调速的技术和控制方法比较复杂，尚未普遍采用。目前较多采用的仍是以多速电动机来实现变速控制。

1. 双速三相异步电动机按钮控制的调速控制线路

双速三相异步电动机按钮控制的调速控制线路如图4-18所示。

图4-18中KM1为三角形（△）联结的接触器，KM2、KM3为双星形（丫丫）联结的接触器，SB2为低速按钮，SB3为高速按钮，HL1为高速指示灯，HL2为低速指示灯。

电路工作时，合上开关 QS 接通电源，当按下低速按钮 SB2，三角形接触器 KM1 通电并自锁，电动机接成双星形联结，实现了高速运行。低速指示灯 HL2 亮。由于电路采用了控制按钮 SB2、SB3 的机械互锁和接触器 KM1、KM2 的电气互锁，能够实现从低速运行直接转换为高速运行，或由高速运行直接转换为低速运行，无须再操作停止按钮 SB1。

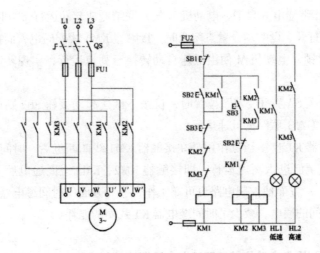

图 4-18 双速三相异步电动机按钮控制的调速控制线路

2. 双速三相异步电动机手动变速与自动加的控制线路

双速三相异步电动机手动变速与自动加速的控制线路如图 4-19 所示。

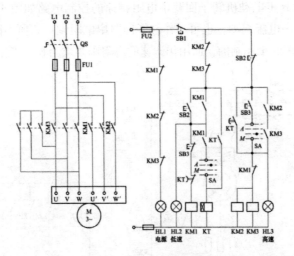

图 4-19 为双速电动机手动调速和自动加速控制线路示意

与图 4-18 相比较，图 4-19 引入了自动加速与手动变速的选择开关 SA、时间继电器 KT、电源指示灯 HL1。

电路工作情况：当选择手动变速时，将手动开关 SA 扳在"M"位置，时间继电器 KT 电路切除，电路工作情况与图 4-18 相同。当需要自动加速工作时，将 SA 手动开关扳在"A"位置。按下控制按钮 SB2，接触器 KM1 线圈通电并自锁，同时时间继电器 KT 相继通电并自锁，电动机 M 按△联结低速起动运行，当时间继电器 KT 延时动断触点打开、延时动合触点闭合时，接触器 KM1 线圈断电，而接触器 KM2、KM3 通电并自锁，电动机 M 便由低速自动转换至高速运行，实现转速转换的自动控制。

当手动开关 SA 置于"M"位置时，仅按下低速起动按钮 SB2 则可使电动机 M 只能作三角形（△）联结的低速运行。

时间继电器 KT 自锁触点作用是在接触器 KM1 线圈断电后，时间继电器 KT 仍保持通电，直至已进入高速运行，即接触器 KM2、KM3 线圈通电后，时间继电器 KT 才被断电，一方面使控制电路更可靠工作，另一方面使时间继电器 KT 只能在换接过程中短时间的通电，减少了时间继电器 KT 线圈的能耗。

二、绕线型异步电动机转子回路串电阻调速控制线路

绕线型异步电动机的调速可以采用改变转子电路中电阻的调速方法，也就是改变转差率的调速方法。随着绕线型三相异步电动机转子回路串联的电阻值增大，则绕线型三相异步电动机的转速降低，所以串联在转子回路的电阻也称为调速电阻。

绕线型三相异步电动机转子回路串电阻调速的控制电路如图 4-20 所示。它可以用作转子回路串电阻起动，也可用作转子回路串电阻调速。所不同的是，一般起动用的电阻都是短时工作制的，而用作调速的电阻则要求为长期工作制的。

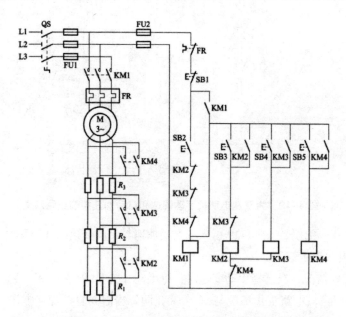

图 4-20　绕线型三相异步电动机转子回路串电阻调速控制线路

绕线型异步电动机转子电路中串电阻调速的最大缺点：如果把电动机的转速调的越低，则需在转子回路串入的电阻越大，随之转子回路的铜耗也越大，电动机的效率也就越降低，所以很不经济。但是由于这种调速方法操作简单，目前在起重机等短时调速工作的生产机械上仍在普遍采用。

三、电磁调速异步电动机控制线路

电磁调速异步电动机又称为转差电动机。它由三相异步电动机、电磁转差离合器、控制装置三部分组成。

电磁调速异步电动机控制线路如图4-21所示。图中VC是晶闸管可控整流装置，其作用是将交流电源变换成直流电源，供给电磁转差离合器DC的直流励磁电流，励磁电流的大小可以通过变阻器RV进行调节。

由于电磁转差离合器是依靠电枢中的感应电流工作的，感应电流会引起电枢发热，在一定的负载转矩下，转速越低，则转差率s就越大，感应电流也越大，电枢发热也越严重。因此，电磁调速异步电动机不宜长时间低速运行。

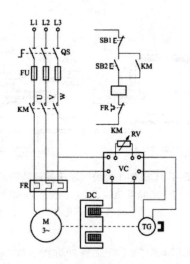

图4-21　电磁调速异步电动机控制线路

第五章　常用机床电气控制线路

第一节　卧式车床的电气控制线路

一、C620-1型卧式车床的电气控制线路

1. 卧式车床的主要结构与运动形式

（1）卧式车床的主要结构。卧式车床的外形结构示意图如图5-1所示。它主要由床身、主轴变速箱、挂轮箱、进给箱、溜板箱、溜板与刀架、尾座、光杠和丝杠等部分组成。

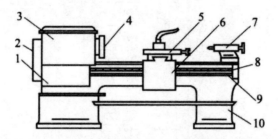

图 5-1　C620-1 型卧式车床外形结构示意

1—进给箱；2—挂轮箱；3—主轴变速箱；4—卡盘；5—溜板与刀架；6—溜板箱；

7—尾座；8—丝杆；9—光杠；10—床身

（2）卧式车床的运动形式。为了加工各种旋转表面，车床必须具有切削运动和辅助运动。切削运动包括主运动和进给运动，除此之外还有辅助运动。

主运动：车床的主运动是指工件的旋转运动，它由主轴通过卡盘或顶尖带着工件旋转，主轴的旋转是由主轴电动机经传动机构拖动的。

进给运动：车床的进给运动是指刀架的纵向或横向直线运动。刀架的进给运动也是由主轴电动机拖动的，其运动方式有手动和自动两种。

辅助运动：车床的辅助运动是指刀架的快速移动、尾座的移动以及工件的夹紧、放松等。

2．车床的电力拖动特点与控制要求

从车床加工工艺的特点来考虑，卧式车床的电气控制有如下要求：

（1）从经济性和可靠性角度考虑主轴电动机，一般选用三相笼型异步电动机；为了保证主运动与进给运动之间的严格比例关系，只采用一台电动机来拖动；而为了满足车床的调速要求，通常采用机械调速方法，由车床主轴通过齿轮变速箱与主轴电动机的联结来完成。

（2）在车削螺纹时，要求车床的主轴能够正转和反转。对于一般小型车床而言，车床主轴的正、反转由主轴电动机的正、反转来实现，这样简化了机械结构；当主轴电动机的容量较大时，冲击电流也较大，这时车床主轴的正、反转最好采用电磁式摩擦离合器的机械方法来实现。

（3）主轴电动机的起动、停止能实现自动控制。一般中小型车床均采用直接起动，当电动机容量较大时，常采用丫—△降压起动。停车时若需要实现快速停车，可采用机械或电气制动。

（4）在车削加工时，为防止刀具与工件温升过高，影响加工质量，需要对其进行冷却。因此，要装设一台冷却泵提供冷却液，而带动冷却泵运转的电动机只需要单方向旋转，它与主轴电动机有联锁关系，即冷却泵电动机应在主轴电动机起动之后才能起动；当主轴电动机停车时，冷却泵电动机立即停车，符合顺序控制原则；在控制电路中，具有必要的短路、过载、零压和欠电压保护，并有安全可靠的局部照明。

3．C620-1 型卧式车床的电气控制电路分析

C620-1 型卧式车床的电气控制原理图如图 5-2 所示。

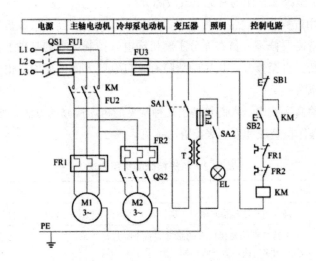

图 5-2 C620-1 型卧式车床的电气控制原理示意

按电路工作原理分析：将控制线路分为主电路、控制电路、照明电路和保护环节四个部分（见表 5-1）。

表 5-1　电路工作原理分析

项目	主要内容
主电路	图 5-1 中，M1 为主轴电动机，用来拖动车床主轴的旋转，并通过进给机构实现车床的进给运动；M2 为冷却泵电动机，用来拖动冷却泵提供冷却液。由于电动机 M1 和电动机 M2 的容量都小于 10kW，所以都采用全压直接起动，并且两台电动机均为单方向旋转。车床主轴的正、反转是采用电磁式摩擦离合器的机械方法来实现的。主轴电动机 M1 由接触器 KM 实现起动和停止控制。冷却泵电动机 M2 由转换开关 QS2 控制，并且在主轴电动机 M1 起动后才能通电，两者具有顺序控制关系
控制电路	控制电路工作原理：当按下起动控制按钮 SB2 时，接触器 KM 的线圈通电并自锁，其动合主触头闭合，接通主轴电动机 M1。此时合上开关 QS2，可以使冷却泵电动机 M2 旋转。当按下停止按钮 SB1 时，接触器 KM 的线圈断电，其主触头切断主轴电动机 M1 和冷却泵电动机 M2
照明电路	照明电路由照明控制变压器 T 供给 36V 安全电压，经照明开关 SA1 和灯座开关 SA2 控制照明灯 EL 的亮与暗
保护环节	热继电器 FR1、FR2 用来对电动机 M1、M2 实现长期过载保护；它们的动合触点串联在接触器 KM 线圈回路中，当主轴电动机 M1 和冷却泵电动机 M2 之中任何一台电动机发生过载情况时，相应的热继电器动断触点便打开，接触器 KM 的吸引线圈将失电，而使两台电动机停止转动。熔断器 FU1 ～ FU4 分别用来实现主轴电动机 M1、冷却泵电动机 M2、控制电路及照明电路的短路保护；接触器 KM 本身具有欠电压和失（零）电压保护作用

4. C620-1 型卧式车床的常见电气故障分析

机床在使用过程中，经常因为电气设备损坏或使用不当，造成机床不能工作或部分工作。这就需要修理人员在充分了解机床电气控制原理的基础上，对这类故障进行分析、判断，直至修复。机床的故障有来自电气方面的原因，也有来自机械、液压等方面的原因。

在机床的检修实践中，人们总结出几种常见的机床检修的方法，如询问用户法、感官判别法、操作检查法和万用表检查法（见表 5-2）。

表 5-2　机床检修的常用方法

方法	内容
询问用户法	询问用户法是指向用户（操作者）询问有关机床故障发生的过程和现象
感官判别法	感官判别法是指用人的感觉器官（眼睛、耳朵、鼻子、手）去发现故障点。常用的四字口诀：看、听、闻、摸

方法	内容
操作检查法	操作检查法是操作某一个开关或按钮，查看线路中各个继电器、接触器等元器件是否按规定的动作顺序进行
万用表检查法	万用表检查法是利用万用表具有的功能对控制线路进行测量检查。最常用的方法为测电压法和测直流电阻法

着重分析电气方面的原因。C620-1 型卧式车床的常见电气故障有：

（1）主轴电动机 M1 不能起动。应该重点检查从电源到主轴电动机这一路是否都是完好的。首先检查主轴电动机 M1 主电路及控制电路的熔断器 FU1、FU3 是否完好，其次检查热继电器 FR1、FR2 是否动作过。这种故障的检查与排除较为简单，但更为重要的是应该查明引起电路短路和过热的原因并排除故障。同时，还应检查接触器 KM 的吸引线圈是否断线、吸引线圈的接线端是否松动、接触器 KM 的三对主触头接触是否良好。最后检查控制电路，如按钮 SB1、SB2 触点接触是否良好，各联接导线有无断线或虚接现象等。

（2）主轴电动机缺相运行。出现主轴电动机缺相运行的故障时，常常会听到电动机发出"嗡嗡"的声音，并会发现电动机转速变慢，这也是我们判断电动机缺相运行的依据。这主要是由于电源缺相（如某相熔断器熔体熔断）或接触器的主触头接触不良等造成的。

（3）主轴电动机能起动但不能自锁。主轴电动机能起动但不能自锁的故障，问题还就出在接触器的自锁触点上。如接触器 KM 的自锁触点不能闭合，或自锁触点未接入控制电路中控制按钮 SB2 的两端等。

（4）主轴电动机能起动但不能停车。按下停止按钮 SB1 后，电动机不能停车，这往往是由于接触器 KM 的三对主触头发生熔焊所造成的，应该立即切断电源开关 QS1 并更换接触器 KM 的主触头或更换整个接触器。

（5）局部照明灯 EL 不亮。检查照明控制变压器 T 的二次侧有无 36V 电压，检查灯泡是否损坏以及检查照明电路的开关与线路是否完好。

二、C650 型卧式车床的电气控制线路

车床是应用极为广泛的金属切削机床，在各种车床中，用得最多的是卧式车床。主要用于切削外圆、内圆、端面、螺纹、倒角、切断及割槽等，并可装上钻头或绞刀进行钻孔和铰孔等加工。

1. C650 型卧式车床的主要结构及运动形式

C650 型卧式车床结构示意图如图 5-3 所示。它由床身、主轴变速箱、进给箱、溜板箱、方刀架、丝杆、光杆、尾架等部分组成。最大加工工件回转直径为 1020mm，最大加工工件长度为 3000mm。

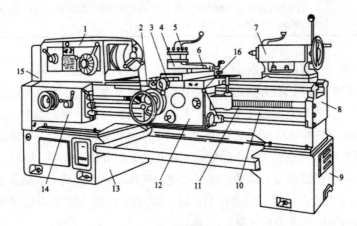

图 5-3　C650 型卧式车床结构示意
1—主轴变速箱；2—纵溜板；3—横溜板；4—转盘；5—方刀架；6—小溜板；
7—尾座；8—床身；9—右床座；10—光杠；11—丝杠；12—溜板箱；
13—左床座；14—进给箱；15—挂轮架；16—操纵手柄

车床的主运动是主轴通过卡盘带动工件做旋转运动。根据工件的材料性质、车刀材料及几何形状、工件直径、加工方式及冷却条件的不同，要求主轴有不同的切削速度。车削加工时一般不要求主轴反转，但在加工螺纹时，为避免错误动作，加工完毕后要反转退刀，所以主轴要正反转运行。当主轴反转时刀架也跟着后退。

车床的进给运动是刀架带动刀具的直线运动。溜板箱把丝杆或光杆的转动传递给刀架部分，变换溜板箱外的手柄位置，经刀架部分使车刀做纵向或横向进给。为了满足机械加工工艺的要求，主轴旋转运动与带动刀具溜板箱的进给运动由同一台主轴电动机驱动。车床的辅助运动为车床上除切削运动外的其他一切必需的运动，如为提高效率和减轻劳动强度的溜板箱快速移动、尾架的纵向移动、工件的夹紧与放松等。

2. C650 型卧式车床的电力拖动特点及控制要求

C650 型卧式车床是一种中型车床，由三台三相交流笼型异步电动机拖动，即主轴电动机 M1（30kW）、刀架快速移动电动机 M3（2.2kW）及冷却泵电动机 M2（125W）。从车削加工工艺要求出发，对各电动机的控制要求如下：

（1）主轴电动机 M1 采用全压空载直接起动，能实现正、反方向旋转的连续运动。

主轴采用齿轮变速机构调速，调速范围可达 40∶1 以上，为便于对工件做调整运动，即对刀操作，要求主轴电动机能实现单方向的低速点动控制可由定子串联电阻 R 实现。

（2）主轴电动机停车时，由于加工工件转动惯量较大，采用电气反接制动，通过速度继电器 KS 实现快速停车。

（3）加工过程中为显示电动机工作电流，设有电流监视环节，它由电流互感器 TA 和电流表 A 组成。

（4）因为车床床身较长，为减少刀具进给的辅助工作时间而设快速移动电动机 M3。因此对其要求为单向点动、短时运转。

（5）冷却泵电动机 M2 用于在车削加工时提供冷却液，故 M2 应连续工作、直接起动、单向旋转；电路应有必要的保护和联锁，有安全可靠的照明电路；由于控制与辅助电路中电气元件很多，故通过控制变压器 T 与三相电网进行电源隔离，提高操作和维修时的安全性。控制电路由交流 110V 供电，照明和指示灯由交流 6.3V 供电。

3．C650 型卧式车床电气控制系统的故障及维修

介绍 C650 型卧式车床电气控制系统可能出现的部分故障现象、产生原因及检修方法，具体方法见表 5–3。

表 5–3　C650 型卧式车床电气控制系统的部分故障及检修方法

故障现象	故障原因	检修方法
操作任意按钮无反应	（1）无电源； （2）QS 接触不良或熔断器的熔体断开； （3）FU2 或 FU4 熔断； （4）变压器绕组开路； （5）按钮 SB1 接触不良； （6）主回路中的接线有脱落或断开	（1）检查电源； （2）检查熔断器； （3）检查变压器； （4）检查按钮和接触点
主轴电动机不能点动	（1）SB2 的出线端有脱落； （2）SB2 接触不良	用万用表欧姆挡检查相关部分
主轴电动机不能正、反转	KM3 不能吸合： （1）SB3、SB4 的出线端 KM1、KM2、KM3 的接线柱有脱落或断开； （2）FR1 接触不良或断开； （3）KM3 的线圈断路。 KM3 能吸合： （1）KM3 或 KA 的接线端有脱落； （2）KM3 接触不良； （3）KA 线圈断路	用万用表欧姆挡检查相关部分

故障现象	故障原因	检修方法
主轴电动机不能正转但能反转	（1）SB、KM、KA 的接线脱落与松动； （2）SB3 接触不良反应； （3）KA 触点接触不良反应	用万用表欧姆挡检查相关部分
主轴电动机不能点动与正转，并且反转时无反接制动	（1）KM1、KM2 的出线权端和线圈有脱落和断开； （2）KM2 接触不良； （3）KM1 线圈有断开	用万用表欧姆挡检查相关部分
主轴电动机反转时不能自锁，松开 SB4 就立即停车	（1）KM2 的触点出线端有脱落或断路； （2）KM2 的触点接触不良	用万用表欧姆挡检查相关部分
主轴电动机正转、反转时不能自锁，松开 SB4 就停车	（1）KA 的动合触点的出线端有脱落或断开； （2）KA 的动合触点有接触不良	用万用表欧姆挡检查相关部分
主轴电动机正转、点动时都无反接制动，但反转正常	（1）KS 的出线端有脱落或断开； （2）KS 的动合触点接触不良	用万用表欧姆挡检查相关部分
主轴电动机正转、点动时都无反接制动	（1）KA 的动断触点的出线端有脱落或断开； （2）KA 的动断触点有接触不良； （3）速度继电器 KS 损坏	用万用表欧姆挡检查相关部分
主轴电动机反转时缺相运行时，点动、正转不能正常	接触器 KM2 的主触点有接触不良	用万用表欧姆挡检查相关部分
主轴电动机点动时缺相运行时，正、反转时运行正常情况但正、反转时都不能停车	主电路中的三相制动电阻中有电阻开路	用万用表欧姆挡检查相关部分
主轴电动机控制电路正常，但 M1 不能转动	（1）FU1 有熔断； （2）电动机星形联结中的接点脱开； （3）主轴电动机引出线有脱落	用万用表欧姆挡检查相关部分
主轴电动机点动、正转、反转均不能停车	接触器 KM1、KM2 的主触点接电源相序相同	KM1、KM2 主触点要接不同的相序

第二节　M7130 型平面磨床的电气控制线路

一、平面磨床的主要结构与运动形式

（1）平面磨床的主要结构。M7130 型平面磨床的外形结构示意图如图 5-4 所示。

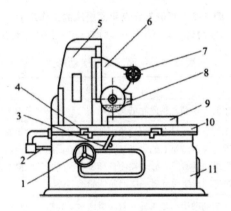

图 5-4　M7130 型平面磨床的外形结构示意
1—砂轮箱进给手柄；2—活塞杆；3—工作台往返运动换向手柄；4—工作台换向撞块；
5—立柱；6—滑座；7—砂轮箱横向移动手柄；8—砂轮箱；
9—电磁吸盘；10—工作台；11—床身

M7130 型平面磨床主要由床身、工作台、电磁吸盘、砂轮箱、滑座和立柱等部分组成。在箱形床身 11 中装有液压传动装置，以使矩形工作台 10 在床身导轨上通过压力油推动活塞杆 2 做往复运动（纵向）。而工作台往复运动的换向是通过换向撞块 4 碰撞床身上的液压换向手柄 3 来改变油路实现的。调节装在工作台正面槽中的撞块 4 的位置，可以改变工作台的行程长度。工作台的表面是 T 形槽，用来安装电磁吸盘以吸持工件，或直接安装大型工件。

床身上固定有立柱 5，沿立柱的导轨上装有滑座 6，滑座可在立柱导轨上做上下移动，并可由垂直进给手柄 1 操纵，砂轮箱 8 能沿滑座水平导轨做横向移动。它可由横向移动手柄 7 操纵，也可由液压传动做连续或间断移动，前者用于调节运动，后者用于进给运动。砂轮轴由装入式电动机直接拖动。在滑座内部装有液压传动机构，以实现横向进给。

（2）平面磨床的运动形式（见表5-4）。矩形工作台平面磨床的工作示意图如图5-5所示。

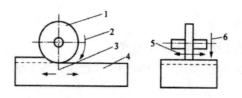

图 5-5　矩形工作台平面磨床的工作示意

1—砂轮；2—主运动；3—纵向进给运动；4—工作台；5—横向进给运动；6—垂直进给运动

表 5-4　平面磨床的运动形式

运动形式	主要内容
主运动	平面磨床的主运动是指砂轮的旋转运动。砂轮只要求单方向旋转，无调速要求
进给运动	平面磨床的进给运动有垂直进给，即滑座沿立柱上的垂直导轨做垂直移动；有横向进给，即砂轮箱在滑座上的水平移动纵向进给，即工作台沿床身的往复运动。工作台每完成一次纵向进给时，砂轮箱便自动做一次间断性的横向进给；当加工完整个平面后，砂轮箱连同滑座手动做一次间断性的垂直进给
辅助运动	平面磨床的辅助运动是指砂轮箱在滑座水平导轨上做快速横向移动，滑座沿立柱上的垂直导轨做快速垂直移动，以及工作台往复运动速度的调整等

（3）平面磨床的电力拖动特点与控制要求。

1）平面磨床的电力拖动特点。平面磨床是一种精密机床，为保证加工精度，使其平稳运行，确保工作台往复运动换向时的惯性小且无冲击力，对工作台往复运动及砂轮箱横向进给采用了液压传动。为了使磨床具有最简单的机械传动，M7130型平面磨床采用了三台电动机拖动，它们全部都是三相笼型异步电动机。这三台电动机是：

砂轮电动机——拖动砂轮旋转。

液压泵电动机——拖动液压泵供出压力油，经液压传动机构来完成工作台往复纵向运动、实现砂轮箱的横向自动进给，并承担工作台导轨的润滑。

冷却泵电动机——拖动冷却泵，提供磨削加工时需要的冷却液。

磨削加工时无调速要求，但为了提高磨削质量，要求砂轮高速旋转，通常采用定子磁极为两极笼型异步电动机拖动。为了提高砂轮主轴的刚度，以提高加工精度，采用装入式笼型电动机直接拖动，即电动机与砂轮主轴同轴相连。

为了减小工件在磨削加工中的热形变，并冲走磨屑，保证加工精度，需要在加工工件时使用冷却液。另外，为了适应磨削小工件的需要及工件在磨削过程中受热可自由伸缩，采用电磁吸盘来吸持工件。

2）平面磨床的控制要求。砂轮电动机、液压泵电动机和冷却泵电动机都只需要单方向旋转，并全部采用直接起动。

冷却泵电动机与砂轮电动机具有顺序联锁关系：在砂轮电动机起动之后，才能起动冷却泵电动机；不论电磁吸盘工作与否，都可以起动各台电动机，以便进行磨床的调整运动；电磁吸盘需要有工件去磁控制环节；应具有机床局部照明电路和完善的保护环节，如电动机的短路保护、过载保护、零压保护及电磁吸盘的欠电流保护等。

二、M7130型平面磨床的电气控制线路分析

M7130型平面磨床的电气控制原理图如图5-6所示。

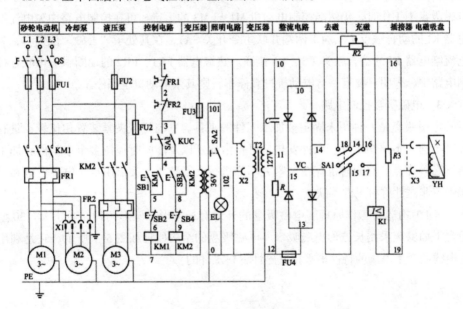

图5-6　M7130型平面磨床的电气控制原理

M7130型平面磨床的电气控制电路由主电路、控制电路、电磁吸盘控制电路和机床照明电路四个部分组成。

1. 主电路

主电路中共有三台电动机。其中：①M1为砂轮电动机；②M2为冷却栗电动机；③M3为液压泵电动机。电动机M1和电动机M2同时由接触器KM1的主触头控制，而冷却泵电动机M2是接在接触器KM1的主触头下方，经过XI插座实现单独关断

控制的。液压泵电动机 M3 由接触器 KM2 的主触头控制。

三台电动机共用熔断器 FU1 作短路保护，砂轮电动机 M1 和冷却泵电动机 M2 由热继电器 FR1 作长期过载保护。液压泵电动机 M3 由热继电器 FR2 作长期过载保护。

2. 控制电路

（1）砂轮电动机 M1 的控制。由控制按钮 SB1、SB2 和接触器 KM1 的线圈构成砂轮电动机 M1 单方向旋转的起动、停止控制电路。

（2）液压泵电动机 M3 的控制。由控制按钮 SB3、SB4 和接触器 KM2 的线圈构成液压泵电动机 M3 单方向旋转的起动、停止控制电路。两台电动机可以单独操作控制。

（3）联锁保护环节。为确保人身和设备的安全，当平面磨床在加工过程中出现电磁吸盘吸力不足或吸力消失时，将不允许继续工作。此时，应在两台电动机 M1、M3 的控制电路中串入欠电流继电器 KI 的动合触点，以达到欠磁联锁保护。为了在电磁吸盘不工作时，仍然能控制电动机 M1 与 M3 的运行，可在控制电路中欠电流继电器 KI 的动合触点（3、4）两端并联主令开关 SA1，在其处于"去磁"位置时，欠电流继电器 KI 的动合触头（3、4）接通。热继电器 FR1、FR2 的动断触头串联在控制电路中，表明只要有一台电动机过载停车，则其余电动机也都停车。

3. 电磁吸盘控制电路

电磁吸盘是一种用来固定被加工工件的夹具。它与机械夹紧装置相比较，具有夹紧迅速、不损伤工件、工件发热、可自由伸延以及能同时吸持多个小工件和加工精度高等优点。但同时也存在夹紧力不如机械夹紧装置大、需用直流电源供电和不能吸持非磁性材料工件等缺点。

（1）构造及工作原理。电磁吸盘的外形有长方形和圆形两种。对于 M7130 型矩台平面磨床采用长方形电磁吸盘。电磁吸盘的结构原理如图 5-7 所示。它是利用通电线圈产生磁场的特性来吸持铁磁性材料工件的。

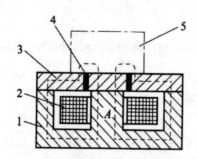

图 5-7　电磁吸盘的结构原理

1—钢制吸盘体；2—线圈；3—钢制；4—隔磁层；5—工件

（2）控制电路。从图 4-39 中可知，电磁吸盘的控制电路由整流装置、控制装置和保护装置等三个部分组成。电磁吸盘 YH 的整流装置由整流变压器 T2 和桥式全波整流器 VC 组成，

输出 110V 直流电压给电磁吸盘 YH 供电。

电磁吸盘 YH 由主令开关 SA1 来控制。SA1 有三个位置：

充磁、断电和去磁。当主令开关 SA1 置于"充磁"位置时（SA1 开关向右），SA1 触头（14-16）、（15-17）接通；当主令开关 SA1 置于"去磁"位置时（SA1 开关向左），SA1 触头（14-18）、（15-16）以及 SA1 触头（3-4）接通；当主令开关 SA1 置于"断电"位置时（SA1 开关置中间位），SA1 所有触头都断开。

电路的工作原理：

1）当主令开关 SA1 置于"充磁"位置时，电磁吸盘 YH 获得 110V 直流电压，接点 15 为电源正极，接点 14 为电源负极，欠电流继电器 KUC 的线圈通过 X3 插座与电磁吸盘 YH 串联。若电磁吸盘电流足够大，则欠电流继电器 KUC 动作，其动合触头（3-4）闭合，表明电磁吸盘的吸力足以将工件吸牢，这时才可以分别操作控制按钮 SB1 和 SB3，从而起动砂轮电动机 M1 与液压泵电动机 M3 进行磨削加工。当加工结束后，分别按下停止按钮 SB2 和 SB4，则砂轮电动机 M1 与液压泵电动机 M3 停止旋转。为了便于从电磁吸盘上取下工件，还需对工件进行去磁，其方法是将主令开关 SA1 扳至"去磁"位置。

2）当主令开关 SA1 扳至"去磁"位置时，电磁吸盘 YH 中通入反方向电流，并在电路中串入可变电阻 R2，用以限制并调节反向去磁电流的大小，达到既去磁又不致反向磁化的目的。在去磁结束后，将主令开关 SA1 扳到"断电"位置，便可取下工件。若工件对去磁要求严格，则在取下工件后，还要用交流去磁器进行处理。

（3）电磁吸盘保护环节。电磁吸盘具有欠电流保护、过电压保护反短路保护等。

1）电磁吸盘的欠电流保护。为了防止平面磨床在磨削过程中出现断电事故或电磁吸盘电流减小，致使电磁吸盘失去吸力或吸力减小，造成工件飞出，引起工件损坏或人身伤害事故。因此在电磁吸盘线圈电路中串入欠电流继电器 KI 作欠电流保护。只有当直流电压符合设计要求，电磁吸盘具有足够的吸力时，欠电流继电器 KI 的动合触头（3-4）才闭合，为起动砂轮电动机 M1、冷却泵电动机 M2 和液压泵电动机 M3 进行磨削加工做准备，否则不能开动磨床进行加工。若在磨削加工过程中，电磁吸盘的线圈电流过小或消失，则欠电流继电器 KI 将因此而释放，其动合触头（3-4）断开，接触器 KM1、KM2 线圈断电，电动机 M1、M3 立即停止旋转，避免事故发生。

2）电磁吸盘线圈的过电压保护。由于电磁吸盘的线圈匝数多、电感大，在通电工作时储有大量的磁场能。所以，当电磁吸盘线圈断电时，在其线圈两端将产生高

电压，易使线圈绝缘及其他电器设备损坏。为此，应在电磁吸盘线圈两端设置放电回路，以吸收断开电源后它所释放出的磁场能。该机床在电磁吸盘的两端并联了放电电阻 R3。

3）电磁吸盘的短路保护。在整流变压器 T2 的二次侧或整流装置抽出端装有熔断器 FU4 作短路保护。此外，在整流装置中还设有 R、C 串联支路并联在 T2 的二次侧，用以吸收交流电路产生的过电压，以及在直流侧电路通断时在 T2 二次侧产生的浪涌电压，实现整流装置的过电压保护。

4．照明电路

由照明控制变压器 T1 将电压从 380V 降为 36V，并由主令开关 SA2 控制照明灯 EL。在 T1 的一次侧装有熔断器 FU3 作短路保护。

第三节　Z3040 型摇臂钻床的电气控制线路

一、摇臂钻床的主要结构与运动形式

1．摇臂钻床的主要结构

Z3040 型摇臂钻床的外形结构示意图如图 5-8 所示。摇臂钻床主要由底座、内立柱、外立柱、摇臂、主轴箱及工作台等部分组成。

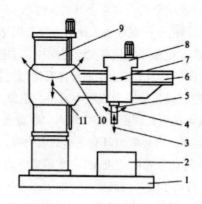

图 5-8　Z3040 型摇臂钻床的外形结构示意

1—底座；2—工作台；3—主轴纵向进给；4—主轴旋转主运动；5—主轴；6—摇臂；7—主轴
箱沿摇臂径向运动；8—主轴箱；9—内外立柱；10—摇臂回转运动；11—摇臂垂直移动

摇臂钻床的内立柱固定在底座的一端，外立柱套在它的外面，外立柱可绕内立柱回转360°，摇臂的一端为套筒，它套在外立柱上，并借助丝杆的正、反转沿外立柱做上下垂直移动，由于丝杆与外立柱边成一体，而升降螺母固定在摇臂上。所以，摇臂不能绕外立柱回转，只能与外立柱一起绕内立柱回转。主轴箱是一个复合部件，它由主传动电动机、主轴和主轴传动机构、进给和变速机构以及机床的操动机构等部分组成，主轴箱安装在摇臂的水平导轨上，可以通过手轮操纵其在水平导轨上沿着摇臂移动。

2．摇臂钻床的运动形式

在进行钻削加工前，要求主轴箱被夹紧装置夹紧固在水平导轨上，摇臂紧固在外立柱上，外立柱也同样紧固在内立柱上。钻削加工时，钻头一边进行旋转切削，一边进行纵向进给。其运动形式见表5-5。

表5-5 摇臂钻床的运动形式

运动形式	主要内容
主运动	摇臂钻床的主运动是指主轴的旋转运动
进给运动	摇臂钻床的进给运动是指主轴的纵向运动
辅助运动	摇臂钻床的辅助运动是指：①摇臂沿外立柱上导轨的做垂直移动；②主轴箱沿摇臂导轨长度做水平移动；③摇臂与外立柱一起绕内立柱的回转运动

3．摇臂钻床的电力拖动特点与控制要求

从摇臂钻床的结构和运动形式上看，对摇臂钻床的电气控制提出的要求：

（1）摇臂钻床为了简化机械传动装置，采用了四台电动机进行拖动，分别是：主轴电动机M2、摇臂升降电动机M3、立柱夹紧放松的液压泵电动机M4、冷却泵电动机M1。这些电动机都采用直接起动的方式。

（2）摇臂钻床为了适应多种形式的加工，要求主轴的放置及进给运动有较大的调速范围。但在一般的情况下多由机械变速机构实现。主轴变速机构与进给变速机构均装在主轴箱内。

（3）摇臂钻床的主运动和进给运动均为主轴的运动，因此它们可以由一台主轴电动机拖动，并通过传动机构分别实现主轴的旋转和进给。

（4）在加工螺纹时，要求主轴能正、反向旋转。但摇臂钻床主轴的正、反向旋转一般由机械方法来实现，所以主轴电动机只需要单方向旋转。

（5）摇臂的升降电动机要求能正、反向旋转。摇臂的升降均要限位保护。摇臂的夹紧放松由机械和电气联合完成。

（6）液压泵电动机通过拖动液压泵来控制夹紧机构实现夹紧与放松，所以也要求能正、反向旋转，并根据要求采用点动控制；冷却泵电动机带动冷却泵提供冷却液，只要求单方向旋转；具有必要的联锁与保护环节以及安全照明、信号指示电路。

4. 摇臂钻床的液压系统的介绍

（1）操纵机构液压系统。该系统压力油由主轴电动机拖动齿轮泵送出。由主轴变速、正反转及空挡操作手柄来改变两个操纵阀的相互位置，使压力油作不同的分配，获得不同的动作。操作手柄有五个空间位置：上、下、里、外和中间位置。其中上为"空挡"，下为"变速"，外为"正转"，里为"反转"，中间位置为"停车"。而主轴转速及主轴进给量各由一个旋钮预选，然后再操作手柄。

起动主轴时，首先按下主轴电动机起动按钮，主轴电动机起动旋转，拖动齿轮泵，送出压力油，然后操纵手柄，扳至所需转向位置，于是两个操纵阀相互位置改变，使一股压力油将制动摩擦离合器松开，为主轴旋转创造条件；另一股压力油压紧正转（反转）摩擦离合器，接通主轴电动机到主轴的传动链，驱动主轴正转或反转。

在主轴正转或反转过程中，也可旋转变速旋钮，改变主轴转速或主轴进给量。

主轴停车：将操作手柄扳回中间位置，这时主轴电动机仍拖动齿轮泵旋转，但此时整个液压系统为低压油，无法松开制动摩擦离合器，而在制动弹簧作用下将制动摩擦离合器压紧，使制动轴上的齿轮不能转动，主轴实现停车。所以主轴停车时主轴电动机仍然旋转，只是不能将动力传到主轴。

主轴变速与进给变速：将操作手柄扳至"变速"位置，于是改变两个操纵阀的相互位置，使齿轮泵送出的压力油进入主轴转速预选阀和主轴进给量预选阀，然后进入各变速液压缸。各变速液压缸为差动液压缸，具体哪个液压缸上腔进压力油或回油，决定于所选定的主轴转速和进给量大小。与此同时，另一条油路系统推动拨叉缓慢移动，逐渐压紧主轴正转摩擦离合器，接通主轴电动机到主轴的传动链，使主轴缓慢转动，称为缓速。缓速的目的在于使滑移齿轮能比较顺利地进入啮合位置，避免出现齿顶顶齿现象。当变速完成，松开操作手柄，此时将在弹簧作用下由"变速"位置自动复位到主轴"停车"位置，这时便可操纵主轴正转或反转，主轴将在新的转速或进给量下工作。

主轴空挡：将操作手柄扳向"空挡"位置，这时由于两个操纵阀相互位置改变，压力油使主轴传动系统中滑移齿轮处于中间脱开位置。这时，可用手轻便地转动主轴。

（2）夹紧机构液压系统。主轴箱、立柱和摇臂的夹紧与松开，是由液压泵电动机拖动液压泵送出压力油，推动活塞、菱形块来实现的。其中主轴箱和立柱的夹紧放松由一个油路控制，而摇臂的夹紧松开因与摇臂升降构成自动循环，所以由另一个油路单独控制。这两个油路均由电磁阀 YV 操纵。

欲夹紧或松开主轴箱及立柱时，首先起动液压泵电动机，拖动液压泵，送出压力油，在电磁阀 YV 的操纵下，使压力油经二位六通阀流入夹紧或松开油腔，推动活塞和菱形块实现夹紧或松开。由于液压泵电动机是采用点动控制，所以主轴箱和立柱的夹紧与松开也是点动的。

二、Z3040 型摇臂钻床的电气控制线路分析

Z3040 型摇臂钻床的大部分电气元件都安装在摇臂后面的电气壁龛内，主轴电动机安装在主轴箱的上方；摇臂升降电动机安装在外立柱的上方；液压泵电动机安装在摇臂后面电气盒的下方；冷却泵电动机安装在底座上。

摇臂钻床具有两套液压控制系统：一套是操纵机构液压系统，它安装在主轴箱内，由主轴电动机拖动齿轮泵送出压力油，通过操纵机构来实现主轴的正反转、停车制动、空挡、预选及变速；另一套是夹紧机构液压系统，它安装在摇臂后面电气盒的下方，由液压泵电动机拖动液压泵送出压力油，来实现主轴箱、立柱和摇臂的夹紧与放松。

Z3040 型摇臂钻床的电气控制原理图如图 5-9 所示。图中，M1 为主轴电动机，M2 为摇臂升降电动机，M3 为液压泵电动机，M4 为冷却泵电动机。

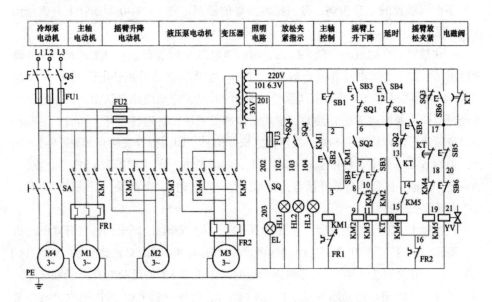

图 5-9 Z3040 型摇臂钻床的电气控制原理示意

1. 主轴电动机 M1 的控制

主轴电动机 M1 为单方向旋转，由按钮 SB1、SB2 和接触器 KM1 来控制它的起

动与停止。在主轴电动机 M1 起动后，指示灯 HL3 点亮，表明主轴电动机正在旋转。而主轴的正、反转则由机床液压系统的操纵机构配合正、反转摩擦离合器实现，热继电器 FR1 作为主轴电动机 M1 的长期过载保护。

2. 摇臂升降电动机 M2 的控制

摇臂钻床在平常或加工工件时，其摇臂始终处于夹紧状态，以保证安全和加工精度的要求。由于被加工工件的外形尺寸大小不一，有时需要对摇臂钻床的摇臂做上升或下降的调整，但在摇臂上升或下降之前，必须先使摇臂与外立柱处于放松状态，然后摇臂才能上升或下降，等到上升或下降到位后还需要重新夹紧，而放松与夹紧机构紧密配合，它与液压泵电动机 M3 的控制具有密切的关系。摇臂升降电动机 M2 由摇臂升降按钮 SB3、SB4 和接触器 KM2、KM3 组成，用来控制摇臂升降电动机 M2 的正反转，这是具有复合联锁的电动机正反转点动控制，用作控制摇臂上升或下降。由于摇臂升降电动机 M2 为短时工作，所以不用设置长期过载保护。

3. 液压泵电动机 M3 的控制

液压泵电动机 M3 由正、反转接触器 KM4、KM5 控制实现正反转，从而带动液压泵使液压系统的夹紧机构实现夹紧与放松。热继电器 FR2 作为液压泵电动机 M3 的长期过载保护。

下面以摇臂的上升为例，分析摇臂升降的控制过程。Z3040 型摇臂上升工作流程图如图 5-10 所示。

按住摇臂上升的点动按钮 SB3 后，时间继电器 KT 线圈通电，KT 的延时断开动断触点（1-17）和瞬时动作动合触点（13-14）立即闭合，分别使电磁阀 YV、接触器 KM4 线圈同时通电，此时液压泵电动机 M3 起动，拖动液压泵送出正向压力油，并经过二位六通阀进入松开油腔，推动活塞和菱形块，将摇臂松开。同时，活塞杆通过弹簧片压上行程开关 SQ2，发出摇臂松开信号，即行程开关触点 SQ2（6-7）闭合，SQ2（6-13）断开，使接触器 KM2 通电，KM4 断电。液压泵电动机 M3 停止旋转，油泵停止供油，摇臂维持松开状态；同时摇臂升降电动机 M2 起动，带动摇臂上升。SQ2 为摇臂松开信号。

当摇臂上升到所需位置时，松开按钮 SB3，接触器 KM2 断电，摇臂升降电动机停止旋转，摇臂停止上升。同时，时间继电器 KT 线圈断电，瞬时动作动合触点（13-14）立刻复位。在经过去 1～3s 的延时以后，时间继电器 KT 的延时断开动断触点（1-17）断开，延时闭合的动断触点（17-18）闭合，使接触器 KM5 线圈通电，液压泵电动机 M3 反转起动，拖动液压泵送出反向压力油，经液压系统的夹紧机构将摇臂夹紧，当完全夹紧时反映夹紧臂放松信号的电气元件—行程开关 SQ3 动作，发出摇臂已夹紧的信号，即行程开关 SQ3 的动断触点（1-17）断开，使接触器 KM5 线圈断电，电磁阀 YV 线圈断电。于是液压泵电动机 M3 停止旋转，摇臂重新夹紧完成。SQ3 为摇臂夹紧信号。

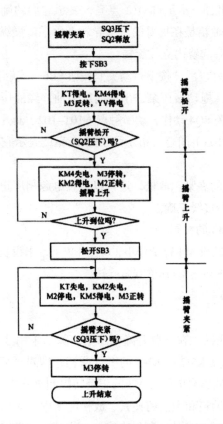

图 5-10 Z3040 型摇臂上升工作流程示意

时间继电器 KT 是为了保证夹紧动作在摇臂升降电动机 M2 停止运转后进行设置的，KT 延时的长短依据摇臂升降电动机 M2 从断电源到停止惯性大小来调整。

如果点动按钮 SB3 或 SB4 通电时间过短，可能会造成摇臂处于半放松状态，使行程开关 SQ3 动断触点（1-17）复位。这时，电磁阀 YV 线圈通电，时间继电器 KT 的延时闭合动断触点（17-18）会在 1～3s 后保证接触器 KM5 带电，液压泵电动机 M3 反转，使摇臂夹紧。然后行程开关 SQ3 动断触头（1-17）断开，切断接触器 KM5 和电磁阀 YV，这样就保证摇臂在加工工件前总是处于夹紧状态。

4. 主轴箱和立柱夹紧与放松的控制

主轴箱和立柱的夹紧与放松是同时进行的。当按下点动放松按钮 SB5 时，接触器 KM4 的线圈通电，液压泵电动机 M3 正转，拖动液压泵送出正向压力油，经液压系统使主轴箱和立柱分别实现放松。但由于这时电磁阀 YV 线圈处于断电状态，摇臂仍处于夹紧状态。当主轴箱和立柱完全放松时，行程开关 SQ4 恢复原状，其动断触点（101–102）保持闭合，指示灯 HL1 点亮，表示它们的确已放松，可以操纵主轴箱和立柱的移动。主轴箱是在摇臂的水平导轨上由手动操纵来回移动的，通过推动摇臂可使其与外立柱一起绕内立柱旋转。

在它们的位置固定好以后，按下点动夹紧按钮 SB6，接触器 KM5 的线圈通电，液压泵电动机 M3 反转，拖动液压泵送出反向压力油，经液压系统使主轴箱和立柱同时夹紧。这时行程开关 SQ4 动作，动断触点（101–102）断开，指示灯 HL1 熄灭，同时，动合触点（101–103）闭合，指示灯 HL2 点亮，表示它们的确已夹紧，可以进行钻削加工了。

利用主轴箱和立柱的夹紧、放松，还可以检查电源相序正确与否，以确保摇臂升降电动机 M2 的正反转接线正确。

5. 冷却泵电动机 M4 的控制

该机床的冷却栗电动机 M4 容量较小（0.125kW），未设长期过载热继电器的保护，只由三极主令开关 SA1 控制其单方向旋转。

6. 联锁和保护环节

（1）联锁环节。

1）按钮、接触器联锁。在摇臂升降电路中，除了采用按钮 SB3 和 SB4 的机械联锁外，还采用了接触器 KM2 和 KM3 的电气联锁，即对摇臂升降电动机 M2 实现了正反转复合联锁。在液压泵电动机 M3 的正反转控制电路中，接触器 KM4 和 KM5 采用了电气联锁，在主轴箱和主柱的夹紧、放松电路中，为保证压力油不供给摇臂夹紧油路，将按钮 SB5 和 SB6 的动断触点串联在电磁阀 YV 线圈的电路中，以达到联锁目的。

2）限位联锁。在摇臂升降电路中，行程开关 SQ2 是摇臂放松到位的信号开关，其动合触点（6–7）串联在接触器 KM2、KM3 线圈中，它在摇臂完全放松到位后才动作闭合，以确保摇臂的升降在其放松后进行。

行程开关 SQ3 是摇臂夹紧到位的信号开关，它在完全夹紧时动作，其动断触点（1–17）串联在接触器 KM5 线圈、电磁阀 YV 线圈电路中。如果摇臂尚未夹紧，则行程开关 SQ3 的动断触点闭合保持原状，使得接触器 KM5 线圈、电磁阀 YV 线圈通电，对摇臂进行夹紧，直到完全夹紧为止，行程开关 SQ3 的动断触点才断开，切断接触器 KM5 线圈、电磁阀 YV 线圈，确保钻削加工精度。

3）时间联锁。通过时间继电器 KT 延时断开的动合触点（1–17）和延时闭合的动断触点（17–18），时间继电器 KT 能保证在摇臂升降电动机 M2 完全停止运行后，才能进行摇臂的夹紧动作，时间继电器 KT 的延时长短由摇臂升降电动机 M2 从切断电源到停止的惯性大小所决定。

（2）保护环节。

1）短路保护。在主电路中，利用熔断器 FU1 作总电路和电动机 M1、M4 的短路保护，利用熔断器 FU2 作电动机 M2、M3 和控制变压器 T 一侧的短路保护，在控制电路中，利用熔断器 FU3 作照明回路的短路保护。

2）过载保护。在主电路中，利用热继电器 KR1 作主轴电动机 M1 的过载保护，利用热继电器 KR2 作液压泵电动机 M3 的过载保护。因为如果液压系统的夹紧机构出现故障不能夹紧，那么行程开关 SQ3 的触点（1-17）将断不开，或者由于行程开关 SQ3 安装调整不当，摇臂夹紧后仍不能压下行程开关 SQ3，这时都会使液压泵电动机 M3 处于长期过载状态，易将液压泵电动机 M3 烧毁。

3）限位保护。摇臂升降的极限位置保护由组合行程开关 SQ1 来实现。行程开关 SQ1 有两对动断触点，它们分别串联在摇臂升降控制电路触点（5-6）和（12-6）中，当摇臂上升或下降到极限位置时相应触点动作，切断与其对应的上升或下降接触器 KM2 和 KM3，使摇臂升降电动机 M2 停止旋转，摇臂停止升降，实现极限位置保护。

4）失电压（欠电压）保护。主轴电动机 M1 采用按钮与自保控制方式，具有失电压保护，各接触器的线圈自身也具有欠电压保护功能。

7. 照明、指示电路

通过控制变压器 T 降压，分别得到照明电路安全电压 36V、指示灯电路电压 6.3V 和控制电路电压 220V。照明电路中的照明灯由主令控制开关 SA2 控制，在指示灯回路中，指示灯 HL1 灯亮表示主轴箱和主柱同时处于放松状态，可以调节它们的位置，指示灯 HL2 灯亮表示主轴箱和立柱同时处于夹紧状态，这两只指示灯分别由行程开关 SQ4 的动断、动合触点控制。指示灯 HL3 灯亮表示主轴电动机带动主轴旋转工作，由接触器 KM1 的动合辅助触点控制。

8. Z3040 型摇臂钻床电气控制系统的故障及维修

Z3040 型摇臂钻床电气控制系统可能出现的部分故障现象、产生原因及检修方法很多。Z3040 型摇臂钻床电气控制的特点是摇臂的控制，是机、电、液的联合控制。所以仅以摇臂移动为例的常见故障做一分析。

（1）摇臂不能上升。由摇臂上升电气动作过程可知，摇臂移动的前提是摇臂完全松开，此时活塞杆通过弹簧片压下行程开关 SQ2，液压泵电动机 M3 停止旋转，摇臂升降电动机 M2 起动。从无动作上来分析摇臂不能移动的原因。

若 SQ2 不动作，常见故障为 SQ2 安装位置不当或发生移动。这样，摇臂虽已松动，但活塞杆仍压不上 SQ2，致使摇臂不能移动。有时也会出现因液压系统发生故障，使摇臂没有完全松开，活塞杆压不上 SQ2。为此，应配合机械、液压检查调整好 SQ2 位置并安装牢固。

若液压泵电动机 M3 的电源相序接反，此时按下摇臂上升按钮 SB3 时，液压泵电动机 M3 会反转，使摇臂夹紧，更加压不上 SQ2，摇臂也不会上升。所以，机床在大修或安装完毕，应认真检查电源相序以及液压泵电动机 M3 的正反转是否正确。

（2）摇臂移动后夹不紧。摇臂升降后，摇臂应自动夹紧，而夹紧动作的结束由开关 SQ3 控制。若摇臂夹不紧，说明摇臂控制电路能够动作，只是其夹紧力不够。这是由于 SQ3 动作过早，使液压泵电动机 M3 在摇臂还未充分夹紧时就停止旋转。这往往是由于 SQ3 安装位置不当或者松动移位，使之过早地被活塞杆压上动作之故。

（3）液压系统的故障。有时电气控制系统工作正常，而电磁阀芯卡住或油路堵塞，造成液压控制系统失灵，也会造成摇臂无法移动。因此，在维修工作中应正确判断是电气控制系统的故障还是液压系统的故障，然而这两者之间相互联系，应相互配合共同排除故障。

第六章 起重运输设备的电气控制系统

第一节 桥式起重机概述

一、桥式起重机的结构及运动形式

桥式起重机一般由桥架（又称大车），提升机构、小车、大车移行机构，操纵室，小车导电装置（辅助滑线），起重机总电源导电装置（主滑线）等部分组成。图 6-1 所示为桥式起重机总体示意图。

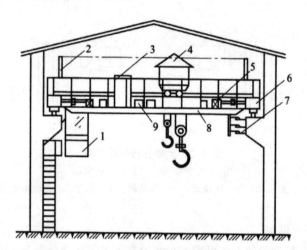

图 6-1　桥式起重机整体示意

1—驾驶室；2—辅助滑线；3—磁力控制器；4—起重小车；5—大车拖动电动机；
6—端梁；7—主滑线；8—主梁；9—电阻箱；10—桥架

1. 桥架

桥架是桥式起重机的基本构件，它由主梁、端梁、走台等部分组成。主梁跨架在跨间上空，有箱形、析架、腹板、圆管等结构形式。主梁两端连有端梁，在两主梁外侧装有走台，设有安全栏杆。在驾驶室一侧的走台上装有大车移行机构，在另一侧走台上装有往小车电气设备供电的装置，即辅助滑线。在主梁上方铺有导轨，供小车移动。整个桥式起重机在大车移动机构拖动下，沿车间长度方向的导轨上移动。

2. 大车移行机构

大车移行机构由大车拖动电动机、传动轴、减速器、车轮及制动器等部件构成，驱动方式有集中驱动与分别驱动两种。图6-2（a）所示为集中驱动方式，由一台电动机经减速机构驱动两个主动轮；图6-2（b）所示为分别驱动方式，由两台电动机分别驱动两个主动轮。我国生产的桥式起重机大多采用分别驱动方式。

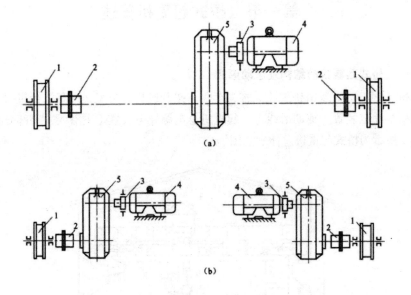

图6-2 大车移行机构示意

（a）集中驱动；（b）分别驱动

1—主动轮；2—联轴器；3—制动器；4—电动机；5—减速器

3. 小车移行机构

小车安放在桥架导轨上，可顺着车间的宽度方向移动。小车主要由钢板焊接而成，由小车架以及其上的小车移行机构和提升机构等组成。

小车移行机构由小车电动机、制动器、联轴节、减速器及车轮等组成。小车电动机经减速器驱动小车主动轮，拖动小车沿导轨移动，由于小车主动轮相距较近，故由一台电动机驱动。

小车移行机构的传动形式有两种：一种是减速箱在两个主动轮中间；另一种是减速箱装在小车的一侧。减速箱装在两个主动轮中间，使传动轴所承受的扭矩比较均匀；减速箱装在小车的一侧，使安装与维修比较方便。

4. 提升机构

提升机构由提升电动机、减速器、卷筒、制动器等组成。提升电动机经联轴器、制动轮与减速器连接，减速器的输出轴与缠绕钢丝绳的卷筒相连接，钢丝绳的另一端装吊钩，当卷筒转动时，吊钩就随钢丝绳在卷筒上的缠绕或放开而上升或下降。对于起重量在 15t 及以上的起重机，备有两套提升机构，即主钩与副钩。

由此可知，重物在吊钩上随着卷筒的旋转获得上下运动；随着小车在车间宽度方向获得左右运动，并能随大车在车间长度方向做前后运动。这样就可实现重物在垂直、横向、纵向三个方向的运动，把重物移至车间任意位置，完成起重运输任务。

5. 操纵室

操纵室是操纵起重机的吊舱，又称驾驶室。操纵室内有大、小车移行机构控制装置、提升机构控制装置及起重机的保护装置等。操纵室一般固定在主梁的一端，也有少数装在小车下方随小车移动的。操纵室的上方开有通向走台的舱口，供检修人员检修大、小车机械与电气设备时上下。

桥式起重机的运动形式有以下三种：

（1）桥式起重机由大车电动机驱动沿着工厂车间的两边轨道做纵向前后运动。

（2）大车主梁上的小车及提升机构由小车电动机驱动沿着桥架主梁轨道做横向左右运动。

（3）提升电动机（主钩、副钩）驱动重物做垂直升降运动。

二、桥式起重机主要技术参数

桥式起重机的主要技术参数有起重量、跨度、提升高度、运行速度、提升速度、工作类型及电动机的通电持续率等。

1. 起重量

起重量又称额定起重量，是指起重机实际允许的起吊最大负荷量，以吨（t）为单位。

桥式起重机起重量有 5t、10t（单钩）、15t/3t、20t/5t、30t/5t、50t/10t、75t/20t、100t/20t、125t/20t、150t/30t、200t/30t、250t/30t（双钩）等多种。数字中的分子为主钩起重量，分母为副钩起重量。如 15t/3t 起重机是指主钩的额定起重量为15t，副钩的额定起重量为 3t。

桥式起重机按起重量可以分为三个等级，5～10t 为小型起重机，10～50t 为中型起重机，50t 以上为重型起重机。

2. 跨度

桥式起重机的跨度是指起重机主梁两端车轮中心线间的距离，即大车轨道中心线间的距离，以米（m）为单位。

桥式起重机跨度有 10.5m、13.5m、16.5m、19.5m、22.5m、25.5m、28.5m、31.5m 等多种。每 3m 为一个等级。

3．提升高度

起重机的吊具或抓取装置（如抓斗、电磁吸盘）的上极限位置与下极限位置之间的距离，称为起重机的提升高度，以米（m）为单位。

起重机一般常用的提升高度有 12m、16m、12m/14m、12m/18m、16m/18m、19m/21m、20m/22m、21m/23m、22m/26m、24m/26m 等几种。其中分子为主钩提升高度，分母为副钩提升高度。

4．运行速度

运行速度是指大、小车移动机构在其拖动电动机以额定转速运行时所对应的速度，以米 / 分（m/min）为单位。小车运行速度一般为 40～60m/min，大车运行速度一般为 100～135m/min。

5．提升速度

提升机构的电动机以额定转速使重物上升的速度，即提升速度。一般，提升速度不超过 30m/min，依重物性质、重量、提升要求来决定。

提升速度还有空钩速度，空钩速度可以缩短非生产时间，空钩速度可以高达额定提升速度的两倍。提升速度还有个特例，重物接近地面时的低速，称为着陆低速，以保证人和货物的安全，其速度一般为 4～6m/min。

6．工作类型

起重机的工作类型按其载荷率和工作繁忙程度决定，可分为轻级、中级、重级和特重级四种（见表 6-1）。

表 6-1　起重机的工作类型

类型	主要内容
轻级	运行速度低，使用次数少，满载机会少，通电持续率为 15%。用于不紧张及不繁重的工作场所，如在水电站、发电厂中用作安装检修用的起重机
中级	经常在不同载荷下工作，速度中等，工作不太繁重，通电持续率为 25%，如一般机械加工车间和装配车间用的起重机
重级	工作繁重，经常在重载荷下工作，通电持续率为 40%，如冶金和铸造车间内使用的起重机
特重级	经常吊额定负荷，工作特别繁忙，通电持续率为 60%，如冶金专用的桥式起重机

7. 通电持续率（负荷持续率）

桥式起重机的各台电动机在一个工作周期内是断续工作的，其工作的繁重程度用通电持续率 JC% 表示。通电持续率为工作时间与工作周期的百分比，即

$$JC\% = \frac{\text{工作时间}}{\text{工作周期}} = \frac{t_g}{T} \times 100\% = \frac{t_g}{t_g + t_O} \times 100\%$$

式中：t_g 为通电时间；t_0 为休息时间；T 为工作周期，一个起重机标准的工作周期通常定为 10min。标准的通电持续率规定为 15%、25%、40%、60% 四种。

三、桥式起重机的电力拖动特点及控制要求

桥式起重机通常安装在车间、码头、货场等的上部，有的还露天安装，因此往往处于高温、高湿、易受风雨侵蚀或多粉尘的环境中，工作条件较差；同时，桥式起重机工作于断续工作状态，经常处于频繁起动、制动及正反转工作状态，要承受较大的过载和机械冲击。因此，对桥式起重机用电动机、提升机构及移行机构电力拖动提出了如下特殊要求。

1. 电力拖动系统的构成

桥式起重机的电力拖动系统由 3 ~ 5 台电动机组成。

（1）小车驱动电动机 1 台。

（2）大车驱动电动机 1 ~ 2 台，大车若采用集中拖动，则采用 1 台电动机驱动；若采用分别驱动，则由两台相同的电动机分别驱动左右主动轮。

（3）提升电动机 1 ~ 2 台。单钩的小型起重机只有 1 台提升电动机；15t 以上的中型和重型起重机则有两台（主钩和副钩）提升电动机。

2. 对起重机用电动机的要求

（1）电动机应选用断续周期工作制的电动机。由于电动机频繁地通、断电，经常处于起动、调速、制动和反转状态，而且往往是带负载起动，因此，所选的断续周期工作制的电动机应有较强的过载能力、较好的起动性能，即起动电流小、起动转矩大。为满足起重机重复短时工作制的要求，其拖动电动机按相应的重复短时工作制设计制造。

（2）能进行电气调速。因为起重机对重物停放的准确性要求较高，在起吊和下降重物的过程中要求多次调速，所以不宜采用机械调速，而应采用电气调速。

（3）为适应频繁起动、制动，加快过渡过程和减小起动损耗，电动机的转动惯量 GD2 应较小，在结构特征上，转子长度与转子直径之比值较大。

（4）为获得不同运行速度，采用绕线型异步电动机转子串电阻调速。

（5）能适应较恶劣的工作环境和机械冲击。为适应恶劣环境和机械冲击，电动

机采用封闭式,且具有坚固的机械结构、较大的气隙,采用较高的耐热绝缘等级。为此,我国专门生产了起重及冶金用的 YZR(绕线转子型)与 YZ(笼型)系列三相异步电动机供中型起重机使用。大型起重机则仍使用 ZZK 和 ZZ 系列直流电动机。

起重用电动机铭牌上标有 JC% 为 25% 时的额定功率,当电动机工作在 JC% 值不为 25% 时,该电动机容量按下式近似计算:

$$P_{JC} = P_{25}\sqrt{\frac{25\%}{JC\%}}$$

式中 P_{JC}——任意 JC% 下的功率,kW;

P_{25}——JC% 为 25% 时的电动机容量,kW。

3. 提升机构与移行机构对电力拖动的要求

为提高起重机的生产率与安全性,对提升机构电力拖动自动控制提出如下要求:

(1)具有合适的升降速度,空钩能实现快速升降,轻载提升速度大于重载时的提升速度。

(2)具有一定的调速范围,普通起重机调速范围为 3∶1,对要求较高的起重机,其调速范围可达(5 ~ 10)∶1。

(3)具有适当的低速区。当提升重物开始或下降重物至预定位置之前,都要求低速。为此,往往在 30% 额定速度内分成若干挡,以便灵活选择。但由高速向低速过渡时应逐级减速,以保持稳定运行。

(4)提升的第一挡作为预备挡,用以消除传动系统中的齿轮间隙,将钢丝绳张紧,避免过大的机械冲击。预备级的起动转矩一般限制在额定转矩的一半以下。

(5)负载下放时,根据负载大小,提升电动机既可工作在电动状态,也可工作在倒拉反接制动状态或再生发电制动状态,以满足对不同下降速度的要求;为保证安全可靠地工作,不仅需要机械抱闸的机械制动,还应具有电气制动,以减轻机械抱闸的负担。

大车与小车移行机构对电力拖动自动控制的要求比较简单,要求有一定的调速范围,为实现准确停车,必须采用制动停车。

桥式起重机应用广泛,起重机的电气设备均已系列化、标准化,可根据电动机容量、工作频繁程度以及对可靠性的要求等来选择。

第二节 凸轮控制器及其控制电路

一、凸轮控制器的结构

凸轮控制器从外部看,由机械结构、电气结构、防护结构三部分组成。其中手柄、转轴、凸轮、杠杆、弹簧、定位棘轮为机械结构。触头、接线柱和连板等为电气结构。上下盖板、外罩及灭弧罩等为防护结构。

图 6-3 所示为凸轮控制器的结构原理图。当转轴在手柄扳动下转动时,固定在轴上的凸轮同轴一起转动,当凸轮的凸起部位支住带动动触点杠杆上的滚子时,便将动触点与静触点分开;当转轴带动凸轮转动到凸轮凹处与滚子相对时,动触点在弹簧作用下,使动静触点紧密接触,从而达到触点接通或断开的目的。在绝缘方轴上可以用来叠装不同形状的凸轮块,以使一系列动触点按预先安排的顺序接通与断开。将这些触点接到电动机电路中,便可达到控制电动机的目的。

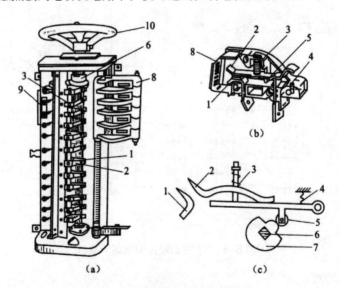

图 6-3 凸轮控制器的结构原理

(a)整体结构图; (b)某一层凸轮结构图; (c)结构原理图

1—静触点;2—动触点;3—触点弹簧;4—复位弹簧;5—滚轮;6—绝缘方轴;
7—凸轮;8—灭弧及灭弧罩;9—连板;10—手轮

二、凸轮控制器型号与主要技术性能

我国生产的凸轮控制器主要有 KT10、KT14 型。额定电流有 25A、60A。KT10 型触点为单断点转动式，具有钢质灭弧罩，操作方式有手轮式与手柄式两种；KT14 型触点为双断点、直动式，采用半封闭式纵缝陶土灭弧罩，只有手柄式操作一种。

凸轮控制器按重复短时工作制设计，其通电持续率为 25%。如用于间断长期工作制，其发热电流不应大于额定电流。

三、凸轮控制器控制电路

凸轮控制器的控制原理图是以其圆柱表面的展开图来表示的，竖虚线为工作位置，横虚线为触点位置，在横竖两条虚线交点处若用黑圆点标注，则表明控制器在该位置的触点是闭合接通的，若无黑圆点标注，则表明该触点在这一位置是断开的，如图 6-4 所示。

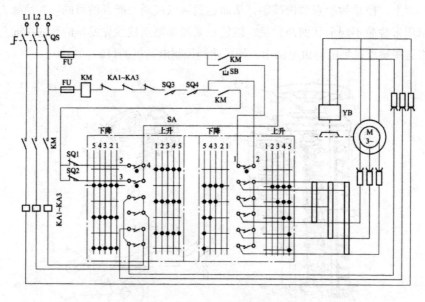

图 6-4　KT 型凸轮控制原理示意

1. 电路特点

（1）可对称电路。凸轮控制器左右各有 5 个挡位，采用对称接法，控制器手柄处在正转和反转的相应位置时，电动机工作情况完全相同。

（2）为了减少电动机转子所串入的电阻段数及控制转子电阻的触点数，采用凸轮控制器控制绕线式电动机时，电动机的转子应串接不对称的电阻。

（3）在提升重物时，控制器第一挡位为预备级，第二至第五挡位提升速度将逐级升高，电动机处于电动状态。

　　在重载下放时，电动机处于再生发电制动状态。此时，应将控制器手柄由零位直接扳至下降第五挡位，而且途径中间挡位不许停留。往回操作时，也应从下降第五挡位快速扳回零位，否则将引起重物高速下降，这是不允许的。在轻载下放时，由于重物太轻，甚至重力矩小于摩擦转矩，电动机应处于强力下降状态。因此，该控制电路不能获得重载或轻载时的低速下放。下放时为了准确定位，采用点动操作，即将控制器手柄在下降第一挡与零位之间来回操作，并配合电磁抱闸来实现。

　　图 6-5 所示为凸轮控制器控制提升电动机机械特性曲线。由图 6-5 可知，提升特性与下降特性对称，但"上 1"特性为预备级；下降特性中 $A_1 \sim A_5$ 各点为重载下放重物时，电动机处于再生发电制动状态的稳定工作点；B 点为轻载强力下放时，电动机处于反转电动状态的稳定工作点，这些稳态工作点的转速都较高。

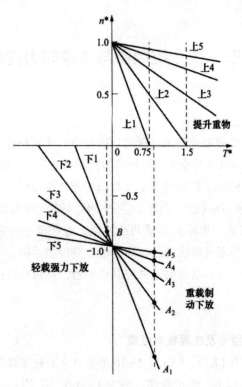

图 6-5　凸轮控制器控制提升电动机机械特性示意

2. 控制电路分析

　　由图 6-4 可知，凸轮控制器 SA 在零位时有 9 对动合触点，3 对动断触点。其中4 对主触点用于电动机正反转控制；另外 5 对主触点用于接入与切除电动机转子不对称电阻。控制器 3 对动合触点用来实现零位保护，并配合两个运动方向的行程开关 SQ1、SQ2 来实现限位保护。

控制电路设有过电流继电器 KA1 ～ KA3 实现电动机过电流保护，紧急事故开关 SQ3 实现事故保护，操纵室顶端舱口开关 SQ4 实现大车顶上无人且舱口关好才可开车的安全保护等。

操作凸轮控制器时应注意：当将控制器手柄由左扳到右，或由右扳到左时，中间必须通过零位，为减小反向冲击电流，应在零位挡稍作停留，同时也使传动机构获得平稳的反向过程。另外，在进行重载下放操作时，应先将手柄直接扳至下降第五挡位，以获得重载下放的最低速度，然后根据下放速度要求逐级将手柄推回至所需下放速度的挡位。YB 为电磁制动器，当其电磁线圈通电时，依靠电磁力将制动器松开，当断电时，制动器将电动机刹住。

第三节　主令控制器与交流磁力控制盘

一、主令控制器

主令控制器是按照预定程序用以频繁切换复杂的多回路控制电路的主令电器，主要用作起重机、乳钢机及其他生产机械磁力控制盘的主令控制。

主令控制器的结构与工作原理基本上与凸轮控制器相同，也是利用凸轮来控制触点的断合。主令控制器由触点、凸轮、定位机构、转轴、面板及支承件等部分组成。

在绝缘方轴上安装一串不同形状的凸轮块，可获得按一定顺序动作的触点。即使在同一层，不同角度及形状的凸轮块，也能获得当手柄在不同位置时，同一触点接通或断开的效果。再由这些触点去控制接触器，就可获得按一定要求动作的电路了。

二、主令控制器型号及主要技术性能

主令控制器主要有 LK14、LK15、LK16 型。其主要技术性能为：额定电压为交流 380V 及直流 220V 以下；额定操作频率为 1200 次 /h。表 6–2 为主令控制器主要技术参数。

表 6-2 主令控制器主要技术参数

型号	额定电压 U（V）	额定电流 I（A）	控制电路数	外形尺寸 L（mm×mm×mm）
LK14-12/90				
LK14-12/96	380	15	12	227×220×300
LK14-12/97				

主令控制器应根据所需操作位置数、控制电路数、触点闭合顺序以及长期允许电流大小来选择。在起重机中，主令控制器是与磁力控制盘相配合来实现控制的，因此，往往是根据磁力控制盘的型号来选择主令控制器。

三、交流磁力控制盘

将控制用接触器、继电器、刀开关等电气元件按一定电路接线，组装在一块盘上，称作磁力控制盘。交流起重机用磁力控制盘按控制对象又可分为移行机构控制盘与升降机构控制盘，前者为 PQY 系列，后者为 PQS 系列。按控制电动机台数和线路特征分为：

（1）PQY1 系列：控制 1 台电动机。

（2）PQY2 系列：控制两台电动机。

（3）PQY3 系列：控制 3 台电动机，允许 1 台单独运转。

（4）PQY4 系列：控制 4 台电动机，分为两组，允许每组电动机单独运转。

（5）PQS1 系列：控制 1 台升降电动机。

（6）PQS2 系列：控制两台升降电动机，允许 1 台单独运转。

（7）PQS3 系列：控制 3 台升降电动机，允许 1 台单独运转，并可直接进行点动操作。

第四节 PQY、PQS 系列交流起重机磁力控制站及其控制电路

一、PQY2 系统控制站控制电路

图 6-6 所示为 PQY2 系统控制站控制电路图。

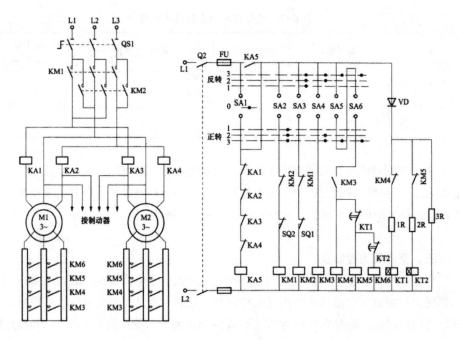

图 6-6　PQY2 系统控制站控制电路示意

图 6-6 中 SA 为主令控制器，共有 6 对触点、7 个挡位，中间是零位，左右各有 3 个挡位，采用对称接法。M1、M2 为移行机构（大车）电动机，转子串接对称电阻，在控制器的操纵下可获得对称的机械特性曲线，各个转向有 3 种不同的运行速度。

转子电阻级数（不包括软化级电阻）分为两种：当被控电动机容量为 100kW 及以下时为四级，其中第一、二两级电阻由主令控制器手动切换，后两级由时间继电器控制自动切除；当被控电动机容量大于或等于 125kW 时分为五级，第一、二级由控制器手动切换，其余三级作时间继电器控制自动切除。

PQY2 系列控制站控制电路设有机械制动装置，其驱动元件由电动机正、反转接触器 KM1 与 KM2 控制。此外，主令控制器的反向第一挡为电气制动中的反接制动停车。

PQY2 系列控制站控制电路中过电流继电器 KA1 ~ KA4 实现电动机过电流保护；由零电压继电器 KA5 实现零电压保护，并与主令控制器 SA 共同实现零位保护；由行程开关 SQ1、SQ2 实现移行机构（大车）限位保护。

二、PQS1 系列控制站控制电路

图 6-7 所示为 PQS1 系列控制站控制电路。

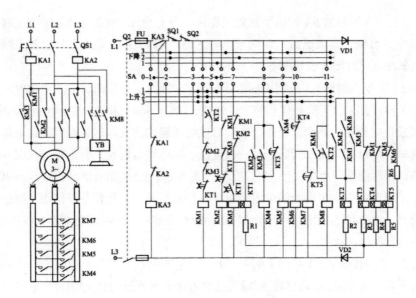

图 6-7　PQS1 系列控制站控制电路示意

图 6-7 中主令控制器 SA 有 11 对触点，7 个挡位，中间为零位，左右各有 3 个挡位，为可逆不对称电路；电动机转子串接对称电阻，其级数（不包括常串软化级电阻）分为两种：电动机容量小于或等于 100kW 时串入四级电阻，电动机容量大于或等于 125kW 时串入五级电阻。其中第一、二级电阻由主令控制器操作手动切换，其余级数皆由时间继电器自动切除。制动器由接触器 KM8 控制，在所有上升、下降位置都通电，制动器松开电动机。

1．提升时控制电路分析

图 6-8 所示为提升电动机的各级机械特性。

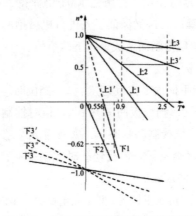

图 6-8　提升电动机的各级机械特性示意

103

（1）主令控制器 SA 控制手柄置于零位，合上 SQ1、SQ2 开关。零电压继电器 KA3 通电并自锁，直流电磁式时间继电器 KT3、KT4、KT5 通电，相应触点断开，为继电器断电延时闭合做好准备。

（2）主令控制器 SA 控制手柄由零位扳到"上 1"挡位时，KA3 仍通电，上升行程开关 SQ1 接入，下降行程开关 SQ2 短接，KM1、KM8 通电，转子电阻全部串入，定子接成正向相序，制动器松开，电动机以低速起动方式运转，经时间继电器 KT3 断电延时，KM4 通电，短接转子的一段电阻，使电动机转速上升，运行在图 6-8 所示的机械特性曲线"上 1"上。所以在 KT3 断电前，KM1 先通电，KM8 后通电，这就保证了起重机先产生向上的电磁转矩，后打开制动器，起预备级作用，防止在吊起重物时，制动器已打开，由于起动转矩小而产生溜钩，而时间继电器 KT3 断电后，电动机运行在稳定状态。

（3）主令控制器 SA 控制手柄由"上 1"挡位扳到"上 2"挡位时，KM5 通电，短接转子第二段电阻，电动机转速升高，工作在图 6-8 所示的机械特性曲线"上 2"上。

（4）主令控制器 SA 控制手柄由"上 2"挡位扳到"上 3"挡位时，KM6 通电，短接转子第三段电阻，电动机运行在图 6-8 中"上 3"机械特性曲线上，但这不是稳定运行状态，随着 KT5 断电释放，使 KM7 通电，短接转子第四段电阻，只留下一段常串软化级电阻，电动机稳定运行在图 5-16 所示的机械特性曲线"上 3"上，获得最高上升速度。

（5）主令控制器 SA 控制手柄由"上 3"挡位返回零位时电路工作情况。当手柄由"上 3"挡位返回"上 2"挡位，或由"上 2"挡位返回"上 1"挡位时，KM6、KM7 与 KM5 相继断电，电动机由"上 3"特性曲线转为"上 2"或由"上 2"特性曲线转为"上 1"特性曲线运行。当手柄由"上 1"挡位退回到零位时，KM8 立即断电，但由于 KT2 的延时作用，接触器 KM1 仍保持通电，待时间继电器 KT2 延时结束后，KM1 才断电释放。这就保证了先进行机械抱闸，然后断开电动机定子电源，防止先断开定子电源后抱闸而造成重物下落事故。

2. 下放时控制电路分析

当主令控制器 SA 控制手柄由零位扳到"下 1"挡位时，控制电路不动作；但当控制手柄由"下 2"或"下 3"挡位扳回"下 1"挡位时控制电路才动作。这时电动机处于反接制动状态（倒拉反接制动状态），实现重载（超过额定负载一半以上称为重载）的慢速下放。这就避免了空钩或轻载时控制手柄置于"下 1"挡位时，会出现不但不下降反而会上升的现象。

"下 2"挡位为单相制动，可实现轻载（低于额定负载一半以下称为轻载）慢速下降。"下 2"挡位为强力下降或再生制动下降，可使任何负载下降。停车时，电路保证制动器驱动元件先于电动机 0.6s 停电，以防溜钩。具体下降时电路工作情况如下：

（1）当控制手柄由零位扳到"下 1"挡位时，KM1、KM8 仍处于断电状态，电动机定子未接入电源，制动机将电动机闸住，不致出现重载下降，空钩或轻载不但不下降反而上升的现象。

（2）当控制手柄由"下 1"挡位扳到"下 2"挡位时，KT1 通电，经延时后使 KM3 通电，并使 KM4 相继通电，电动机转子短接一段电阻，定子接成图 6-9 所示电路，KM8 通电，机械抱闸松开。此时电动机转子串入较大电阻，定子接入单相交流电源，电动机处于单相制动状态，实现轻载时的慢速下降。

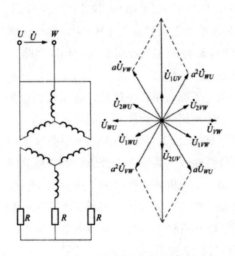

图 6-9　电动机单相制动接线示意

（3）当手柄由"下 2"扳到"下 3"挡位时，KM3 与 KT1 同时断电释放，经延时 0.11 ~ 0.16s 后使 KM2 通电，又使 KM4、KM5 相继通电吸合，短接转子第一段电阻与第二段电阻，同时 KM8 通电，制动器松开，电动机转子短接两段电阻反向起动，运行在图 6-8 所示的机械特性曲线"下 3"上。但这并不是电动机稳定运行的特性曲线。由于 KM5 通电使 KT4 断电，经 0.3s 左右延时，使 KM6 通电，短接转子第三段电阻，电动机运行在图 6-8 所示的机械特性曲线"下 3"上，但仍不是稳定工作的特性曲线，由 KM6 控制 KT5 断电，经 0.1s 后使 KM7 通电吸合，短接转子第四段电阻，电动机运行在图 6-8 所示的特性曲线"下 3"上，这才是下降第三挡位时的稳定运行特性曲线，此时可作为强力下降或再生发电制动下降，使任何质量的重物下降运行。

当重载时高速下降危险，可将控制手柄由"下 3"挡位扳回到"下 2"挡位作单相制动下降，或再扳回到"下 1"挡位作倒拉反接制动低速下降。

（4）控制手柄由"下 3"挡位返回时的电路工作情况。当控制手柄由"下 3"

挡位扳回"下 2"挡位时，电动机处于单相制动状态，可以获得轻载或重载的低速下放。

当控制手柄由"下 2"扳到"下 1"挡位时，KM4 断开，电动机串入全部转子电阻，KM3、KT1 与 KT2 相继断电，由于时间继电器 KT2 要延时 0.6s 才动作，而时间继电器 KT1 是延时 0.11 ~ 0.16s 动作，即 KT1 比 KT2 先动作，KM1 通电，使电动机正向相序接通电源，并使 KM8 通电，制动器松开，KT2 重新通电，确保 KM1 与 KM8 通电。所以，当控制手柄由"下 2"扳回到"下 1"挡位时，电动机串入全部转子电阻，抱闸松开，电动机产生正向转矩，处于倒拉反接制动状态，工作在图 6-8 所示的机械特性曲线"下 1"上，实现重载低速下放。

由于 KT1 的延时作用，当控制手柄 SA 快速由零位扳到"下 3"挡位，或由"下 3"挡位扳回到零位时，单相制动接触器 KM3 不动作。正常操作时，KT1 延时是防止 KM1 与 KM3、KM3 与 KM2 可逆转换时造成的相间短路。

3. 单相制动工作原理

当三相交流电动机定子加入单相电压后，定子绕组产生一个脉动磁场，可将这个脉动磁场分解成两个转速相同、转向相反的旋转磁场，并产生转矩，所以电动机的电磁转矩将是这两个转矩之和。图 6-10（a）中曲线 1 和曲线 2 分别为正、反向旋转磁场产生的机械特性曲线，曲线 3 为合成机械特性曲线。如果将电动机转子电阻加大到一定值，正向与反向机械特性变软，成为两条直线，此时合成的机械特性曲线将成为通过 0 点位于第二、四象限的直线，如图 6-10（b）所示，此时电动机处于制动状态。这时，电动机轴上若有一重力负载，则电动机将处于第四象限的倒拉制动状态，可以获得轻载下放。

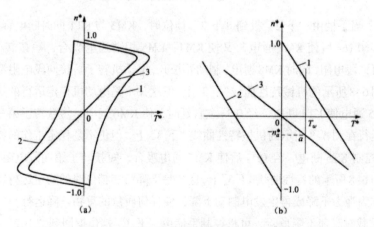

图 6-10　异步电动机单相制动的机械特性

（a）电动状态；（b）制动状态

1—正序曲线；2—反序曲线；3—合成曲线

单相制动克服了反接制动在轻载下放时反而回升的缺点，也克服了再生发电制动无低速的缺点。适当选择转子附加电阻，单相制动特性硬度比反接制动大，负载冲击引起的速度波动比反接制动小；其接线方式与控制设备比较简单，操作方便，特别适用于在同步转速下的下放重物。

第五节　起重机的电气保护设备

一、交流起重机保护箱

该保护箱是为采用凸轮控制器操作的控制系统进行保护而设置的。它由刀开关、接触器、过电流继电器、熔断器等电气元件组成。图 6-11 所示为 XQB1 型保护箱的主电路图，保护箱实现凸轮控制器控制的大车、小车和副卷扬电动机（副钩）的保护。XQB1 系列交流起重机保护箱（简称保护箱），是与凸轮控制器相配合用于控制和保护起重机，作为电动机的过载保护、零电压保护，以及升降及移行机构的终端和限位保护。

保护箱有两扇门，便于维修和检修，门上装有信号灯指示系统工作情况，右侧面装有开关，控制司机室和桥下照明。主回路刀开关手柄露在保护箱右侧上方。保护检修用插座装于保护箱右侧下方。

图 6-11 中的 QS 为总电源开关，KM 为线路接触器，KA0 为用凸轮控制器操作的各机构拖动电动机的总过电流继电器，KA1 ~ KA4 为机构拖动电动机的过电流继电器。

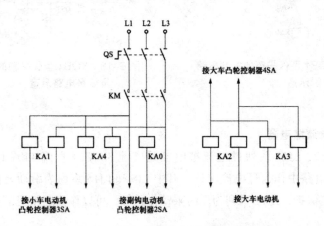

图 6-11　XQB1 型保护箱的主电路示意

图 6-12 所示为 XQB1 型保护箱的控制电路图。图中的 HL 为电源指示灯，QS1 为紧急开关，是用作事故状态下的紧急断开电源，SQ6 ~ SQ8 为舱口门开关与横梁门开关，KA0、KA1 ~ KA4 为过电流继电器的触点，2SA、3SA、4SA 分别为副卷扬（副钩）、大车、小车凸轮控制器的触点；SQ1、SQ2 为大车平移机构的行程开关；SQ3、SQ4 为小车移行机构的行程开关；SQ5 为副钩提升机构的行程开关。依照上述电气开关与电路可以实现起重机的各种保护。

图 6-13 所示，ELI 为操纵室（驾驶室）的照明，EL2、EL3、EL4 为大车桥架下方的照明灯，XS1 ~ XS3 是为提供插接式手提检修灯的插座，HB 为蜂鸣器。供电除桥架下方的照明灯为 220V 外，其他的均为安全电压 36V。

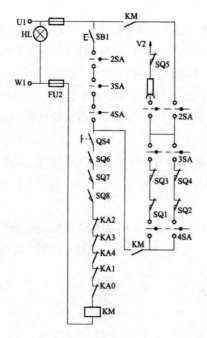

图 6-12　XQB1 型保护箱的控制电路
示意

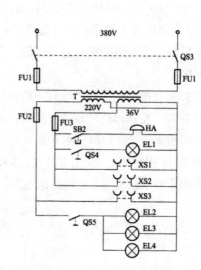

图 6-13　XQB1 型保护箱的照明
及信号电路示意

二、过电流继电器

LJ5、LJ12、LJ15 系列过电流继电器是交流 380V 及直流 440V 以下、电流为 5 ~ 300A 的电路中作为过电流保护。其中 LJ5 和 LJ15 系列为瞬动元件，只能作为起重机的短路保护，LJ12 系列为反时限动作元件，可以作为起重机的过载保护和短路保护。

LJ12 系列过电流继电器有两个线圈，串入电动机定子电源的两相之中，线圈中各有可吸上的衔铁置于阻尼剂（201-100 甲基硅油）中，当衔铁在电磁吸力的作用下做上下运动时，必须克服阻尼剂的阻力，所以只能缓缓向上移动，直至推动微动开关动作。正因为有硅油的阻尼作用，继电器才具有反时限的保护特性，同时也防止电动机起动时，由于起动电流过大而引起的误动作。

LJ12 系列过电流继电器线圈额定电流有 5 ~ 300A，共 12 种。触点额定电流为 5A。表 6-3 为 LJ12 系列过电流继电器技术参数。

表 6-3 LJ12 系列过电流继电器技术参数

额定电流 I（A）	被保护电动机功率 P（kW）	额定电流 I（A）	被保护电动机功率 P（kW）
5	2.2	30	11
10	3.5	40	16
15	5.0	60	22
20	7.5	75	30

三、行程开关

行程开关在起重机中是用来限制各种移行机构的行程，用以实现限位保护。在桥式起重机上应用最多的行程开关是 LX7、LX10 与 LX6Q 系列。LX7 系列与 LX10-31 型行程开关用于提升机构上，LX10-31 型行程开关一般用于移行机构上。LX6Q 系列主要用于舱口盖上作为舱口开关。LX8 系列是用于紧急开关。

现较为新型的为 LX22 系列行程开关，其中：LX22-1 型为自动复位式，LX22-2 型是非自动复位式，都适用于移行机构；LX22-3 型用于提升机构。

四、电阻器

电阻器是由电阻元件、换接设备及其他零件组合而成的一种电器。其作用是限制电动机的起动、调速和制动电流的大小。电阻器的选择，与起重机的工作效率及使用寿命有很大关系。电阻器按用途可分为起动用和起动、调速用两种。

起动用电阻器。起动用电阻器是在电动机起动时把电阻全部串入转子电路中，随着电动机转速的不断增加，逐级切除，当电阻器全部被切除后，电动机就处在额定转速的状态下运行，所以这种电阻器是短时使用的电器。

起动、调速用电阻器。这种电阻器也是接在电动机的转子电路中，起动、调速都能用，所以它是连续使用的电器。在起重机上一般都使用这种电阻器。如果按材料分类，电阻器可分为铸铁电阻器、康铜电阻器和铁铬铝合金电阻器。现在大中型起重机上都用的是铁铬铝合金电阻器。

第六节　制动器与制动电磁铁

一、短行程电磁块式制动器

图 6-14 所示为短行程电磁双瓦块式制动器。制动器是借助主弹簧，通过框形拉板使左右制动臂上的制动瓦块压在制动轮上，借助制动轮和制动瓦块之间的摩擦力来实现制动。

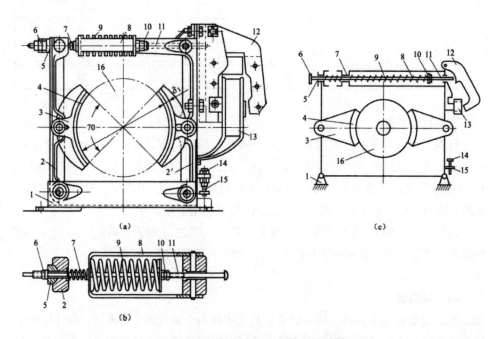

图 6-14　短行程电磁双瓦块式制动器

（a）制动器的主视图；（b）制动器的俯视图；（c）制动器的工作原理图

1—底座；2—制动臂；3—瓦块；4—制动片；5—夹板；6—小螺母；7—辅助弹簧；8—主弹簧；
9—拉杆；10—螺母；11—推杆；12—衔铁；13—电磁铁；14—背帽子；15—调整螺钉

制动器松闸，是借助电磁铁，当电磁铁线圈通电后，衔铁吸合，将顶杆向右推动，制动臂带动制动瓦块同时离开制动轮，实现松闸。在松闸时，左制动臂在电磁铁自重作用下自动左倾，制动瓦块也就离开了制动轮。为防止制动臂倾斜过大，可用调整螺钉来调整制动臂的倾斜量，以保证左、右制动瓦块离开制动轮的间隙相等。

副弹簧的作用是把右制动臂推向右倾，防止在松闸时，整个制动器向左倾，而造成右制动块离不开制动轮。

锁紧螺母由三个螺母组成，可调整主弹簧的长度并将其锁紧。

短行程电磁双瓦块式制动器上闸、松闸动作迅速，结构紧凑、自重小；由于铰链少（较长行程），所以死行程小；由于制动瓦块与制动臂铰接，制动瓦与制动轮接触均匀，磨损也均匀，但由于短行程电磁铁松闸力小，因此只适用于小型制动器（制动轮直径一般不大于 0.3m）。

二、长行程电磁块式制动器

长行程电磁块式制动器与短行程电磁块式制动器相比，在结构上有所改进，除了弹簧产生的制动力矩外，还有一套杠杆系统在起作用，增大了制动力矩，制动效果较好，多用于制动直径较大（D ≥ 200mm）的场合。

长行程电磁块式铁制动器的工作原理是：它通过杠杆系统来增加上闸力。其松闸是借助于电磁铁通过杠杆系统实现的，上闸是借助弹簧力。当电磁铁通电时，抬起水平杠杆，带动主杆向上运动，使杠杆板绕轴逆时针方向转动，压缩制动弹簧，在制动器拉杆与杠杆板作用下，两个制动臂分别左、右运动，使制动瓦块松开闸轮。当电磁铁断电时，靠制动弹簧的张力使制动瓦块闸住制动轮。

三、液压电磁块式制动器

为克服电磁块式制动器的缺点，目前已广泛采用一种新型电磁铁，即液压电磁铁。液压电磁铁实质上是一个直流长行程电磁铁，但其铁心动作是通过液压传到松闸推杆的，所以动作平稳。其工作原理是：当电磁铁线圈通电后，处于下部的动铁心被上部的静铁心吸引向上运动，在运动过程中将两铁心间隙里的油液挤出，这些油经静铁心中部与推杆的缝隙进入油缸，推动油塞并带动推杆向上移动，从而推动外部杠杆机构，使制动器松闸。当线圈断电时，在制动器弹簧压力作用下，推杆向下运动，活塞下腔的油又流回工作间隙，动铁心回到下方位置，动铁心下部的油液通过通道流回油缸产生制动。常用的有 MYI 系列液压电磁铁。

液压电磁铁动作平稳，无噪声，寿命长，能自动补偿瓦块磨损；但制造工艺高，价格贵。

四、电动推杆块式制动器

目前采用的电动推杆有两种，即电动液压推杆与电动离心推杆，其基本原理是利用旋转物体的离心力实现制动。

　　电动液压推杆由驱动电动机与离心泵组成。当电动机通电转动时，离心泵中叶轮将上部的油吸入送至油缸下部的压力油腔，产生的压力推动活塞带动推杆向上运动，从而产生松闸动作。电动机断电后，在上闸弹簧及活塞自重作用下使推杆向下运动产生制动。电动液压推杆动作平稳，无噪声；允许开动次数多（可达 600 次 /h 以上）；推力恒定，可以与电动机联合进行调速。但上闸缓慢，若用于提升机构，其制动行程较长，且不适用于低温环境。

第七章 生态系统与生态保护

第一节 生态系统

一、生态学

1. 生态学的概念

生态学属于生物科学的一个分支，其作为学科名词，是1869年德国生物学家恩斯特·海克尔在其所著的《普通生物形态学》中首先提出来的。他认为生态学是研究生物在其生活过程中与环境的关系，尤指动物有机体与其他动植物之间的互惠或敌对关系。之后的学者则根据生态学的研究背景和对象提出了不同的定义。我国生态学创始人马世骏认为生态学是"研究生物与环境之间相互作用规律及其作用机理的科学"。这里所说的生物包括动物、植物、微生物及人类本身，即不同的生物系统。环境则指生物特定的生存环境，包括非生物环境和生物环境。非生物环境由光、热、空气、水分和各种无机元素组成，生物环境由作为主体生物以外的其他一切生物组成。

生态学按生物系统的结构层次可分为个体生态学、种群生态学和群落生态学等。个体生态学是研究个体与环境之间相互关系的生态学，种群生态学是研究种群与环境之间相互关系的生态学，群落生态学是研究群落与环境之间相互关系的生态学。目前，生态学研究的重点是生物与污染环境之间的关系以及对生态系统的研究。

2. 种群

生态学上把在一定时间内占据一定空间的同种生物的所有个体称为种群。例如，同一鱼塘内的鲤鱼就是一个种群。而广义的种群是指一切可能交配并繁育的同种个体的集群（该物种的全部个体）。一般来讲，种群具有以下四个特征（见表7-1）。

表7-1 种群的特征

特征	主要内容
空间特征	种群均占据一定的空间，其个体在空间上的分布可分为聚群分布、随机分布和均匀分布

特征	主要内容
遗传特征	种群具有一定的遗传组成，是一个基因库，但不同的地理种群存在着基因差异。不同种群的基因库不同，种群的基因频率世代传递，在进化过程中通过改变基因频率以适应环境的不断改变
数量特征	这是种群的最基本特征。种群是由多个个体所组成的，其数量大小受种群参数（出生率、死亡率、迁入率和迁出率）的影响，同时这些参数又受种群的年龄结构、性别比例、内分布格局和遗传组成等影响，因而形成种群动态
系统特征	种群是一个自组织、自调节的系统。它是以一个特定的生物种群为中心，以作用于该种群的全部环境因子为空间边界所组成的系统

3. 群落

群落是指具有直接或间接关系的多种生物种群的有规律的组合，具有复杂的种间关系。组成群落的各种生物种群不是任意拼凑在一起的，而是有规律地组合在一起，形成一个稳定的群落。例如，森林中的一切植物为其中栖息的动物提供住处和食物，一些动物还可以其他动物为食，土壤中生存的大量微生物靠分解落叶残骸为生，这一切组成一个整体，称为生物群落。生物群落有一定的生态环境，在不同的生态环境中有不同的生物群落。生态环境越优越，组成群落的物种种类数量就越多，反之则越少。例如，农田生态系统中的各种生物种群是根据人们的需要组合在一起的，而不是根据其复杂的营养关系组合在一起，所以农田生态系统极不稳定，离开了人的因素就很容易被其他生态系统所替代。生态学研究中常将群落分类并加以排序，但因物种单独适应环境，而群落间是逐渐过渡的，故分类缺乏明确界线。因此，当选择不同分类标准时会得出不同的结果。

4. 生物圈

生物圈是由奥地利地质学家休斯在1375年首次提出的，是指地球上有生命活动的领域及其居住环境的整体。它包括海平面以上约10000m至海平面以下11000m处，主要有大气圈的下层、岩石圈的上层、整个土壤圈和水圈。但绝大多数生物通常生存于地球陆地之上和海洋表面之下各约100m厚的范围内。

生物圈主要由生命物质、生物生成性物质和生物惰性物质三部分组成。生命物质是生物有机体的总和。生物生成性物质是由生命物质所组成的有机矿物质相互作用的生成物，如煤、石油、泥炭和土壤腐殖质等。生物惰性物质是指大气低层的气体、沉积岩、黏土矿物和水。生物圈是一个复杂的、全球性的开放系统，是一个生命物质与非生命物质的自我调节系统，地球上有生命存在的地方均属生物圈。生物的生命活动促进了能量流动和物质循环，并引起生物的生命活动发生变化。生物要从环境中取得必需的能量和物质，就必须适应环境，环境发生变化后又反过来推动生物的适应性，这种反作用促进了整个生物界持续不断地变化。

5．生态学的发展

粮食、人口、能源和环境等世界性问题推动了生态学的发展，使其迅速成为当代最为活跃的前沿科学之一。一般来讲，生态学的发展大致可分为萌芽期、形成期和发展期三个阶段。

（1）萌芽期。

古人在长期的农牧渔猎生产中积累了朴素的生态学知识，如作物生长与季节气候及土壤水分的关系、常见动物的物候习性等。公元前4世纪，古希腊学者亚里士多德曾粗略描述动物不同类型的栖居地，还按动物活动的环境类型将其分为陆栖和水栖两类，按其食性分为肉食性、草食性、杂食性和特殊食性等类。公元前3世纪，亚里士多德的学生雅典学派首领赛奥夫拉斯图斯在其植物地理学著作中已提出类似今日植物群落的概念。公元前后出现的介绍农牧渔猎知识的专著，如公元1世纪古罗马老普林尼的《博物志》、6世纪我国农学家贾思勰的《齐民要术》等均记述了素朴的生态学观点。

（2）形成期。

15世纪后，科学家通过科学考察积累了不少宏观生态学资料。19世纪初叶，现代生态学的轮廓开始出现。例如，法国博物学家雷奥米尔的6卷昆虫学著作中就有许多昆虫生态学方面的记述；瑞典博物学家林奈首先把物候学、生态学和地理学观点结合起来，综合描述外界环境条件对动物和植物的影响；法国博物学家布丰强调生物变异基于环境的影响；德国植物地理学家洪堡创造性地结合气候与地理因子的影响来描述物种的分布规律。19世纪，生态学进一步发展，例如在这一时期，确定了5℃为一般植物的发育起点温度，绘制了动物的温度发育曲线，提出了用光照时间与平均温度的乘积作为比较光化作用的"光时度"指标，以及植物营养的最低量律和光谱结构对于动植物发育的效应等。另外，1833年，费尔许尔斯特以其著名的逻辑斯蒂曲线描述人口增长速度与人口密度的关系，把数学分析方法引入生态学。19世纪后期开展的对植物群落的定量描述也是以统计学原理为基础的。1851年，达尔文在《物种起源》一书中提出自然选择学说，强调生物进化是生物与环境交互作用的产物，引起了人们对生物与环境的相互关系的重视，更促进了生态学的发展。19世纪中叶到20世纪初叶，人类所关心的农业、渔猎和直接与人类健康有关的环境卫生等问题，推动了农业生态学、野生动物种群生态学和媒介昆虫传病行为的研究。由于当时组织的远洋考察重视对生物资源的调查，从而也丰富了水生生物学和水域生态学的内容。到20世纪30年代，已有不少生态学著作和教科书阐述了一些生态学的基本概念和论点，如食物链、生态位、生物量、生态系统等。至此，生态学已基本成为具有研究对象、研究方法和理论体系的独立学科。

（3）发展期。

20世纪50年代以来，生态学吸收了数学、物理、化学等工程技术科学的研究成果，向精确定量方向前进并形成了自己的理论体系。数理化方法、精密灵敏的仪器和电子计算机的应用使生态学工作者有可能更广泛、深入地探索生物与环境之间相互作用的物质基础，对复杂的生态现象进行定量分析。整体概念的发展，产生出系统生态学等若干新分支，初步建立了生态学理论体系。由于世界上的生态系统大多受人类活动的影响，社会经济生产系统与生态系统相互交织，实际形成了庞大的复合系统。随着社会经济和现代工业化的高速发展，自然资源、人口、粮食和环境等一系列影响社会生产和生活的问题日益突出。为了寻找解决这些问题的科学依据和有效措施，国际生物科学联合会（IUBS）制订了"国际生物计划"（IBP），对陆地和水域生物群系进行生态学研究。1972年联合国教科文组织等继IBP之后，设立了人与生物圈（MAB）国际组织，制定"人与生物圈"规划，组织各参加国开展森林、草原、海洋、湖泊等生态系统与人类活动关系以及农业、城市、污染等有关的科学研究。目前，许多国家都设立了生态学和环境科学的研究机构。生态学与其他自然科学一样，由定性研究趋向定量研究，由静态描述趋向动态分析，逐渐向多层次的综合研究发展，同时与其他学科的交叉研究也日益显著。

二、生态系统具体内容

1. 生态系统的概念

生态系统的概念是由英国生态学家坦斯利在1935年提出来的。他认为，"生态系统的基本概念是物理学上使用的'系统'整体。这个系统不仅包括有机复合体，而且包括形成环境的整个物理因子复合体。""我们对生物体的基本看法是，必须从根本上认识到，有机体不能与它们的环境分开，而是与它们的环境形成一个自然系统。""这种系统是地球表面上自然界的基本单位，它们有各种大小和种类。"生态系统是在一定的空间和时间范围内，在各种生物之间以及生物群落与其无机环境之间，通过能量流动和物质循环而相互作用的一个统一整体。为了生存和繁衍，每一种生物都要从周围的环境中吸取空气、水分、阳光、热量和营养物质。生物生长、繁育和活动过程中又不断向周围的环境释放和排泄各种物质，死亡后的残体也复归环境。对任何一种生物来说，周围的环境也包括其他生物。例如，微生物活动可从土壤中释放出氮、磷、钾等，绿色植物以这些营养元素为食物，草食性动物以绿色植物为食物，肉食性动物又以食草动物为食物，各种动植物的残体则既是昆虫等小动物的食物，又是微生物的营养来源。生态系统概念的提出为生态学的研究和发展奠定了新的基础，极大地推动了生态学的发展。

2．生态系统的组成

生态系统有生产者、消费者、分解者和非生物成分四个主要组成成分（见表7-2）。

表7-2　生态系统的组成

组成成分	主要内容
生产者	生产者主要指绿色植物，包括一切能进行光合作用的高等植物、藻类和地衣等。这些植物被认为是自养生物，即能利用简单的无机物质制造食物的生物。在生态系统中，绿色植物起主导作用
消费者	消费者属于异养生物，主要指以其他生物为食的各种动物，包括植食动物、肉食动物、杂食动物和寄生动物等
分解者	分解者属于异养生物，主要指细菌和真菌等微生物，也包括某些原生动物和蚯蚓、白蚁、秃鹫等大型腐食性动物。它们能分解动植物的残体、粪便和各种复杂的有机化合物，吸收某些分解产物，最终能将有机物分解为简单的无机物，而这些无机物参与物质循环后可被自养生物重新利用
非生物成分	非生物成分主要指气候因子（如光、温度、湿度、风、雨、雪等）、无机元素及无机物（如碳、氢、氧、氮、二氧化碳及各种无机盐等）和有机物质（如蛋白质、碳水化合物、脂类和腐殖质等）。非生物成分是生态系统中各种生物赖以生存的基础

3．生态系统的类型

地球上最大的生态系统是生物圈，它包括地球上的全部生物及其无机环境。在生物圈中，还可以分出很多生态系统，例如，一片森林、一片草地、一座城市都可以自成为一个生态系统。生态系统有多种分类方法，根据生物环境可分为水体生态系统、陆地生态系统和湿地生态系统。根据人为的影响，生态系统可分为自然生态系统、半自然生态系统和人工生态系统。其中半自然生态系统是介于人工生态系统和自然生态系统之间的一种生态系统，如农业生态系统可视为半自然生态系统，而城市生态系统则认为是人工生态系统。

（1）自然生态系统。

自然生态系统是指地球表面上未经人类干预的生物群落与无生命环境在特定空间的组合。该生态系统是一种"自给自足"的功能单元，太阳能是唯一的能量来源，绿色植物（生产者）利用太阳能进行光合作用，吸收环境中的无机物质合成有机物质，把太阳能转化为化学潜能，满足系统内其他异养生物（消费者）的生存需要。自然生态系统包括未开发利用的天然草原、原始森林、海洋生态系统等。比如，森林生态系统分布在湿润或较湿润的地区，其主要特点是动物种类繁多，群落的结构复杂，种群的密度和群落的结构能够长期处于较稳定的状态。森林中的植物以乔木为主，也有少量灌木和草本植物。森林中还有种类繁多的动物，如犀鸟、避役、树蛙、松鼠、貂、蜂猴、眼镜猴和长臂猿等。森林不仅能够为人类提供大量的木材和多种林副业产品，而且在维持生物圈稳定、改善生态环境等方面起着重要的作用。例如，森林植物通过光合作用，每天都消耗大量的二氧化碳，释放出大量的氧，这对于维持大气中二氧化碳和氧含量的平衡具有重要意义。又如，在降雨时，乔木层、灌木层和草本植物层都能够截留一部分雨水，大大减缓雨水对地面的冲刷，最大限度地减少地表径流。枯枝落叶层就像一层厚厚的海绵，能够大量地吸收和储存雨水。因此，森林在涵养水源、保持水土方面起着重要作用，有"绿色水库"之称。

（2）人工生态系统。

人工生态系统是指以人类活动为生态环境中心，按照人类的理想要求建立的生态系统，如城市生态系统、农业生态系统等。人工生态系统的特点，见表7-3。

表7-3　人工生态系统的特点

特点	内容
易变性（不稳定性）	人工生态系统易受各种环境因素的影响，并随人类活动而发生变化，自我调节能力差
社会性	即人工生态系统受人类社会的强烈干预和影响
目的性	系统运行不是为了维持自身的平衡，而是为了满足人类的需要
开放性	系统本身不能自给自足，依赖于外界系统，并受外部的调控

所以人工生态系统是由自然环境（包括生物和非生物因素）、社会环境（包括政治、经济、法律等）和人类（包括生活和生产活动）三部分组成的网络结构。

（3）农业生态系统。

农业生态系统是在一定时间和地区内，人类从事农业生产，利用农业生物与非生物环境之间以及与生物种群之间的关系，在人工调节和控制下，建立起来的各种形式和不同发展水平的农业生产体系。该系统具有如下特点：

1）农业生态系统是一个自然、生物与人类社会生产活动交织在一起的复杂大系统，它是一个自然再生产与经济再生产相结合的生物物质生产过程。自然再生产过程是指种植业、养殖业与海洋渔业等，实质上都是生物体的自身再生产过程，不仅受自身固有的遗传规律支配，还受光、热、水、土、气候等多种因素的影响和制约，即受到自然规律的支配。经济再生产过程是指农业生产按照人类经济目的进行投入和产出，受到经济和技术等多种社会条件的影响和制约，即受社会经济规律的支配。

2）发展农业，必须处理好人、生物和环境之间的关系，要按照生物与环境相统一的基本规律来指导和发展农业生产。种植业和林牧渔业生产都是生物体的再生产过程，各自与其环境之间建立了多种类型的自然的生态系统。只有生物与非生物环境之间相互协调、相互适应，农业生产才能获得最优化的效果。

3）建立一个合理、高效、稳定的人工生态系统，促进农业现代化建设。农业生产是一个以自然生态系统为基础的人工生态系统，它远比自然生态系统结构简单，生物种类少，食物链短，自我调节能力较弱，易受自然气候、病虫害、杂草生长的影响。农业生产的不稳定性很大程度上受自然环境的约束，因而只有创造良好的农业生态环境，才能取得较佳的经济效益。只有不断地调整和优化生态系统的结构和功能，才能以较少的投入，得到最大的产出，取得良好的经济效益、社会效益和生态效益。

（4）城市生态系统。

城市生态系统是按人类的意愿创建的一种典型的人工生态系统。城市生态系统是城市居民与其环境相互作用而形成的统一整体，也是人类对自然环境的适应、加工、改造而建设起来的特殊的人工生态系统。城市生态系统有如下特点：

以人为主体，人在其中不仅是唯一的消费者，而且也是整个系统的营造者；几乎全是人工生态系统，其能量和物质运转均在人的控制下进行，居民所处的生物和非生物环境都已经过人工改造，是人类自我驯化的系统；城市中人口、能量和物质容量大，密度高，流量大，运转快，与社会经济发展的活跃因素有关；是不完全的开放性生态系统，系统内无法完成物质循环和能量转换。许多输入物质经加工、利用后又从本系统中输出（包括产品、废弃物、资金、技术、信息等），故物质和能量在城市生态系统中的运动是线状而不是环状的。

4. 食物链和营养级

生态系统中各种成分是相互联系的，其中最重要的一种就是营养关系。营养关系可以用食物链和营养级来具体描述。

（1）食物链。

植物所固定的能量通过一系列的取食和被取食关系在生态系统中传递，这种生物之间的传递关系称为食物链。根据生物间的食物关系，食物链可分为以下四类（见表7–4）。

表7–4　食物链的分类

类别	主要内容
捕食性食物链	以植物为基础，后者捕食前者，如青草→野兔→狐狸→狼

续表

类别	主要内容
寄生性食物链	以大动物为基础，小动物寄生到大动物上形成的食物链，如哺乳类→跳蚤→原生动物→细菌→过滤性病毒
腐生性食物链	以腐烂的动植物尸体为基础，然后被微生物所利用
碎食性食物链	以碎食物为基础形成的食物链，如树叶碎片及小藻类→虾（蟹）→鱼→食鱼的鸟类

一般食物链由 4 ~ 5 个环节构成，如草→昆虫→鸟→蛇→鹰等。在生态系统中，生物之间的取食和被取食关系是错综复杂的，这种复杂的联系构成一个无形的网络，把所有生物都包括在内，使它们彼此之间都有着某种直接或间接的关系，这就是食物网。一般而言，食物网越复杂，生态系统抵抗外力干扰的能力就越强，反之亦然。生态系统内生物之间的复杂食物关系中，食物链只是一种简化形式。例如，一种植物可以成为多种食草动物的食料，大多数食肉动物又以食草动物为食，一种食草动物又可成为多种食肉动物的食料，所以在生态系统中并非只存在一条食物链。

（2）营养级。

在生态系统的食物网中，凡是以相同的方式获取相同性质食物的植物类群和动物类群可分别称作一个营养级。在食物网中从生产者植物起到顶部肉食动物止，即在食物链上凡属同一级环节上的所有生物种就是一个营养级。营养级是为了解生态系统的营养动态，对生物作用类型所进行的一种分类，是 1942 年由美国生态学家林德曼提出的。营养级分级：由无机化合物合成有机化合物的生产者，直接捕食初级生产者的初级消费者（次级生产者）；捕食初级消费者的次级消费者，以下顺次是三级乃至四级消费者以及分解这些消费者尸体或排泄物的分解者等级别。从生产者算起，经过相同级数获得食物的生物称为同营养级生物，但是在群落或生态系统内其食物链的关系是复杂的，除生产者和限定食性的部分食植性动物外，其他生物大多属于 2 个以上的营养级，同时它们的营养级也常随年龄和条件而变化，例如，香鱼随着其生长，从次级消费者变为初级消费者。一般一个生态系统的营养级数目为 3 ~ 5 个。从上一个营养级到下一个营养级，表面上是食物链上物质的转移过程，实际上是能量的转移和转换过程。

三、生态系统的功能

生态系统的功能主要有能量流动、物质循环和信息传递三种，或者说生态系统的基本功能可以通过能量流动、物质循环和信息传递来描述。

1. 能量流动

能量是生态系统的基础，一切生命都存在着能量的流动和转化。没有能量的流动就没有生命和生态系统，能量流动是生态系统的重要功能之一。能量的流动和转化服从热力学第一定律和第二定律，能量流动可在生态系统、食物链和种群三个水平上进行分析。生态系统水平上的能量流动分析，是以同一营养级上各个种群的总量来估计的，即把每个种群都归属于一个特定的营养级中，然后精确地测定每个营养级能量的输入和输出值。这种分析多见于水生生态系统，因其边界明确，封闭性较强，内环境较稳定。食物链层次上的能量流动分析是把每个种群作为能量从生产者到顶极消费者移动过程中的一个环节，当能量沿着一个食物链在几个物种间流动时，测定食物链每一个环节上的能量值，就可提供生态系统内一系列特定点上能量流动的详细和准确资料。实验种群层次上的能量流动分析，则是在实验室内控制各种无关变量，以研究能量流动过程中影响能量损失和能量储存的各种重要环境因子。

地球上所有生态系统需要的能量都来自太阳，所以生态系统中的能量流动是以绿色植物（生产者）把太阳能固定在体内后开始的。固定的太阳能为初级生产量。生产者在自身的新陈代谢中要消耗一部分能量，这部分能量为呼吸量。初级生产量除去呼吸量，其余的部分储藏在自己体内，作为自身的物质形态表现出来。以草为食的初级消费者的能量来源于固定在植物体内的能量，草食性动物获得的能量除了新陈代谢消耗的呼吸量外，其余储藏在自己体内用于自身的生长、发育，同样以物质形态表示。肉食性的次级消费者又以同样的方式从初级消费者身上获取能量，除去一部分呼吸量外，其余都储藏在体内以自身的物质形态表示。由此看来，生态系统的能量流动是通过食物链而逐渐传递下去的。由于各个营养级的生物通过代谢消耗很大一部分能量，所有能量在逐级的流动中是递减的。食物链的能量从低级向高一级转化过程中，按照生态系统 10% 的能量传递定律进行（即其转化率为 10% ~ 20%）。根据这条规律，我们不难得出：1t 草只能供养 100kg 的食草动物所需的能量。所以，越是接近食物链末端的高级消费者，其数量越少，相应的群体储存的太阳能也越少。人类可以通过改变食物类型来选择自己在食物网中的地位，同时改变在金字塔上的营养等级，以较少的能量需求来谋求生存。从能量在生态系统中的流动过程可知，人类赖以生存的最根本的物质和能量基础来源于绿色植物。

2. 物质循环

生态系统的物质循环是指地球上各种化学元素，从周围的环境到生物体，再从生物体回到周围环境的周期性循环。

（1）水循环。

水循环是指水由地球不同的地方通过吸收太阳带来的能量转变存在的模式到地球另一些地方，例如，地面的水分蒸发成为空气中的水蒸气。水在地球的存在包括固态、液态和气态，而多数存在于大气层、地面、地下、湖泊、河流及海洋中。水会通过一些物理作用如蒸发、降水、渗透、表面的流动和地表下流动等，由一个地方移至另一个地方，如水由河川流动至海洋。水更是组成生物有机体的主要组成部分，也是生态系统中能量流动和物质流动的介质。此外，水在调节气候、清洗大气、净化环境等方面都起到重要作用。

（2）碳循环。

碳是构成生物体的主要元素之一，广泛存在于生物有机体和无机环境中。地球上最大的两个碳库是岩石圈和化石燃料，含碳量约占地球上碳总量的99.9%。这两个库中的碳活动缓慢，实际上起着储存库的作用。地球上还有三个碳库：大气圈库、水圈库和生物库。这三个库中的碳在生物和无机环境之间迅速交换，容量小而活跃，实际上起着交换库的作用。碳在岩石圈中主要以碳酸盐的形式存在，总量为 2.7×10^{16}t；在大气中的碳约为 7×10^{10}t，在大气圈中以二氧化碳和一氧化碳的形式存在，总量约有 2×10^{11}t；在水圈中以多种形式存在；在生物库中则存在着几百种被生物合成的有机物，这些物质的存在形式受到各种因素的调节。在大气中，二氧化碳是含碳的主要气体，也是碳参与物质循环的主要形式。在生物库中，森林是碳的主要吸收者，它固定的碳相当于其他植被类型的两倍。植物通过光合作用从大气中吸收碳的速率，与通过动植物的呼吸和微生物的分解作用将碳释放到大气中的速率大体相等。因此，大气中二氧化碳的含量在受到人类活动干扰以前是相当稳定的。自然界碳循环的基本过程如下：大气中的二氧化碳被陆地和海洋中的植物吸收，然后通过生物或地质过程以及人类活动，又以二氧化碳的形式返回大气中。二氧化碳可由大气进入海水，也可由海水进入大气，这种交换发生在气和水的界面处，由于风和波浪的作用而加强。这两个方向流动的二氧化碳量大致相等，大气中二氧化碳量增多或减少，海洋吸收的二氧化碳量也随之增多或减少。

（3）氮循环。

氮循环是描述自然界中氮单质和含氮化合物之间相互转换过程的生态系统的物质循环。氮在自然界中的循环转化过程是生物圈内基本的物质循环之一。例如，大气中的氮经微生物等作用而进入土壤，为动植物所利用，最终又在微生物的参与下返回大气中，如此反复循环。氮存在于生物体、大气和矿物质中，空气中含有大约78%的氮气，占有绝大部分的氮元素。氮是许多生物过程的基本元素，它存在于所有组成蛋白质的氨基酸中，是构成脱氧核糖核酸（DNA）等核酸的四种基本元素之一。在植物中，大量的氮元素被用于制造可进行光合作用供植物生长的叶绿素分子。氮的固定是将气态的游离态氮转变为可被有机体吸收的化合态氮的必经过程，一部分氮元素由闪电所固定，同时绝大部分的氮元素被非共生或共生的固氮细菌所固定。这些细菌拥有可促进氮气和氢气合成为氨的固氮酶，生成的氨再被这种细菌通过一系列的转化以形成自身组织的一部分。某些固氮细菌如根瘤菌，寄生在豆科植物（如豌豆或蚕豆）的根瘤中，这些细菌和植物建立了一种互利共生的关系，细菌为植物生产氨以换取糖类，因此可通过栽种豆科植物使氮元素贫瘠的土地变得肥沃。还有其他一些植物可供建立这种共生关系，此类植物利用根系从土壤中吸收硝酸根离子或铵离子以获取氮元素。动物体内的所有氮元素则均由在食物链中进食植物所获得。对于工业固氮，即在哈伯－博施法中，氮气与氢气被化合生成氨。

3. 信息传递

生态系统中的各个组成成分相互联系为一个统一体，它们之间除了能量流动和物质交换之外，还有一种非常重要的联系，即信息传递。生物之间交流的信息是生态系统的重要内容。信息传递可以把同一物种之间以及不同物种之间的"意愿"表达给对方，从而在客观上达到自己的目的。信息传递的主要内容有营养信息、化学信息、物理信息和行为信息等（见表7-5）。

表 7-5 信息传递的主要内容

名称	主要内容
营养信息	营养信息传递是指通过营养关系，把信息从一个种群传到另一个种群，或从一个个体传到另一个个体。其中食物和养分的供应状况就是一种比较典型的营养信息，如田鼠多的地方能够吸引饥饿的鹰前来捕食，所以人们可以通过鹰的数量来判断该地区田鼠的大致数量
化学信息	生物依靠自身代谢产生的化学物质（如酶、生长素、性外激素等）来传递信息。非洲草原上的豺用小便划出自己的领地范围，正是利用了小便中独有的气味来警告同类。值得一提的是，有些"肉食性"植物也是这样，如生长在我国南方的猪笼草就是利用叶子中脉顶端的"罐子"分泌蜜汁，来引诱昆虫进行捕食的
物理信息	物理信息包括声、光、颜色等。这些物理信息往往表达了吸引异性、种间识别、威吓和警告等作用。比如，毒蜂身上斑斓的花纹、猛兽的吼叫都表达了警告、威胁的意思，红三叶草花的色彩和形状就是传递给当地土蜂和其他昆虫的信息
行为信息	行为信息是动物为了表达识别、威吓、挑战和传递情况，采用特有的动作行为表达的信息。比如，地甫鸟发现天敌后，雄鸟急速起飞，扇动翅膀为雌鸟发出信号；蜜蜂可用独特的"舞蹈动作"将食物的位置、路线等信息传递给同伴等。这种行为信息可表现在种内，但也可为其他某种物种提供某种信息

第二节　生态平衡

一、生态平衡基础知识

1. 生态平衡的概念

生态平衡是生态系统在一定时间内结构和功能的相对稳定状态，其物质和能量的输入和输出接近相等，在外来干扰下能通过自我调节（或人为控制）恢复到原初的稳定状态。如果外来干扰超越生态系统的自我控制能力而不能恢复到原初状态时叫作生态失调或生态平衡的破坏。一般来讲，生态平衡包括生态系统内两个方面的稳定：一方面是生物种类（即动物、植物、微生物等）的组成和数量比例相对稳定；另一方面是非生物环境（包括空气、阳光、水、土壤等）保持相对稳定。

2. 生态平衡的特征

生态平衡有两个特征，即动态平衡和相对平衡。

（1）动态平衡。

变化是宇宙间一切事物最根本的属性。例如，生态系统中的生物与生物、生物与环境以及环境各因子之间，在不停地进行着能量流动与物质循环。生态系统在不断地发展和进化，生物量由少到多，食物链由简单到复杂，群落由一种类型演替为另一种类型等，环境也处在不断的变化中。因此，生态平衡不是静止的，总会因系统中某一部分先发生改变，引起不平衡，然后依靠生态系统的自我调节能力使其又进入新的平衡状态。正是这种从平衡到不平衡再到平衡的反复过程，推动了生态系统整体和各组成部分的发展与进化。

（2）相对平衡。

任何生态系统都不是孤立的，都会与外界发生直接或间接的联系，会经常遭到外界的干扰。生态系统对外界的干扰和压力具有一定的弹性，其自我调节能力也是有限度的。如果外界干扰或压力在其所能忍受的范围之内，当这种干扰或压力去除后，它可以通过自我调节而恢复。如果外界干扰或压力超过了生态系统所能承受的极限，其自我调节能力也就遭到了破坏，生态系统就会衰退，甚至崩溃。通常把生态系统所能承受压力的极限称为"阈限"。例如，草原应有合理的载畜量，超过了最大适宜载畜量，草原就会退化。污染物的排放量不能超过环境的自净能力，否则就会造成环境污染，危及生物的正常生活，甚至导致生物死亡等。

二、生态平衡的破坏

在自然界中，不论森林、草原还是湖泊，都是由动物、植物、微生物等生物成分和光、水、土壤、空气等非生物成分所组成，每一个成分都并非孤立存在的，而是相互联系、相互制约的。它们之间通过相互作用达到一个相对稳定的平衡状态，即在生态系统的生产、消费、分解之间保持稳定。如果其中某一成分过于剧烈地发生改变，就可能出现一系列的连锁反应，使生态平衡遭到破坏。生态平衡的破坏是指外来干扰超越生态系统的自我控制能力，使其不能恢复到原初状态。生态系统一旦失去平衡，就会发生非常严重的连锁性后果。

1. 生态平衡破坏的原因

生态平衡破坏的原因有自然因素和人为因素两个方面。

（1）自然因素。

自然因素主要指自然界发生的异常现象或自然界本来存在的对人类和生物的有害的因素，如水灾、旱灾、地震、台风、山崩、海啸等自然灾害。这些自然灾害对生态系统的破坏是严重的，甚至可使其彻底毁灭，并且有突发性的特点。通常将自然因素引起的生态平衡破坏称为第一环境问题。

（2）人为因素。

人为因素引起的生态平衡破坏称为第二环境问题。人为因素造成生态平衡被破坏的原因主要有以下三个方面（见表7-6）。

表7-6 人为因素造成生态平衡被破坏的原因

原因	具体内容
使生物种类发生改变	在生态系统中，盲目增加一个物种，也可能使生态平衡遭受破坏。例如，美国于1929年开凿韦兰运河，把内陆水系与海洋沟通，导致八目鳗进入内陆水系，使鳟鱼年产量由2000万kg锐减至5000kg，严重破坏了内陆水产资源。同样，在一个生态系统，减少一个物种也有可能使生态平衡遭到破坏
对生物信息系统的破坏	生物与生物之间彼此靠信息传递才能保持其集群性和正常的繁衍。人为地向环境中施放某种物质，干扰或破坏生物间的信息传递，有可能使生态平衡失调或遭到破坏。例如，自然界中许多昆虫靠分泌释放性外激素引诱同种雄性成虫交尾，如果人们向大气中排放的污染物能与之发生化学反应，则雌虫的性外激素就会失去引诱雄性成虫的生理活性，势必影响昆虫交尾和繁殖，最后导致种群数量下降甚至消失
使环境因素发生改变	例如，人类将生产和生活活动中产生的大量废气、废水、垃圾等不断排放到环境中；人类对自然资源不合理利用或掠夺性利用，如盲目开荒、滥砍森林、水面过围、草原超载等，都会使环境质量恶化，产生近期或远期效应，使生态平衡失调

2. 生态平衡失调的标志

生态系统的平衡是相对的，不平衡是绝对的。当外界干扰所施加的压力超过生态系统自身调节能力和补偿能力后，将造成生态系统结构破坏，功能受阻，正常的生态功能被打乱以及反馈自控能力下降等，这种状态称为生态平衡失调。了解生态平衡失调的标志，对于防止生态平衡严重失调，恢复和再建新的生态平衡，都具有重要的意义。

生态平衡失调主要有结构上与功能上两个方面的标志：生态平衡失调表现在结构上主要是结构缺损（即生态系统的某一个组成成分消失）和结构变化（即生态系统的组成成分内部发生变化）；生态平衡失调在功能上的标志包括能量流动受阻和物质循环中断，物质循环中断有的是由于分解者的生活环境被污染而使其大部分丧失分解功能，而更多的是由于破坏了正常的循环过程等。例如，农业生产过程中作物秸秆被用作燃料，森林、草原上的枯枝烂叶被用作燃料，森林植被的破坏使土壤侵蚀后泥沙和养分大量输出等。

3. 生态平衡的改善

保持生态平衡，促进人类与自然界的协调发展，已经成为当代急于解决的重要课题。改善人类与自然协调发展，人类要特别做到发展节能技术：利用绿色能源、替代能源减少污染；开展绿化植物研究，推广适应性强、绿化效果好的品种；开发可降解、可回收的一次性用品，提高废物利用率；研究生物多样性规律，保障地球能量、生物等大循环；采用先进环保技术，减少工业、交通运输业污染；对地表水、大气污染进行治理；利用生物肥料，保护耕地等。

三、生态学在环境保护中的作用

1. 人类活动对环境的影响

人类活动对整个环境的影响是综合性的，而环境系统从各个方面反作用于人类的效应也是综合性的。人类与其他的生物不同，不仅仅以自己的生存为目的来影响环境，使自身适应环境，还为了提高生存质量，通过自己的劳动来改造环境，把自然环境转变为新的生存环境。这种新的生存环境有可能更适合人类生存，但也有可能恶化人类的生存环境。随着人口数量日益增长以及社会生产力的不断提高，人类对自然界的影响越来越大，其广度和深度不断增强，已涉及地理环境各个组成部分，并且已引起日益严峻的环境问题。

（1）对地质的影响。

随着科技的进步，人们在开发自然资源、兴建大型工程及进行高能量的爆炸活动中，可削平山头，填平山谷，使自然地理景观发生重大改变，形成新的地貌形态，如梯田、土堤、坑穴、沟堑、丘岗等。矿产的开采也对地表有强烈的影响，比如，采煤区局部下陷、采油区地面下沉等。目前，大城市出现的地壳凹陷（如上海、墨西哥城都有地面下沉的记录）就是明显的例子。由于人口增长和自然资源开发水平提高，近些年来土壤层负担不断增加。据不完全统计，我国因多种人为因素废弃土地已超过 1333 万公顷，其中开矿、烧砖、挖损、塌陷、堆入固体废弃物所占土地约 333 万公顷。乱伐滥采导致水土流失面积达 3.6 亿公顷，使粮食损失每年达 200 多万 t。土地沙漠化面积已达 1.6 亿公顷。另外，建设开发区占用耕地达 153 多万公顷，城市范围扩大占用 400 万公顷优质良田，房地产热占地近 200 万公顷，人造旅游景点遍地开花。在不正确的耕作制度下，土壤侵蚀和次生盐渍化发展，使世界灌溉面积的 40% 发生盐渍化，导致栽培作物的产量明显降低。这些年来，用不经处理的城市污水、工业废水灌溉农田；堆放垃圾和工矿企业固体废弃物占用农田、损伤地表；施用过多的化肥农药，导致土壤和粮食作物污染等，都对自然界带来不良影响。

（2）对气候的影响。

人类每年向大气圈排放大量污染物，例如，全世界固体燃料燃烧向大气排放 250 多亿 t 二氧化碳、7 亿多 t 粉尘和其他气体，包括致癌的碳氢化合物在内。特别是大气中二氧化碳含量的增加，使得温室效应不断增强，全球气候变暖。而地球表面气温升高，使各地降水和干湿发生明显变化。近年来，人们对全球气候影响最明显的是南北极上空发生的"臭氧层空洞"。臭氧含量的减小，将使达到地面的紫外线辐射大量增加，损害动植物结构，降低农作物产量，危害海洋生物，使气候和生态环境发生变化，更能降低人体的免疫功能，诱发各种疾病。此外，灌溉、排水和修建大水库、植树种草都可对气候产生影响，并影响邻近地区的气候。

（3）对水质的影响。

随着工农业生产的发展和城市人口的增加，淡水消耗量急剧上升，供不应求。在各种形式的耗水中，以农业耗水最多，且增加最快。而农业生产中严重浪费水的状况（如大水漫灌）与水资源紧缺局面极不协调。人类的生产和生活活动，如工业生产中排出废水、废渣，农业上使用化肥、农药，城镇生活排出污水等，都可能使江、河、湖、海等受到污染。

（4）对生物的影响。

人类不能离开生物圈而单独存在，更不能离开植物而生活。森林不仅具有巨大的经济效益，更具有巨大的生态效益和社会效益。它有保护土壤、涵养水源、调节气候、净化空气、消除噪声的特殊功能。由于人口增长，农业耕地不断扩展，大片森林被砍伐，大量草地被开垦，掠夺式的采伐使世界森林越来越少。除直接砍伐外，森林火灾和人类造成的环境污染，如大气污染、水污染、土壤污染和酸雨对植物和森林的损害也极为严重，由此引起森林大面积消失。人类活动强烈影响地球上的动物。据历史记录统计，1600 年以来，已有 110 多种兽类和 139 种鸟类从地球上灭绝，其中 1/3 是近几十年灭绝的。野生动物处于危机之中的原因，在许多方面都直接或间接同人类活动有关。近年来，过多使用化肥和农药对动物界影响很大，其恶果是陆地上的一些猛禽及其他鸟类灭亡，以及淡水水域和沿海的一些鱼类和水禽死亡。海洋石油污染也很严重，仅在荷兰沿海受石油污染致死的动物每年有 2 万～5 万只。所以，环境问题越来越引起人们的关注。人们必须做好环境保护工作，促进社会经济、环境持续、快速、健康发展。

2. 生物对环境的净化作用

生物与环境是一个统一的不可分割的整体。环境能影响生物，生物适应环境，同时也不断地影响环境。污染物进入生态系统后，会对系统的平衡产生冲击，为避免由此而造成生态平衡的破坏，系统内部会产生一系列自我调节反应，以维持相对平衡状态，这叫作生态系统的自净作用，也可以说是生物对环境的净化作用。绿色植物可以净化空气，减弱噪声，改善小气候，美化环境，而土壤微生物体系是自然界分解有机物质的主要场所，有极大的净化有机污染的能力。目前，生物净化技术发展十分迅速，以前人们处理室内污染通常用物理和化学方法，现在生物净化方法已成为人们研究的一个新方向。

3. 污染物的迁移转化

污染物进入环境后不是静止不变的，而是随着生态系统的物质循环，在复杂的生态系统中不断迁移、转化、积累和富集。污染物的迁移转化是指污染物在环境中发生空间位置变化，并由此引起污染物在化学、生物或物理等作用下改变形态或转变成另一种物质的过程。其中迁移和转化是两个不同而又相互联系的过程，两者往往是伴随进行的。各种污染物的迁移转化过程取决于它们的物理化学性质和所处的环境条件。迁移的方式有机械迁移、物理化学迁移和生物迁移。最常见的转化是化学转化，如氧化还原、催化氧化和配合水解等。物理转化主要通过吸附、解吸、蒸发、凝聚等过程来完成。污染物可通过大气、水体、土壤和生物体等多种途径发生迁移转化。大气中的迁移转化主要通过光化学氧化、催化氧化等反应使大气污染物发生化学转化。二氧化硫在化学结构上是比较稳定的，可随风传输几千千米，但在迁移中如遇到氢氧基等强氧化剂时，一部分二氧化硫被氧化成三氧化硫，遇水生成硫酸，氧化速度每天一般不超过 3%。由于氢氧基的浓度直接受太阳光辐射强度的影响，一般中午时分氧化速度最高，夜间最低。如果二氧化硫沉积在烟尘粒子上或溶在水滴中，也会被尘粒或水滴中的过渡金属（锰、铁等）所催化氧化。水体中的迁移转化主要通过氧化还原、配合水解和生物降解等作用使污染物发生化学转化。

污染物进入环境后也是一个积累和富集的过程。生物在代谢过程中，通过吸附、吸收等各种过程，从生存环境中积累某些化学元素或化合物。随着生物的生长发育，生物体内污染物的浓度不断加大。此外，污染物在生态系统中还可以通过食物链的放大作用而富集。即生物个体或处于同一营养级的许多生物种群，从周围环境中吸收并积累某种元素或难分解的化合物，导致生物体内该物质的平衡浓度超过环境中浓度的现象，叫生物富集。例如，农药滴滴涕性质稳定，脂溶性很强，被摄入动物体内后即溶于脂肪，很难分解排泄，在动物体内的浓度会随着摄入量的增加而不断增加。环境中的毒物即使是微量的，由于生物积累、放大作用也会使生物受到毒害，甚至威胁人类健康。在生态系统中，污染物也会在食物链流动过程中随营养级的升高而增加，其富集系数在各营养级中均可达到极其惊人的含量。

第三节　生态保护

一、环境质量的生物评价

1. 生物监测

生物监测也称生物学监测，是指利用生物对环境中污染物质的反应及生物在各种污染环境下所发出的各种信息来判断环境污染状况的一种手段。该方法是利用生物对环境中污染物质的敏感性反应来判断环境污染的一种手段，用来补充物理、化学分析方法的不足。生物监测与生物评价可以反映环境和物质的综合影响以及环境污染的历史状况等。常见的生物监测包括大气生物监测、水体生物监测和土壤生物监测等。

2. 生物评价

生物评价也称生物学评价，是指用生物学方法按一定标准对一定范围内的环境质量进行评定和预测。主要方法有指示生物法、生物指数法和种类多样性指数法。

（1）指示生物法。

各种生物对环境因素的变化都有一定的适应范围和反应特点。生物的适应范围越小，反应越典型，对环境因素变化的指示越有意义。例如，有些植物对大气污染反应敏感，并表现出独特的受害症状，人们根据它们的受害症状和程度，可以大致判断大气污染的状况和污染物的性质。许多水生生物也有指示作用。例如，石蝇稚虫、蜉蝣稚虫等多的地方表明水域清洁，颤蚓类、蜂蝇稚虫和污水菌等多的地方表明水域受有机物严重污染。多毛类小头虫是海洋污染的指示生物。人们根据科尔克维茨和马松污水生物系统列出污水生物分类表（其中包括细菌、藻类、原生动物和大型底栖无脊椎动物），并根据种类组成的特点将水质分成寡污带、β–中污带、α–中污带和多污带四级，通常分别以蓝、绿、黄、红4种颜色表示。指示生物对环境因素的改变有一定的忍耐和适应范围，单凭有无指示生物评价污染是不太可靠的。因此英、美等国至今未在实际环境质量评价中采用这种方法。

（2）生物指数法。

20世纪50年代以来，人们提出多种评价水体污染的生物指数。生物指数法主要根据污水生物系统的原理，研究某一类生物（如藻类或无脊椎动物）中敏感种类和耐污种类的比例，并用简单的数字表示。例如，贝克生物指数是将采集到的大型底栖无脊椎动物分成敏感的（Ⅰ）和不敏感的（Ⅱ）两类，再按相关公式求生物指数，此法在美国应用较多。又如，特伦特生物指数是按生物的敏感性将有代表性的无脊椎动物依次排成七类，每类生物给以简单的分值表示，英国以此作为官方的水质生物评价方法。生物指数法比较简便，但敏感和耐污种类不易划分，而且生物种类的分布有明显的地理差异，难以广泛应用。

（3）种类多样性指数法。

在环境清洁的条件下，生物种类较多，但个体数量一般不大。环境变坏以后，敏感的种类消失，耐污的种类在没有竞争和天敌的有利条件下，可能大量发展，使群落结构发生改变。根据这个原理，20世纪60年代开始，人们利用群落结构的变化评价污染，并用数学公式表示。其中以美国数学家C.E.香农和W.韦弗于1963年提出的种类多样性指数使用较广。

环境质量的生物学评价，一般不需要贵重的仪器和设备，比较经济、简便，同时还可以反映出环境中各种污染物综合作用的结果，甚至可以追溯过去，进行回顾评价。此外，利用生物学评价，还可对大型水利工程、工矿企业的建设可能产生的生态学效应进行预断评价，但生物种类繁多，生态系统多种多样，适应能力各不相同，因而生物学评价方法不易统一，也难以确定污染物的性质和含量。

二、生物净化作用

生物净化是指生物通过代谢作用，使环境中的污染物数量减少，浓度降低，毒性减轻甚至消失的作用。

1. 生物对大气的净化作用

在污染环境条件下生长的植物，能不同程度地拦截、吸收和富集污染物质。有的污染物质被吸收后，经过植物代谢作用还能逐步解毒。因此，植物对大气污染环境具有一定的净化作用。植物净化大气污染环境的作用，主要是通过叶片吸收大气中的有毒物质，减少大气中的有毒物质含量。同时，植物还能使某些毒物在体内分解、转化为无毒物质，自行降解。植物对大气的净化作用包括吸收二氧化碳，释放氧气，维持环境中两者平衡；滞留过滤大气中的飘尘和降尘；植物抗性范围内通过吸收而减少和降低大气中二氧化硫、氟化氢、氯气等有害物质含量；植物抗性范围内减轻光化学烟雾污染和危害；过滤杀灭细菌；吸收净化某些重金属；减轻噪声污染。植物的净化作用于不同种属之间存在很大差异，这是因为各种植物的净化机理不同。植物的净化作用与其形态、构造、生理及生化特征密切相关，且受遗传因素及环境条件的影响。

2. 生物对水体的净化作用

水体净化指的是受污染的水体由于自然的作用，污染浓度逐渐降低，最后恢复到污染以前状态的过程。这种净化作用包括物理、化学、生物等方面的作用。生物作用主要指水体中微生物对污染物的氧化分解，它在水体净化中起着非常重要的作用。一般来说，污染物排入江河或其他水域后，经过扩散、稀释、沉淀、氧化、微生物分解等，水体可基本或完全恢复到原来的状态。目前，生物的净化作用已经应用到污水处理中，如活性污泥法、生物膜法、生物氧化塘等都是利用微生物能分解有机物这个原理设计的。但是，水体的自净能力也是有限的，如果排入水体的污染物数量超过某一界限时，将造成水体的永久性污染，这一界限称为水体的自净容量或水环境容量。除微生物以外，许多水生植物也能吸收水中的有害物质。

3. 生物对土壤的净化作用

土壤中含有各种各样的微生物与土壤动物，这些生物对外界进入土壤的各种物质都能分解转化。土壤中存在有复杂的土壤有机胶体与土壤无机胶体体系，通过吸附、解吸、代换等过程，对外界进入土壤中的各种物质起着"蓄积作用"，使污染发生形态变化。土壤是绿色植物生长的基地，通过植物的吸收作用，土壤中的污染物质可发生迁移转化。

4. 生物防治病虫害

由于化学农药的长期使用，一些害虫已经产生很强的抗药性，许多害虫的天敌又大量被农药杀灭，致使一些害虫十分猖獗。同时，化学农药可严重污染水体、大气和土壤，并可通过食物链进入人体，危害人体健康。而利用生物防治病虫害，就能有效地避免上述缺点。生物防治是利用有益生物或其他生物来抑制或消灭有害生物的一种防治方法。19世纪以来，生物防治技术在世界许多国家迅速发展。目前用于生物防治的生物可分为以下三类（见表7-7）。

表 7-7　用于生物防治的生物分类

类别	主要内容
寄生性生物	寄生性生物包括寄生蜂、寄生蝇等
病原微生物	病原微生物包括苏云金杆菌、白僵菌等
捕食性生物	捕食性生物包括草蛉、瓢虫、步行虫、蜘蛛、蛙、蟾蜍、食蚊鱼、叉尾鱼以及许多食虫益鸟等

在我国，利用大红瓢虫防治柑橘吹绵蚧，利用白僵菌防治大豆食心虫和玉米螟，利用金小蜂防治越冬红铃虫，利用赤小蜂防治蔗螟等都获得成功。在美国，利用苏云金杆菌防治落叶松叶蜂、舞毒蛾、云杉芽卷叶蛾。此外，利用一些生物激素或其他代谢产物，使某些有害昆虫失去繁殖能力，也是生物防治的有效措施。

三、生物多样性

1. 生物多样性的概念

生物多样性是指一定范围内多种多样活的有机体（动物、植物、微生物）有规律地结合所构成稳定的生态综合体。这种多样性包括动物、植物、微生物的物种多样性，物种遗传与变异的多样性及生态系统的多样性。其中物种的多样性是生物多样性的关键，它既体现了生物之间及环境之间的复杂关系，又体现了生物资源的丰富性。物种多样性常用物种丰富度来表示。所谓物种丰富度，是指一定面积内物种的总数目。到目前为止，已被描述和命名的生物种有 200 万种左右，但科学家对地球上实际存在的生物种的总数估计出入很大，由 500 万 ~1 亿种，其中以昆虫和微生物所占的比例最大。

2. 生物多样性的作用

生物多样性的作用主要体现在生物多样性的价值上。对于人类来说，生物多样性具有直接使用价值、间接使用价值和潜在使用价值等（见表 7-8）。

表 7-8　生物多样性的作用

作用	主要内容
直接使用价值	生物为人类提供了食物、纤维、建筑和家具材料及其他工业原料。生物多样性还有美学价值，可以陶冶人们的情操，美化人们的生活。如果大千世界里没有色彩纷呈的植物和神态各异的动物，人们的旅游和休憩也就索然寡味了。另外，生物多样性还能激发人们文学艺术创作的灵感

续表

作用	主要内容
间接使用价值	间接使用价值指生物多样性具有重要的生态功能。无论哪一种生态系统，野生生物都是其中不可缺少的组成成分。在生态系统中，野生生物之间具有相互依存和相互制约的关系，它们共同维系着生态系统的结构和功能。野生生物一旦减少了，生态系统的稳定性就要遭到破坏，人类的生存环境也就要受到影响
潜在使用价值	就药用来说，发展中国家人口的 80% 依赖植物或动物提供的传统药物以保证基本的健康，西方医药中使用的药物有 40% 含有最初在野生植物中发现的物质

3．生物多样性的保护

生物多样性的保护要坚持预防、保护与协调利用的原则。预防是指对于生态的保护需要有预见性，不能等到问题出现以后再进行补救。保护是指生态系统保护的完整性。保护和利用相协调是指生态保护需要形成可持续的开发利用，将周边居民的利益与生态保护协调一致。目前，生物多样性保护一般分为就地保护和迁地保护，以就地保护为主。迁地保护涉及基因库和专用动植物园的建立。与生态学有关的就地保护包括自然保护区、森林公园的建立以及其他保护措施等。

第八章 资源的利用与保护

第一节 资源

一、资源的概念

资源就是指自然界和人类社会中一种可用以创造物质财富和精神财富的具有一定量的积累的客观存在形态，如森林资源、土地资源、海洋资源、矿产资源、信息资源、人力资源等。马克思在《资本论》中说："劳动和土地，是财富两个原始的形成要素。"恩格斯的定义是："其实，劳动和自然界在一起，它才是一切财富的源泉，自然界为劳动提供材料，劳动把材料转变为财富。"马克思、恩格斯的定义，既指出了自然资源的客观存在，又把人（包括劳动力和技术）的因素视为财富的另一不可或缺的来源。因此资源不仅是自然资源，而且还包括人类劳动的社会、经济、技术等因素，以及人力、人才、智力（信息、知识）等资源。所谓资源，是指一切可被人类开发和利用的物质、能量和信息的总称，它广泛地存在于自然界和人类社会中，是一种自然存在物或能够给人类带来财富。

二、资源的分类

1. 自然资源

自然资源有狭义和广义两种理解：狭义的自然资源是指可以被人类利用的自然物；广义的自然资源则要延伸到这些自然物赖以生存、演化的生态环境。最有代表性的解释是联合国环境规划署于 1972 年提出的"所谓自然资源，是指在一定时间条件下，能够产生经济价值以提高人类当前和未来福利的自然环境的总和"。

（1）从资源的再生性角度分类。

自然资源按资源的再生性可划分为再生资源和非再生资源。

1）再生资源。在人类参与下可以重新产生的资源为再生资源。如农田，如果耕作得当，可以使地力常新，不断为人类提供新的农产品。再生资源有两类：一类是可以循环利用的资源，如太阳能、空气、雨水、风和水能、潮汐能等；另一类是生物资源。

2）非再生资源（或耗竭性资源）。这类资源的储量、体积可以测算出来，其质量也可以通过化学成分的百分比来反映，如矿产资源。

再生资源和非再生资源的区分是相对的，如石油、煤炭是非再生资源，但它们却是古生物（古代动、植物）遗骸在地层中物理、化学的长期作用下的结果，这又说明二者之间的转化，是物质不灭及能量守恒与转化定律的表现。

（2）按资源利用的可控性程度分类。

自然资源按资源利用的可控性可划分为专有资源和共享资源。专有资源如国家控制、管辖内的资源，共享资源如公海、太空、信息资源等。

（3）按资源用途分类。

自然资源按资源用途可划分为农业资源、工业资源和信息资源（含服务性资源）。

（4）按资源可利用状况分类。

自然资源按资源可利用状况可划分为现实资源、潜在资源、废物资源。现实资源即已经被认识和开发的资源；潜在资源即尚未被认识，或虽已认识却因技术等条件不具备还不能被开发利用的资源；废物资源即传统被认为是废物，但利用科学技术又可被开发利用的资源。

2. 社会资源

社会资源是社会物质存在与运动关系的体现，能够被利用是作为资源的唯一标准。能否被利用显然与人对客观事物的认识有关，说明了人类的意识也是社会资源的一部分。社会资源的范围相当广泛，但不能脱离人类的活动。人类要生存、要发展就必须结成一定的组织，在这些组织中也势必会存在着一定的结构和机制，而每一种结构与机制都会有一定的、内在的、本质的和必然联系——社会资源便由此产生。动物界也存在自己的结构、机制，但由于是非人类的，所以不属于社会资源的范畴，而属于自然资源范畴。社会资源的产生与自然界有一定的关系，有时甚至相当密切，因为人类的生存离不开自然环境。

社会资源同自然资源相比较，具有以下突出特点（见表8-1）。

表8-1　社会资源的特点

特点	主要内容
继承性	社会资源的继承性特点使得社会资源不断积累、扩充、发展。知识经济时代就是人类社会知识积累到一定阶段和一定程度的产物，就是积累到"知识爆炸"，使社会经济发展以知识为基础，这种积累使人类经济时代发生了一种质变，即从传统的经济时代（包括农业经济、工业经济，农业经济到工业经济有局部质变）飞跃到知识经济时代，这是信息革命、知识共享的必然结果

特点	主要内容
社会性	人类本身的生存、劳动、发展都是在一定的社会形态、社会交往、社会活动中实现的。劳动力资源、技术资源、经济资源、信息资源等社会资源无一例外
流动性	社会资源流动性的主要表现是劳动力可以从甲地迁到乙地，技术可以传播到各地，资料可以交换，学术可以交流，商品可以贸易。利用社会资源的流动性，不发达国家可以通过相应的政策和手段，把其他国家的技术、人才、资金引进到自己的国家。我国改革开放、开发特区的理论依据也含有这方面的内容
不均衡性	社会资源不均衡性的形成原因是自然资源分布的不平衡性，经济政治发展的不平衡性，管理体制、经营方式的差异性，社会制度对人才、智力、科技发展的影响作用的不同
主导性	社会资源的主导性主要表现在社会资源决定资源的利用发展方向，把社会资源变为社会财富的过程中，贯彻了社会资源的主体——人的愿望、意志和目的

第二节 各类资源的利用与保护

一、土地资源

1. 土地资源的概念

具有可利用价值的土地称为土地资源。土地是地球陆地表层及其以上和以下一定范围的多种自然要素组成的地域综合体，是自然资源的重要组成部分，也是地球陆地表面人类生活和生产活动的主要空间场所。土地是人类赖以生存、生活的最基本物质基础和环境条件，是人类从事一切社会实践的基础。

土地的基本属性是面积有限、位置固定、不可替代。面积有限是指不考虑漫长的地质过程，土地面积不会有明显增减。可见土地总面积是基本不变的，某项用地面积的增加，必然导致其他面积减少。位置固定是土地具有特定的空间位置及一定的形态特征，即每块土地所处的经、纬度和海拔高度都是固定的，并有特定的外表形态。不可替代是指土地无论作为环境条件，还是作为生产资料都不能用其他任何东西来替代。

2. 我国土地资源现状

我国土地总面积达 960 万 km^2，占世界陆地面积的 6.4%，居世界第三位。其中天然牧草地面积为 266 万 km^2，林地面积为 227.3 万 km^2，园地面积为 10 万 km^2，水域面积为 42.7 万 km^2，交通用地面积为 5.3 万 km^2，居民点及工矿用地面积为

24 万 km²，未利用地面积为 245.3 万 km²，而耕地面积只有 133.3 万 km²，仅占我国土地面积的 14%。

我国土地资源的形势紧张，各类土地资源绝对量虽然比较大，但按人均占有量很少。我国人均占有耕地 0.1 公顷，仅为世界人均占有耕地的 1/3，居世界人均占有量的 126 位。人均占有林地约 0.12 公顷，为世界人均占有林地的 1/9。人均占有草场 0.3 公顷，还不到世界人均占有量的 1/2。把农、林、牧用地加起来，我国人均占有量为 0.5 公顷，仅相当于世界人均占有量的 1/4 左右，居世界人均土地资源占有量的 110 位。

在我国现有的土地资源中，由于基本建设等对耕地的占用，目前全国的耕地面积以平均每年数十万公顷的速度递减。

（1）我国耕地的质量。

我国耕地的土壤质量呈下降趋势。全国耕地有机质含量平均已降到 1%，明显低于欧美国家 2.5% ~ 4% 的水平。东北黑土地带土壤有机质含量由刚开垦时的 8% ~ 10% 已降为目前的 1% ~ 5%。我国缺钾耕地面积已占耕地总面积的 56%，约 50% 以上的耕地微量元素缺乏，1/3 的耕地缺乏有机质，70% 以上的耕地缺磷，70% ~ 80% 的耕地养分不足，20% ~ 30% 的耕地氮养分过量。相比起来，我国耕地基础肥力对粮食产量的贡献率仅为 50%，而欧美发达国家则为 70% ~ 80%。有机肥投入不足，化肥使用不平衡，造成耕地退化，保水保肥的能力下降。

（2）我国耕地的水土流失。

我国约有 1/3 的耕地受到水土流失的危害。每年流失的土壤总量达 50 多亿吨，相当于在全国的耕地上刮去 1cm 厚的地表土（50 年来，水土流失毁掉的耕地达 2.67 万 km²），所流失的土壤养分相当于 4000 万 t 标准化肥，即全国一年生产的化肥中氮、磷、钾的含量。造成水土流失的主要原因是不合理的耕作方式和植被破坏。

（3）我国耕地目前面临的污染。

2000 年，我国对 30 万公顷基本农田保护区土壤有害重金属进行抽样监测，其中有 3.6 万公顷土壤重金属超标，超标率达 12%。环境污染事故对我国耕地资源的破坏时有发生，2000 年发生的 891 起污染事件共污染农田 4 万公顷，造成的直接经济损失达 2.2 亿元。

2014 年公布的《全国土壤污染状况调查公报》显示，全国土壤总的点位超标率为 16.1%，其中耕地污染最为严重，点位超标率为 19.4%，耕地污染面积达 10 万 km²。

3. 土地资源的利用与保护

我国土地开发历史悠久，在长期的生产实践中，人们在土地资源开发、利用、保护和治理方面积累了丰富的经验，取得了很大成就。我国仅占有世界 9% 的耕地，生产占世界总产量 17% 的粮食，解决了占世界人口 23% 以上人的吃饭问题。

目前，我国农林牧地的生产力不高，各行各业田地缺乏统一规划，林地、水和建筑用地利用率也不高。因此，我国在提高土地生产力和利用率方面还有很大潜力。

目前，我国土地利用主要存在两个方面的问题：一是土地浪费，优良耕地减少；二是大面积土地质量退化。前者是指土地利用不合理，乱占滥用耕地等；后者包括水土流失、土地沙漠化、盐碱化以及土壤污染等。

对土地资源的保护应注意以下内容：贯彻以防为主、防治结合的土壤污染防治方针，进行土壤污染的防治；加强土地资源的宏观控制工作，积极开展土地资源的调查和评价，因地制宜地调整农业生产的地区和部门结构，做到使整个地区的农业资源得到合理利用；严格控制非农业用地；做好水土保持工作，做好坡耕地、山地、沟壑和黄土高原的治理；做好盐碱地的改良和治理、土壤沙化的治理等。

二、水资源

1. 水资源基础知识

（1）地球水分布。

地球上的水分布很广泛。地球地壳表层、地表和围绕地球的大气层中液态、气态和固态的水组成水圈。水广泛分布在海洋、湖泊、沼泽、河流、冰川、雪山以及大气、生物体、土壤和地层中，垂直分布于大气圈、生物圈、岩石圈之中。大部分水以液态形式存在，如海洋、地下水、地表水（湖泊、河流）和一切动植物体内存在的生物水等，少部分以水汽形式存在于大气中形成大气水，还有一部分以冰雪等固态形式存在于地球的南北极和陆地的高山上。其中，海洋是水圈的主体，面积约 $3.61 \times 10^8 km^2$，覆盖了地球表面约 71% 的面积。地球上 97.3% 的水存在于海洋中。陆地水包括地表水（如河流水、湖泊水、沼泽水等）和地下水。生物水和大气水在地球上含量很少，但却是水圈中较为活跃的因子。人们往往把海洋、河流、湖泊、冰川、地下 800m 深度以上和大气层 7km 以内的水作为水环境的主体。

地球上的总水量达 14 亿 m^3，占地球质量的 2‰，绝大部分为咸水，淡水只占全球总水量的 2.7%。淡水中 68.7% 为冰川及永久雪盖，30.1% 为地下水，前者地处僻远，难以利用，后者只有凿井提取才能利用。余下的 1.2% 为可以利用的江河、湖、土壤和大气圈中的水。

（2）淡水。

淡水是指含盐量小于 500mg/L 的水，人们通常的饮用水都是淡水。目前，人类可以直接利用的淡水只有地下水、湖泊淡水和河床水，三者总和约占地球总水量的

0.8%。有人比喻说，在地球这个大水缸中可以为人类直接利用的水不到一汤匙。人类对淡水资源的用量越来越大，除去不能开采的深层地下水，人类实际能够利用的水只占地球上总水量的 0.3% 左右。人类淡水消费量已占全世界可用淡水量的 54%，淡水的污染问题却未完全消除，保护水质、合理利用淡水资源，已成为当代人类普遍关心的重大问题。

（3）我国的水资源特征。

我国地域辽阔，地处亚欧大陆东侧，跨高、中、低三个纬度区，受季风与自然地理特征的影响，南北、东西气候差异很大，致使我国水资源的时空分布极不均衡。我国水资源的特征见表 8-2。

表 8-2 我国水资源的特征

特征	主要内容
水量在地区上分布不均衡	我国南方地区水量丰沛，其水资源量占全国水资源总量的 80% 以上，人均水资源占有量为 4000m³ 左右。而我国北方地区干旱少水，水资源严重缺乏，其水资源量仅占全国水资源总量的 14% 左右，人均水资源占有量仅为 900m³ 左右，已低于国际水资源紧缺限度（≤ 1000m³）。此外，我国水资源的地区分布与降水分布相似，东南多、西北少，由东南沿海地区向西北内陆递减，分布很不均匀
水资源与人口、耕地的分布不相适应	我国北方水资源量只占全国水资源总量的 14.4%，人口却占全国的 43.2%，耕地占全国的 58.3%。南方的水资源量占全国水资源总量的 81%，人口占全国的 54.7%，耕地占全国的 35.9%。以单位水量相比，北方的单位面积平均水量与南方的相差 9 倍多，可见我国的水资源分布与人口、耕地的分布极不适应。正是这种水资源与人口、耕地的分布不相适应的特点，使得我国各地对水资源的开发利用程度差别较大，在南方多水地区，水的利用程度较低，而在北方干旱少水地区，地表水和浅层地下水的开发利用程度较高
水量在时程分配上分布不均匀	受季风气候的影响，我国降水和径流在年内分配上很不均匀，年际变化大，枯水年和丰水年持续出现。降水的年际变化随季风出现的次数、季风的强弱及其夹带的水汽量在各年有所不同。年际间的降水量变化大，导致年径流量变化大，而且时常出现连续几年多水段和连续几年少水段。一般来说，我国南方属于低纬度湿润地区，降雨量较多，雨季降雨集中，气温高，蒸发量大，水文循环强烈。我国北方则属于高纬度地区，冰雪覆盖期长，气温低，水文循环弱。我国西北干旱地区降水稀少，蒸发能力大，但实际蒸发量小，水文循环也较弱。另外，对于我国绝大部分河流来说，径流的年内分配主要取决于降水的季节分配。我国降雨量和径流量在年内分配上的不均匀以及年际变化大导致水资源在时空分配上不均匀，这不仅容易造成频繁的大面积洪灾或旱灾，而且对水资源的开发利用也极为不利

2. 我国水资源现状

我国水资源总量为 2.7115 万亿 m³，居世界第 6 位。人均占有量为 2238.6m³，居世界第 121 位，不到世界人均值的 1/4。其中地表水为 2.7 万亿 m³，地下水为 0.83

万亿 m³，由于地表水与地下水相互转换、互为补给，扣除两者重复计算量 0.73 万亿 m³，与河川径流不重复的地下水资源量约为 0.1 万亿 m³。但就水资源与国土面积、耕地面积对比而言，我国处于世界中等偏下水平，属于贫水国家之列。根据世界公认的标准，人均水资源低于 3000m³ 为轻度缺水，人均水资源低于 2000m³ 为中度缺水，人均水资源低于 1000m³ 为重度缺水，人均水资源低于 500m³ 为极度缺水。我国目前有 16 个省（区、市）人均水资源量（不包括过境水）低于严重缺水线，有 6 个省、区（宁夏、河北、山东、河南、山西、江苏）人均水资源量低于 500m³。在世界上近百个缺水国家中，我国是公认的贫水国，已被联合国粮农组织列入世界 12 个最贫水国家的名单。

我国多年平均降水总量为 6 万亿 m³，占全球陆地降水总量的 4.7%，折合降水深为 629mm，小于全球陆面降水平均值（834mm）。其中消耗于蒸发的降水占 56%，约有 44% 的降水形成径流。据统计，全国大小河流有 6000 多条，河流总长度为 43 万多 km，多年平均年径流总量为 2.65 万亿 m³，占世界河川径流总量的 5% 以上，在世界各国中居第六位（包括俄罗斯）。全国地下水总补给量为 7700 亿 m³，其中有 6200 亿 m³ 补给河流，长江流域及其南方地区地下水约为 4800 亿 m³，北方地区约为 2900 亿 m³。

3. 水资源的利用与保护

水是影响世界经济发展和人民生活水平提高的重要因素，水资源缺乏问题是当前我国社会经济可持续发展最突出的问题之一。根据我国各方面的客观情况，解决水资源紧张问题应采取以下几方面的措施（见表 8-3）。

表 8-3　解决水资源紧张问题应采取的措施

措施	主要内容
改善生态环境，提高水资源的可利用率	植树造林，扩大植被覆盖率，可提高水源涵养量。在充分考虑生态环境影响的前提下兴修水利，拦洪蓄水，可趋利避害，并加强水体保护、水土保持，对水资源进行合理分配和使用
转变观念	加大节约用水的宣传，改变人们的用水习惯，培养个人良好节水习惯，形成全民节水的风尚，避免用水浪费。另外，控制人口的增长也是缓解人类对水需求紧张形势的必然选择
加强管理水平	在统一管理的前提下，建立三个补偿机制，即谁耗费水量谁补偿、谁污染水质谁补偿、谁破坏水生态环境谁补偿。利用补偿建立三个恢复机制，即保证水量的供需平衡，保证水质达到需求标准，保证水环境与生态达到要求，形成"一龙管水、多龙治水"，并且能够法规配套、有法可依，明确主体、有法必依，机构合理、执法必严，具有权威、违法必究，责任到人、究办必力。另外，加强工业企业生产管理，注意设备的维护和更新，避免"跑冒滴漏"现象的出现，杜绝浪费

措施	主要内容
提高生产技术	积极改革生产工艺，降低单位产品生产耗水量，减少生产用水量和工业废水排放量，改进传统的农业灌溉技术，使用比较先进的技术如喷灌、滴灌等取代传统的漫灌技术，减少农业灌溉用水量
发展污水处理新技术，减少污水排放量	建设污水处理厂，提高污水处理率，以减少污水及其污染物的排放量，保护现有可利用的水资源不被污染破坏。发展污水处理技术，提高污水处理效率，降低处理净化成本
加强基础设施的建设	减少因供水管网腐蚀、老化而产生的水资源浪费现象
跨流域引水及长距离调水	长距离调水是一种开源，是人类社会生产发展中的补充措施。同时跨流域引水及长距离调水还会大大提高全国范围的抗洪、抗旱能力，缓解水、旱灾压力
实现污水资源化，提高水的重复利用率	开展城市分质供水与区域供水研究，根据城市分质供水的不同要求，研究区域供水中的流域水资源管理原则与行政区域的协调配置方案。循序、循环用水，实现重复用水。污水处理后可直接使用，使再生水成为第二水源，可缓解水资源紧张，减少污水排放量，保护环境和水资源不受破坏

三、生物资源

1. 生物资源的概念

生物资源是自然环境的有机组成部分，包括植物、动物和微生物。生物资源具有再生性质，能够根据自身的遗传特点不断繁殖后代，以更新种群、延续种族。生物资源在保持生存环境的稳定、维护自然生态平衡中起着重要的作用。除此以外，生物资源还提供多种工业原料，药用生物资源与人类卫生保健事业等有密切的关系。但是任何生物的繁殖必须满足其必要的条件，人们要永续利用生物资源，必须保护生物及其再生条件，如果采取掠夺式的过度索取，资源将会受到破坏，甚至难以恢复。因此，要利用必须保护，保护是为了更合理地利用。

2. 森林资源的利用与保护

（1）森林资源。

森林资源是林地及其所生长的森林有机体的总称，包括森林、林木、林地以及依托森林、林木、林地生存的野生动物、植物和微生物及其他自然环境因子等资源。森林包括乔木和竹林，林木包括树木和竹子，林地包括郁闭度在 0.2 以上的乔木林地以及竹林地、灌木林地、疏林地、采伐迹地、火烧迹地、未成林造林地、苗圃地和县级以上人民政府规划的宜林地。

森林资源的数量直接表明一个国家或地区发展林业生产的条件、森林拥有量情况及森林生产力等。我国森林面积为 1.75 亿公顷，森林覆盖率仅 18%，木材蓄积量为 124.6 亿 m³，人均森林面积为 0.1 公顷，相当于世界平均水平的 18%，人均森林蓄积量为 9.1m³，相当于世界平均水平的 13%，是一个少林国家。因此，应尽快扩大森林资源，改变林业落后面貌。

（2）森林资源的作用。

森林资源能够提供大量木材，用于建筑、家具、造纸、造船等，还能提供大量果实作为食品、饲料等。森林资源在维护人类的生存环境和改善陆地的气候条件上起着重要而不可取代的作用。森林的生态效益有涵养水源、保持水土，防风固沙、保护农田，净化大气、防治污染等，森林的生态效益（或称环保价值）大大超过其直接产品的价值。森林有光合作用，可吸收二氧化碳，释放氧气。全世界森林吸收二氧化碳放出的氧气超过世界人口呼吸所需氧气的近 10 倍，平均每公顷森林每天吸收 1t 二氧化碳。森林有蒸腾作用，以热带雨林为例，每公顷热带雨林每年蒸腾 7500 多 t 水，大量水蒸气进入大气形成降水，在这些地区一般 1/4 ~ 1/3 的降水来自蒸腾作用，有的甚至高达 1/2。每年每公顷松林能滞留粉尘 34t。通过森林的吸收、阻滞和过滤，可以净化空气，有些树木还能分泌杀菌素，杀死某些有害微生物。森林有蓄水作用，5 万公顷森林所含蓄的水量与一座容量为 100 万 m³ 的小水库相当。水文资料分析证明，森林破坏后河川的洪枯变幅增大。汛期洪峰增大，枯水期水量减少，加重旱灾。另有资料表明，森林遭破坏后减少涵养水源能力的总量与年径流增加量大体相当。夏季每公顷森林每天可以从地下汲取 70 ~ 100t 水并转化为水蒸气。所以说森林资源是一种重要的物质资源。

（3）我国森林资源的现状。

我国是森林资源较少的国家之一，总量不足，分布不均匀，覆盖率低，人均水平更低。我国森林资源主要集中于东北的黑龙江和吉林两省及西南的四川、云南两省和西藏东部，这些地区土地总面积仅占全国总面积的 1/5，森林面积却将近全国森林总面积的 1/2，森林蓄积量占全国的 3/4。而西北的甘肃、宁夏、青海，新疆和西藏的中西部，内蒙古的中西部地区土地总面积占全国总面积的 1/2 以上，森林面积却不足 400 万公顷，森林覆盖率在 1% 以下。森林分布的不均匀，加剧了森林资源匮乏所造成的矛盾。此外，我国森林覆盖率低（不到 33%），而一般林业发达的国家森林覆盖率在 80% 以上。

（4）森林资源的保护。

森林是人类最宝贵的资源之一，发达国家林业已成为国家富足、民族繁荣、社会文明的标志。保护和扩大森林资源已成为举世瞩目的一大问题。

森林是地球之肺，是陆地生命的摇篮，它是自然界物质和能量交换的重要枢纽，是物种的基因库，是人类食物和木材来源的重要基地，是消减大气环境污染的净化器，在环境保护中起着涵养水分和保持水土的作用，对调节气候、增加降水等方面有一定的作用。森林能降低风速，具有保水固沙的作用，是美化环境和保护野生动物的重要因素。因此，必须采取有效的措施和一定的保护对策对森林资源进行合理开发和利用，具体包括以下方面：

加强林业管理，健全森林法制；合理采伐，对过伐林区坚持只育不采，使其休养生息；要积极营造人工林和加强自然保护区建设，提高森林覆盖率，保护生态环境，防止生态恶化；促进珍贵树种的更新；开展对森林生态系统生态效益、经济效益、环境效益三者之间的研究；控制环境污染对森林的影响。

3. 草地资源的利用与保护

（1）草地资源。

草地资源是指以生长草本和灌木植物为主，适宜发展畜牧业生产的土地。它具有特有的生态系统，是一种可更新的自然资源。世界草地面积约占陆地总面积的1/5，是发展草地畜牧业的最基本的生产资料和基地。草地资源提供的食物占人类总食物量的11.5%，同时还提供大量的皮、毛等畜产品，草地生长许多药用植物、纤维植物和油料植物，栖息着大量的野生珍贵、稀有动物。草地资源是发展畜牧业的前提条件，草地的质量对畜群的构成和载畜量影响较大。草原中最优良的牧草为豆科牧草，其次是禾本科牧草。通常水草丰富的高原草原适于放牧牛、马等大牲畜。荒漠草原多为小型丛生禾草，可放牧羊群。以灌木、半灌木为主的稀疏荒漠草原，只能放牧骆驼和山羊。草地资源是生物圈的重要组成部分，在维持生物圈的生态平衡上起着重要作用。同时，它自身又是一种复杂的生态系统，在合理利用条件下，能不断更新和恢复。若外界自然条件恶劣，特别是人为因素（如滥垦和过度放牧）破坏了生态系统，或者超过调节极限，则会造成不良后果，甚至引起沙漠化。

（2）草地资源的作用。

草地资源是我国陆地上面积最大的生态系统，对发展畜牧业、保护生物多样性、保持水土和维护生态平衡都有着重大的作用和价值。草地资源是畜牧业发展的物质基础，而且对保护人类生存环境具有其他资源不可替代的重要地位和作用。随着科学技术的不断发展和社会的进步，人们对草地资源地位和作用的认识也在不断地深化。草地资源不只为草食家畜提供食物来源，也是发展纤维素生产、生物能源等的原材料基地。草地资源在陆地生态系统中具有以下作用：

草地资源具有调节气候，涵养水源，缓解地球温室效应的作用；草地资源是防风固沙，保持水土的"绿色卫士"；草地资源可改良土壤，培肥地力；草地资源能净化空气，美化环境；草地资源是生物的基因库。

（3）我国草地资源的现状。

我国草地资源约有 4 亿公顷，约占国土面积的 41%，比耕地和林地的总和还多，仅次于澳大利亚，是世界第二草原大国。但人均占有草地资源面积仅 0.3 公顷，仅为世界人均草地资源面积的一半，其中可利用的草地资源约 2.8 亿公顷，分为牧区草原和农区草山草滩两大部分。分布在各类草地的牧草资源有 5000 多种、18 个大类、38 个亚类和 1000 多个类型，类型之多也位居世界各国之首，其中豆科有 139属 1130 种，禾本科有 190 属 1150 种，已用于人工栽培的牧草有 100 多种，人工草地面积为 10.5 万公顷。草地资源中还蕴藏着极为丰富的动植物资源，各类草地中约有 7000 多种牧草和上千种动物，是亚洲乃至世界最大的生物基因库。我国草地资源按照地区大致可分为东北草原区，蒙、宁、甘草地区，新疆草地区，青藏草地区和南方的草山五个区。按自然条件、利用现状和发展方向，我国草地资源可分为蒙新高原草原区、东北草原区、青藏高原草原区和黄土高原草山区。

我国草地资源普遍严重退化。据估计，全国每年退化 130 多公顷，退化的面积已占总面积的 1/3，从而使草原的生产力下降。草原沙漠化面积不断扩大，特别是开垦活动频繁的农牧交错区更为严重。部分草原盐碱化，水土流失现象严重，这种情况在内蒙古河套地区十分突出，内蒙古自治区水土流失面积已占总面积的 22.4%，珍稀动植物减少，鼠、虫害增加。另外，工农业废弃物给草地资源带来了严重的环境污染，破坏了草原的植被，降低了草场的质量，给草原生态系统带来了严重的危害。

（4）草地资源的保护。

作为草地资源大国，我国的草地生产力水平却远远滞后，草地资源远未得到合理、高效的开发与利用，蕴藏着巨大的生产潜力，因此，要对草地资源进行合理的开发、利用与保护。对草地资源实施保护的基本对策是发展人工草原，建设围栏草场；合理放牧，控制过度放牧现象；造林固沙，改善草质；控制工农业生产污染，提高草原环境质量。

4. 生物多样性的利用与保护

（1）生物多样性。

生物多样性是指一定范围内多种多样的有机体（动物、植物、微生物）有规律地结合所构成稳定的生态综合体。生物多样性由遗传（基因）多样性、物种多样性和生态系统多样性等部分组成。遗传多样性是指生物体内决定性状的遗传因子及其组合的多样性；物种多样性是生物多样性在物种上的表现形式，可分为区域物种多样性和群落物种（生态）多样性；生态多样性是生物多样性的关键，它既体现了生物之间及环境之间的复杂关系，又体现了生物资源的丰富性。遗传多样性和物种多样性是生物多样性研究的基础，生态系统多样性是生物多样性研究的重点。人们目前已经知道大约 200 万种生物，这些形形色色的生物物种就构成了生物物种的多样性。

（2）生物多样性的作用。

1）生物多样性是人类社会赖以生存和发展的基础，它对整个生物圈起着稳定、协调和动态平衡的重要作用。自然界的所有生物都是互相依存、互相制约的。植物通过光合作用发挥生态作用，起到生产有机物质、转化能量、生产氧气、清除二氧化碳的作用，在生态系统中扮演着生产者的角色。动物在生态系统中是消费者，但这种消费不是消极的，而是通过消费和自身的积极活动，给植物和微生物的生存和竞争提供有利条件，推动整个系统的运行和发展。例如，动物可以传播种子和花粉，疏松土质，促进植物的生长。微生物则起着分解作用，推动有机物的循环。正因为不同生物有不同的作用、营养方式、结构，它们相互补充、相互依存、相互促进，才共同维护着生物和人类的持续生存和发展。生物多样性是生态系统不可缺少的组成部分，科学实验证明，生态系统中物种越丰富，它的创造力就越大。每一种物种的绝迹，都预示着很多物种即将面临死亡。

2）生物多样性还在保持土壤肥力、保证水质以及调节气候等方面发挥了重要作用。

3）生物多样性在调控大气层成分、地球表面温度、地表沉积层氧化还原电位以及 pH 值等方面发挥着重要作用。例如，现在地球大气层中的氧气含量为 21%，供给人们自由呼吸，这主要应归功于植物的光合作用。在地球早期的历史中，大气中氧气的含量要低很多。据科学家估计，假如断绝了植物的光合作用，大气层中的氧气将会由于氧化反应在数千年内消耗殆尽。

（3）生物多样性的保护。

目前，世界正面临着人口、资源、环境、粮食和能源五大危机，这些危机的解决都与地球上的生物多样性有密切关系。生物多样性是人类赖以生存的物质基础，是全人类共同的财富，它在维持全球和区域生态平衡方面具有十分重要的意义。例如，保持生物多样性是减少生物遭受疫病侵袭影响的重要方式。

生物多样性的价值主要表现在社会、经济、文化、伦理和美学等方面。随着人类对生物资源开发利用规模和强度的增大，以及空气、水体和土壤等的严重污染，森林面积减少，动物的栖息地萎缩，物种的灭绝速率不断加快，导致全球生物多样性遭到破坏。

当前生物多样性保护与持续利用的关键问题：保护区生物区域规划管理——生物多样性保护区的建立，保护区的利用及存在的问题，经济全球化和保护区域化对生物多样性保护与持续利用的影响。

四、矿产资源

1. 矿产资源的概念及分类

矿产资源是在特定的地质条件下，经过地质成矿作用，使埋藏于地下或出露于地表的，呈固态、液态或气态产出的，并具有开发利用价值的矿物或有用元素的含量达到具有工业利用价值的集合体。矿产资源是重要的自然资源，是地球形成以来的 46 亿年间，伴随着各种地质作用逐渐形成的，是社会生产发展的重要物质基础，现代社会人们的生产和生活都离不开矿产资源。矿产资源属于非可再生资源，其储量是有限的。目前，世界已知的矿产有 1600 多种，其中 80 多种应用较广泛，按其特点和用途，矿产通常分为金属矿产、非金属矿产和能源矿产三大类。目前，95%左右的能源、80% 以上的工业原料、70% 以上的农业生产资料和 30% 以上的工农业用水均来自矿产资源，矿产资源是一种重要的生产资料和劳动对象，是冶金、机械、电力、化工、轻工、建材、国防、农业及人们的衣、食、住、行等各方面的重要资源，在国民经济建设中有着巨大的作用。矿产资源具有以下基本特征：

矿产资源是有限的，采后不能再生；矿产资源多数具有共生性、伴生性；矿产资源分布是不均匀的；矿产资源具有开拓性和可变性等。

2. 我国矿产资源的现状

我国是世界上矿产资源种类齐全，矿产储量丰富的少数几个国家之一。目前，我国已探明的矿产资源约占世界总量的 12%，居世界第 3 位。人均占有量较少，仅为世界人均占有量的 58%，居世界第 53 位。世界上几乎所有的矿种我国均有发现，我国是世界上仅次于美国的第二矿产大国。我国矿产资源主要有以下特点：

矿产资源总量多，人均占有量少；富矿少，贫矿多；矿产品种类齐全，配套程度高，但资源结构不尽合理；共生矿多，单一矿少；矿产分布不平衡等。

3. 矿产资源的利用与保护

我国矿产资源在利用中存在的主要问题是生产布局不合理，给周围环境造成污染和破坏，地下开采造成地面塌陷及裂隙、裂缝，矿山疏干排水量大，矿产资源开发利用为粗放型，利用率不高。因此，需要对矿产资源进行合理的利用与保护，主要措施如下：

认真贯彻执行《中华人民共和国矿产资源法》，提高保护矿产资源的自觉性，依法管理矿产资源。建立健全矿产资源法规体系，规范地质矿产勘查开采行为；建立集中统一指导、分级管理的矿产资源执法监督组织体系；组织开展定期、不定期的矿产资源供需形势分析和成矿远景区划、矿资源总量预测、矿产资源经济区划研究；组织制定矿产资源开发战略、资源政策和资源规划；建立健全矿产资源核算制度、有偿占用开采制度和资产化管理制度；加强环境保护，防止污染。

五、海洋资源

1. 海洋资源的概念

地球海洋面积为 3.6 亿公顷，约占地球面积的 71%，水量为 13.7 亿 km^3，占地球总水量的 77.2%。海洋与人类的关系极为密切，它不仅起着调节陆地气候的作用，也为人类提供航行通道，而且海洋蕴藏着极其丰富的资源。海洋资源指的是与海水水体及海底、海面本身有着直接关系的物质和能量，是海洋生物、海洋能源、海洋矿产及海洋化学资源等的总称。海洋生物资源以鱼、虾为主，在环境保护和提供人类食物方面具有极其重要的作用。海洋能源包括海底石油、天然气、潮汐能、波浪能以及海流发电、海水温差发电等，远景发展尚包括海水中铀和重水的能源开发。海洋矿产资源包括海底的锰结核及海岸带重砂矿中的钛、锆等。海洋化学资源包括从海水中提取淡水和各种化学元素（溴、镁、钾等）以及盐等。海洋资源按其属性可分为海洋生物资源、海洋矿产资源、海水资源、海洋能与海洋空间资源。

2. 海洋资源的利用与保护

我国海洋开发利用中存在的主要问题是沿海开发不够，利用不合理，近海水域有不同程度的污染，岛屿生态环境恶化，海洋生物资源受到严重破坏。因此，需要对海洋资源进行合理的开发和利用。

从全局和长远出发，对海洋的开发要进行统筹规划和管理；加强海洋环境及资源的调查研究工作；着力发展沿海水产养殖业，保护近海渔业资源，逐步发展外海渔业和远洋渔业；合理利用海水来替代淡水资源；大力加强海岸线、海岛资源的开发与保护；积极进行海洋资源调查、开发、保护和海洋科学的研究与管理建设的国际化。

加强海洋环境保护，防止海洋污染的措施主要有大力加强海洋污染的监测，控制陆地污染对海洋的污染，实行对陆源污染物总量的控制，大力加强对海上活动的有效管理。开展海洋信息共享，建立集海洋经济、资源、环境、灾害、生态等于一体的海洋信息共享网络服务系统，对于实现我国海洋的综合管理，提高人们的海洋意识，实施海洋强国和可持续发展战略具有巨大的科学价值、社会效益和潜在的经济效益。

第三节 能源的利用与保护

一、能源

1. 能源的概念

能源亦称能量资源或能源资源，是可产生各种能量（如热量、电能、光能和机械能等）或可做功的物质的统称。能源是指能够直接取得或者通过加工、转换而取得有用能量的各种资源，包括煤炭、原油、天然气、煤层气、水能、核能、风能、太阳能、地热能、生物质能等一次能源和电力、热力、成品油等二次能源，以及其他新能源和可再生能源。能源是发展农业、工业、国防、科学技术和提高人民生活水平的重要物质基础，它是人类赖以生存和发展的重要资源，深刻影响着经济和社会的发展以及人们的生活。能源利用的深度和广度是衡量一个国家或地区生产力水平的重要标志。随着经济的发展和人民生活水平的提高，能源的需求量会越来越多，必然会对环境质量产生极大影响。

2. 能源的分类

能源种类繁多，根据不同的划分方式，能源可分为不同的类型（见表8-4）。

表8-4 能源的分类

分类依据	主要内容
按能源的基本形态分类	能源可分为一次能源和二次能源
按能源性质分类	能源可分为燃料型能源（如煤炭、石油、天然气、泥炭、木材等）和非燃料型能源（如水能、风能、地热能、海洋能等）
按来源分类	能源可分为来自地球外部天体的能源（主要是太阳能），地球本身蕴藏的能量（如原子核能、地热能等），以及地球和其他天体相互作用而产生的能量
按能源使用的类型分类	能源可分为常规能源和新型能源：常规能源包括一次能源中的可再生的水力资源和不可再生的煤炭、石油、天然气等资源；新型能源是相对于常规能源而言的，包括太阳能、风能、地热能、海洋能、生物质能以及用于核能发电的核燃料等能源
按能源消耗后是否造成环境污染分类	能源可分为污染型能源（如煤炭、石油等）和清洁型能源（如水力、电力、太阳能、风能以及核能等）
按能源的商品性分类	能源可分为商品能源和非商品能源。凡进入能源市场作为商品销售的如煤、石油、天然气和电等均为商品能源，国际上的统计数字均限于商品能源。非商品能源主要指薪柴和农作物残余（秸秆等）

分类依据	主要内容
按能源能否再生分类	能源可分为再生能源和非再生能源。人们对一次能源又进一步加以分类，凡是可以不断得到补充或能在较短周期内再产生的能源称为再生能源，反之称为非再生能源。风能、水能、海洋能、潮汐能、太阳能和生物质能等是可再生能源，煤、石油和天然气等是非再生能源。地热能基本上是非再生能源，但从地球内部巨大的蕴藏量来看，地热能又具有再生的性质。随着全球各国经济发展对能源需求的日益增加，现在许多发达国家更加重视对可再生能源、环保能源以及新型能源的开发与研究
按能源的形态特征或转换与应用的层次分类	能源可分为固体燃料、液体燃料、气体燃料、水能、电能、太阳能、生物质能、风能、核能、海洋能和地热能等

3. 能源消耗

能源消耗的高低主要与产业结构有关。国际能源机构在 2007 年 11 月 7 日公布的《2007 年世界能源展望》报告中指出，如果不采取措施限制能源消耗，未来 20 多年内世界能源消耗量将剧增 55%，这很有可能使能源价格持续攀升并给环境带来严重后果。报告认为，在找到相应的替代能源之前，石油和天然气仍将是最主要的能源。到 2030 年，石油需求将会增长 37%，全球原油日均需求量将从 2006 年的 8400 万桶增加到 1.61 亿桶。随着能源消耗的不断增长，温室气体排放量逐渐增多，对环境造成的难以逆转的破坏也会不断加大。国际能源机构认为，从理论上讲，如果增加能源供给所需要的投资能够到位，在 2030 年以前能源储备还可以满足需求。该组织预计，提高能源产量和能源利用效率所需要的投资约为 22 万亿美元。报告认为，到 2030 年煤炭的需求将增长 73%。天然气需求的增长速度不会太快，预计到 2030 年其能源市场份额为 22%。

二、我国的能源现状

我国是当今世界上最大的发展中国家，是目前世界上第二位能源生产国和消费国。中华人民共和国成立以来，我国政府不断加大能源资源勘查力度，组织开展了多次资源评价。我国能源资源有以下特点：

1. 能源资源总量比较丰富

我国拥有较为丰富的化石能源资源，其中煤炭占主导地位。2016 年，煤炭保有资源量约为 1.0024 万亿 t，但可采储量只有 893 亿 t。石油的资源量为 930 亿 t，天然气的资源量为 38 万亿 m^3，现已探明的石油和天然气储量约占资源量的 20% 和 6%，仅够开采几十年。煤层气资源量为 35 万亿 m^3，相当于 450 亿 t 标准煤，排世界第三位，但尚未成规模开发利用。我国拥有较为丰富的可再生能源资源。例如，水力资源理论蕴藏量折合年发电量为 6.19 万亿 kW·h，可开发年发电量约 1.76 万亿 kW·h，相当于世界水力资源量的 12%，列世界首位。我国自然资源总量排世界第七位，能源资源总量相当于约 4 万 t 标准煤，居世界第三位。

2. 人均能源资源拥有量较低

我国人口众多，人均能源资源拥有量在世界上处于较低水平。煤炭和水力资源人均拥有量相当于世界平均水平的 50%，石油、天然气人均资源量仅为世界平均水平的 1/15 左右。耕地资源不足世界人均水平的 30%，制约了生物质能源的开发。

3. 能源资源赋存分布不均衡

我国能源资源分布广泛但不均衡。煤炭资源主要赋存在华北、西北地区，水力资源主要分布在西南地区，石油、天然气资源主要赋存在东、中、西部地区和海域。我国主要的能源消费地区集中在东南沿海经济发达地区，资源赋存与能源消费地域存在明显差别。大规模、长距离的北煤南运、北油南运、西气东输、西电东送，是我国能源流向的显著特征和能源运输的基本格局。

4. 能源资源开发难度较大

与世界其他国家相比，我国煤炭资源地质开采条件较差，大部分储量需要井工开采，极少量可供露天开采；石油、天然气资源地质条件复杂，埋藏深，勘探开发技术要求较高；未开发的水力资源多集中在西南部的局山深谷，远离负荷中心，开发难度和成本较大；非常规能源资源勘探程度低，经济性较差，缺乏竞争力等。

三、各类能源的利用与保护

1. 新能源的利用

新能源（或称可再生能源）主要有太阳能、风能、地热能、生物质能等。生物质能在经过了几十年的探索后，国内外许多专家都表示这种能源方式不能大力发展，它不但会抢夺人类赖以生存的土地资源，更将会导致社会不健康发展。地热能的开发与氟利昂的使用具有同样特性，如大规模开发必将导致区域地面表层土壤环境遭到破坏，必将再一次引起生态环境变化。而风能和太阳能对于地球来讲是取之不尽、用之不竭的健康能源，必将成为今后替代能源的主流。

（1）太阳能发电。

太阳能发电具有布置简便以及维护方便等特点，应用面较广，现在全球装机总容量已经开始追赶传统风力发电，在德国甚至接近全国发电总量的 5%～8%。但太阳能发电的时间局限性导致了对电网的冲击，如何解决这一问题成为能源界的一大困惑。

（2）风力发电。

风力发电在 19 世纪末就开始登上历史的舞台，在一百多年的发展中，由于它造价相对低廉，成为各个国家争相发展的新能源首选。然而，随着大型风电场的不断增多，占用的土地也日益扩大，产生的社会矛盾日益突出，如何解决这一难题成了人们又一困惑。

新型垂直轴风力发电机（H 型）突破了传统的水平轴风力发电机启动风速高、噪声大、抗风能力差、易受风向影响等缺点，采取了完全不同的设计理论，采用了新型结构和材料，具有微风启动、无噪声、抗 12 级以上台风、不受风向影响等性能，可大量用于别墅、多层及高层建筑、路灯等中小型应用场合。以它为主建立的风光互补发电系统，具有电力输出稳定、经济性高、对环境影响小等优点，也解决了太阳能发展中对电网冲击等问题。

2. 能源利用对环境的影响

能源与环境问题是人类生存与生活的永恒主题。能源是现代生活的重要物质基础，随着经济社会的发展，人们对各种能源的使用数量逐年增长，能源在给人们带来效益的同时，也在开发、利用、加工、运输的过程中给环境带来不利的影响。

（1）煤炭。

煤炭在开采和加工过程中会引起矿井地表的沉陷，露天开采除占用大量土地外，对地表水、地下水也会造成污染。煤矿会产生酸性矿井水，污染水体和土壤。产生的瓦斯气体除了污染环境外，也会对井下作业工人的身体健康和生命安全造成危害。洗煤厂排放的煤泥水可对环境产生不利影响，煤炭的液化和气化过程会产生大量的污染物污染环境。

（2）石油、天然气。

石油在勘探和开采过程中产生的泥浆会对周围水域、农田造成不良影响，产生的含油污水会污染海洋、淡水水域和土壤，炼油厂产生的废渣也会造成水体、土壤的污染，产生的石油废气会造成大气污染。天然气在开采过程中排放的硫化物和伴生盐水，会污染空气和水体。

（3）水力发电。

水力发电会在自然、水体的物化性质、生态平衡、社会经济四个方面对环境产生不利的影响。

（4）核能。

发展核能技术，尽管在反应堆方面已有了安全保障，但产生核废料的最终处理还没有完全解决，核污染对环境的破坏和对人体健康的影响是巨大的。

3. 能源的利用与环境保护

随着经济的发展，能源的消耗量迅速增长，能源问题成为经济发展中的突出问题，因此，新能源的开发成为当务之急。

（1）风能。

风具有能量，是一种天然能源。风能蕴藏量丰富，可以再生，永不枯竭，没有污染，随处都可以开发利用。风的能量很大，全世界每年燃烧煤炭得到的能量还不到一年内刮风能量的1%。风能是地球上可利用的重要能源之一。风能的突出弱点是密度低、不稳定、地区差异大。

（2）水流能。

水的流动（河流、潮汐）也能提供可利用的能量，水流能也是可再生能源。利用水流来发电，是把水流的机械能转化为电能。现在水力发电的技术已经十分成熟，我国有丰富的水力资源，已经建设了很多水力发电站，如三峡工程、小浪底工程等。

（3）太阳能。

太阳辐射到地球的能量是巨大的，每年可以达到10^{24}J。对于人类来说，太阳能是取之不尽、用之不竭的，是一种清洁能源，它的利用不会污染环境。

（4）生物质能。

由生物体产生的能量就是生物质能。生物质能是以化学能形式储存在生物体中的太阳能，来源于植物的光合作用。地球上的植物进行光合作用所消费的能量，占太阳照射至地球总能量的0.2%。虽然比例很小，但它是目前人类能源消费总量的40倍。可见，生物质能是一个巨大的能源，是仅次于煤、石油、天然气的第4位能源。生物质能主要来源于柴薪、人畜粪便、城市垃圾和水生植物等。除柴薪可以直接燃烧外，利用生物质能的技术还有沼气生产、酒精制取、人造石油的制造、生物质能发电等。

（5）核能。

核能是重核裂变或轻核聚变时所释放出的巨大能量。核电站就是利用核能发电的，我国浙江秦山核电站和广东大亚湾核电站已经运行发电多年，新的核电站不断建设。建造核电站时需要特别注意的一个问题是，防止放射线和放射性物质的泄漏，以避免射线对人体的伤害和放射性物质对水源、空气和工作场所造成放射性污染。

（6）氢能。

氢与其他能源载体（如电、蒸汽）相比，具有更多的优势。氢和电、热的最大差别在于氢气可以大规模储存，而且储存方式多种多样。氢气既可以像天然气一样，以气体的形式储存在压力容器中，也可以方便地储存在金属合金中，当然还可以以液体的形式储存，更新、更有效的储氢方法有待继续开发。氢的这一优势使氢能在未来可再生能源体系中处于非常重要的位置。氢能是最环保的能源。利用低温燃料电池，由电化学反应将氢转化为电能、热能和水，不排放二氧化碳和氮氧化物，没有任何污染。氢气使用时和氧气化合生成水，而水又可电解转化成同样数量的氢气和氧气，对大气中氧的浓度没有影响。氢—水—氢如此循环，永无止境，所以"氢矿"不会枯竭。

从长远看，人类的能源既可以像太阳一样，来自核聚变，也可以来自地球上的可再生能源，而这二者都与氢密不可分。在核聚变中，氢同位素参加反应，在可再生能源中，氢以能源载体的形式为人类服务。由于氢具有以上特点，所以氢能同时满足资源、环境和经济持续发展的要求，可以无限期地为人类所用。

第九章　环境保护与环境评价

第一节　环境监测

一、环境监测基础知识

1. 环境监测的概念

环境监测是环境保护技术的重要组成部分，是弄清污染物的来源、分布、数量、动向、转化规律的重要手段，可监督检查污染物排放和环境标准的实施情况，准确评价环境质量，验证新的环境保护技术及标准化研究，是必不可少的基础工作。

环境监测就是运用现代科学技术手段对代表环境污染和环境质量的各种环境要素（环境污染物）的监视、监控和测定，从而科学评价环境质量及其变化趋势的操作过程。环境监测在对污染物监测的同时，已扩展延伸为对生物、生态变化的大环境的监测。环境监测机构按照规定的程序和有关的标准、法规，全方位、多角度连续地获得各种监测信息，实现信息的捕获、传递、解析、综合及控制。

2. 环境监测的目的

环境监测是为了客观、全面、及时、准确地反映环境质量现状及发展变化趋势，为环境保护、环境管理、环境规划、污染源控制、环境评价提供科学依据，具体包括以下内容：

与环境质量标准比较，评价环境质量优劣；根据掌握的污染物分布和浓度、污染速度和发展趋势以及影响程度，追踪污染源，确定控制和防治方法，评价保护措施的效果；根据长期积累的数据和资料，为研究环境容量、实施总量控制、目标管理、预测预报环境质量提供依据；收集环境本底值及其变化趋势数据，积累长期监测资料，为保护人类健康、合理使用自然资源、改善人类环境、制定和修改环境法规及环境质量标准等服务；揭示新的环境问题，确定新的污染因素，为环境科学研究提供方向；为制定环境法规、标准、规划、环境污染综合防治对策以及环境科学的研究提供基础数据。

3．环境监测的原则

影响环境的污染物种类繁多，在环境监测中，由于受人力、监测手段、经济条件、仪器设备等方面的限制，监测不可能覆盖所有方面，应根据需要和可能，确定优先监测的污染物。优先污染物是一类潜在危险性大（难降解、具有生物积累性、毒性大），在环境中出现频率高，残留高，含量已接近或超过规定的标准浓度的污染物。可将有广泛代表性，检测方法成熟的化学物质定为优先监测目标，实施优先和重点监测。

对优先污染物进行的监测称为优先监测，环境监测应遵循优先监测的原则。环境监测要遵循符合国情、全面规划、合理布局的方针，充分考虑经济与效果二者的关系，其准确性往往取决于监测过程的最薄弱环节。美国是最早开展优先监测的国家，20 世纪 70 年代中期就规定了水和污水中 129 种优先监测污染物，其后又提出了 43 种空气优先监测污染物。中国环境优先监测研究也已完成，并提出了中国环境优先污染物黑名单，包括 14 种化学类别共 68 种有毒化学品，其中有机物有 58 种。

二、环境监测分类

1．环境监测的任务

检验和判断环境质量是否符合国家规定的环境质量标准，定期提出环境质量报告书；判断污染源造成的污染影响，揭示污染危害，为环境保护法实施提供数据，并评价防治措施的实施效果；积累各类环境数据，掌握环境容量，为实现环境污染总量控制及实施目标管理提供依据；经过长期的连续监测和资料的综合分析，摸清污染途径和规律，进一步为生产的合理布局及城市建设规划提供科学依据；确定污染物的浓度分布状况、发展趋势和发展速度，掌握污染物的污染途径，预报环境状况，确定防治对策；研究污染物扩散模式。一方面用于新污染源的环境影响评价，给决策部门提供数据。另一方面为环境污染的预测预报提供资料。

2．环境监测的具体分类

（1）监视性监测。

监视性监测又称常规监测或例行监测，是对环境中已知污染物的来源、浓度、污染变化趋势和控制措施的效果进行定期的经常性的监测，是监测站第一位的主体工作。监视性监测用以确定环境质量及污染状况，评价控制措施的效果，衡量环境标准实施情况，积累监测数据。我国已初步形成了各级监视性监测网站。监视性监测包括对污染源的监督监测（污染物浓度、排放总量、污染趋势等）和环境质量监测（所在地区的空气、水质、噪声、固体废物等）。

（2）特定目的监测。

特定目的监测又称特例监测或应急监测，是监测站第二位的主体工作，按目的不同分为纠纷仲裁监测、污染事故监测、考核验证监测和咨询服务监测（见表9-1）。

表9-1 特定目的监测按目的不同分类

类别	主要内容
纠纷仲裁监测	该类监测主要解决污染事故纠纷，对执行环境法规过程中产生的矛盾进行裁定。纠纷仲裁监测由国家指定的具有权威的监测部门进行，以提供具有法律效力的数据作为仲裁凭据
污染事故监测	污染事故发生时，及时进行现场追踪监测，确定污染程度、危害范围和大小、污染物种类、扩散方向和速度，查找污染发生的原因，为控制污染提供科学依据
考核验证监测	该类监测主要是为环境管理制度和措施实施考核，包括人员考核、方法验证、新建项目的环境考核评价、污染治理后的验收监测等
咨询服务监测	该类监测主要为环境管理、工程治理等部门提供服务，以满足科研机构和生产单位等社会各部门的需要。这类监测一般以流动监测、空中监测、遥感监测为主

（3）研究性监测。

研究性监测又称科研监测，属于高层次、高水平、技术比较复杂的一种监测，通常由多个部门、多个学科协作共同完成。其任务是研究污染物或新污染物自污染源排出后，其迁移变化的趋势和规律，以及污染物对人体和其他生物体的危害及影响程度，包括标法研制监测、污染规律研究监测、背景调查监测、综评研究监测等。

研究性监测按监测对象分类可分大气污染监测、水质污染监测、土壤污染监测、生物污染监测、固体废物污染监测、生物与生态因子监测、噪声和振动监测、电磁辐射监测、放射性监测、热监测、光监测、卫生（病原体、病毒、寄生虫等）监测等。

3. 环境监测的特点

环境监测具有对象、手段、时间和空间的多变性，污染物繁杂和变异性，污染物毒性大、含量低，因此环境监测具有特殊使命，其特点见表9-2。

表9-2 环境监测的特点

特点	主要内容
综合性	环境监测的对象包括大气、水、土壤、固体、生物等客体。环境监测手段包括化学的、物理的、生物的等多种方法，监测数据解析评价涉及自然和社会的诸多领域，因此环境监测具有很强的综合性。只有综合应用各种手段，综合分析各种客体，综合评价各种信息，才能准确地揭示监测信息的内涵，说明环境质量状况

续表

特点	主要内容
生产性	环境监测具备生产过程的基本环节，类似于工业生产的工艺模式以及方法标准化和技术规范化的管理模式，数据就是环境监测的基本产品
持续性	环境污染物的特点决定了只有长期测定积累大量的数据，监测结果的准确度才会有保障，即只有在有代表性的监测点位上持续监测，才能客观、准确地揭示环境质量及发展变化趋势
追踪性	要保证监测资料的准确性和可比性，就必须依靠可靠的量值传递体系进行资料追踪溯源，为此必须建立环境监测的质量保证体系
执法性	环境监测不仅要及时、准确地提供监测数据，还要根据监测结果和综合分析、评价结论，为主管部门提供决策建议，并授权对监测对象执行法规情况进行执法性监督控制

此外，被测物含量低、毒性大，涉及的社会面广，相互间的协作性强，有时需跨区域、跨国家甚至洲际组织进行环境监测。

4．环境监测的要求

环境监测是为保护环境，评价环境质量，制定环境管理、规划措施，为建立各项环境保护法规、法令、条例提供资料和信息依据。为确保监测结果准确可靠，以便准确判断并科学地反映实际，环境监测应满足以下要求（见表9-3）。

表9-3　环境监测应满足的要求

要求	主要内容
完整性	完整性主要是指监测过程中的每一细节，尤其是监测的整体设计方案及实施，应确保监测数据和相关信息无一缺漏地按预期计划及时获取
代表性	代表性主要是指环境监测应取得具有代表性的能够反映总体真实状况的样品，且样品必须按照有关规定的要求、方法采集
准确性	准确性主要指测定值与真实值的符合程度。监测数据的准确性不仅与评价环境质量有关，而且与环境治理的经济问题也有密切的联系
可比性	可比性主要是指在监测方法、环境条件、数据表达方式等相同的前提下，实验室之间对同一样品的监测结果相互可比，以及同一实验室对同一样品的监测结果应该达到相关项目之间的数据可比，相同项目没有特殊情况时，历年同期的数据也是可比的
精密性	精密性主要指多次测定值有良好的重复性和再现性。准确性和精密性是监测分析结果的固有属性，必须按照所用方法使之准确实现
实用性	监测方法应快速灵敏、简便适用、选择性好、方法标准化

三、环境监测方法

1. 环境污染物的特点

大多数污染物质是以逸散至大气或排入水体的方式进入环境的。污染源的形式有点污染源、线污染源、面污染源，固定污染源、移动污染源，连续源、间断源、瞬时源。污染源的存在形式对污染物质的扩散、分布和迁移、转化有很大的影响。

（1）时间和空间分布性。

时间分布性是指环境污染物的排放量和污染强度随时间而变化。例如，工厂排放污染物的种类、浓度因生产周期的不同而随时间变化。河流丰水期、平水期和枯水期的交替，使污染物的浓度和危害随时间而变化。空间分布性是指环境污染物的排放量和污染强度随空间位置而变化。例如，进入河流的污染物下游浓度不断减小。环境污染物随时间和空间的变化而变化的时间和空间分布性，决定了要准确确定某一区域环境质量，单靠某一点位的监测结果是片面的，只有充分考虑环境污染的时间和空间分布性，才能获得科学、准确的监测结果。

（2）活性和持久性。

活性表明污染物在环境中的稳定程度。活性高的污染物质，在环境中或在处理过程中易发生化学反应，生成比原来毒性更强的污染物，构成二次污染，严重危害人体及生物。与活性相反，持久性则表示有些污染物质能长期地保持其危害性。

（3）生物可分解性、累积性。

生物可分解性是指有些污染物能被生物所吸收、利用并分解，最后生成无害的稳定物质。大多数有机物都有被生物分解的可能性。例如，苯酚虽有毒性，但经微生物作用后可以被分解无害化。但也有一些有机物长时间不能被微生物作用而分解，属难降解有机物，如二噁英。累积性是指有些污染物可在人类或生物体内逐渐积累、富集，尤其在内脏器官中的长期积累，由量变到质变引起病变发生，危及人类和动植物。例如，镉可在人体的肝、肾等器官组织中蓄积，造成各器官组织的损伤。水俣病则是由于甲基汞在人体内蓄积引起的。

总之，环境污染物作用时间长，影响范围广，作用机理复杂，危害不易被觉察，污染容易治理难。

2. 环境监测方法及其选择

（1）环境监测基本方法。

1）化学监测方法。化学监测方法有化学分析法，包括称量分析法（气化法、沉淀法）、滴定分析法（酸碱滴定法、沉淀滴定法、配位滴定法、氧化还原滴定法）；仪器分析法，包括光学分析法（紫外—可见吸收光谱法、原子发射光谱法、原子吸收光谱法、红外吸收光谱法、原子和分子荧光光谱法、化学发光分析法、X射线分析法）、电化学分析法（电导分析法、电位分析法、电位滴定法、库仑分析法、极谱分析法、阳极溶出伏安法）、色谱分析法（气相色谱法、液相色谱法、离子色谱法、纸层层析法、薄层层析法）及其他方法（质谱分析法、中子活化分析、放射化学分析法）等。

2）物理监测方法。物理监测方法包括遥感技术在大气污染监测、水体污染监测以及植物生态调查等方面的运用。

3）生物监测方法。生物监测方法包括大气污染物中的生物监测和水体污染中的生物监测两大类。利用指示植物的伤害症状对大气污染作出定性、定量的判断；测定植物体内污染物的含量，作出判断；观察植物的生理生化反应，如酶系统的变化、发芽率的变化等，对大气污染的长期效应作出判断。利用指示生物监测水体污染状况，利用水生物群落结构变化进行监测，同时可引用生物指数和生物物种的多样性指数等数学手段，进行水污染的生物测试，即利用水生生物受到污染物的毒害作用所产生的生理机能变化，测定水质的污染状况。

随着科技进步和环境监测的需要，环境监测在发展传统的化学分析技术基础上，不断发展高精密度、高灵敏度，适用于痕量、超痕量分析的新仪器、新设备，同时研制发展了适用于特定任务的专属分析仪器。计算机在监测系统中的普遍使用，使监测结果得以快速处理和传递；多机联用技术的广泛采用扩大了仪器的应用、使用效率和价值。发展大型、连续自动监测系统的同时，还应发展小型便携式仪器和现场快速监测技术。广泛采用遥测遥控技术和无人机技术，逐步实现监测技术的智能化、自动化和连续化。

（2）环境监测方法的选择。

环境样品试样数量大，组成复杂并且污染物的含量差别很大，应根据样品和待测组分的情况选择适宜的测定方法。环境监测方法的选择原则如下：

尽可能选择适用国家现行环境监测标准的统一分析方法；含量较高的污染物，可选择准确度较高的化学分析法。含量较低的污染物，根据条件选择适宜的仪器分析法；在条件许可的情况下，尽可能采用具有专属性的单项成分测定仪；在经常性的测定中，尽可能利用连续性自动测定仪；在多组分的测定中，如有可能，应选用同时具有分离和测定作用的分析方法。

3. 环境监测程序

环境监测的程序为，调查现场与收集资料，确定监测项目，布设监测点及选择采样时间和方法，保存环境样品，分析测试环境样品，处理数据和上报结果。

四、环境监测质量控制

1. 质量控制的意义

环境监测工作的成果就是监测数据。然而，环境监测对象成分复杂，时间、空间、量级上分布广泛且多变，不易准确测量。在大规模的环境调查中，常需在同一时间内由多个实验室同时参加、同时测定。这就要求各个实验室从采样到监测所提供的数据有规定的准确性和可比性。监测数据的准确性决定了环境管理、环境研究、环境治理以及环保执法等各方面的决策是否正确。

如果没有一个科学的环境监测质量控制程序，由于人员的技术水平、仪器设备、地域等差异，难免出现调查资料互相矛盾、数据不能利用的现象，造成大量人力、物力和财力的浪费；错误的数据必然导致错误的判断和决策。开展质量控制工作是保证监测数据具有准确性、精密性和可比性的重要基础。只有取得合乎质量要求的监测结果，才能正确地指导人们认识、评价、管理和治理环境。

2. 采样的质量控制

采样的质量控制应注意以下内容：

审查采样点的设置和采样时段选择的合理性和代表性；审查采样器、流速和定时器是否经过校准，运转是否正常；检查吸附剂是否有效，数量（或体积）是否符合要求；检查采样器放置的位置和高度是否符合采样要求，是否避开污染源的影响；检查采样管和滤膜的安装是否正确。

采样管或滤膜应在采样前从实验室运往监测点，采集的样品需送回实验室分析。这一过程中，采样管不可倾倒，以防吸收剂外溢。滤膜应完整地封存在专用的洁净袋子里，使用时应用不锈钢镊子取放，避免滤膜在进入采样器前被污染。

目前，由于各种条件限制，有许多监测项目不能进行现场测定，需送回实验室进行分析测试。考虑到样品的稳定性，样品应储存在温度低于 22℃ 的环境中，并立即运往实验室。若不能立即进行实验分析，样品应储存在冰箱里。

3. 监测室的质量控制

监测室是获得监测结果的关键部门，要使监测质量达到规定水平，必须要有合格的监测室和合格的监测操作人员。具体地讲，监测室质量控制包括仪器的正确使用和定期校正、玻璃仪器的选用和校正、化学试剂和溶剂的选用、溶液的配制和标定、试剂的提纯、监测室的清洁度和安全工作、监测人员的操作技术和分离技术等。一般通过分析和应用某种质量控制图或其他方法来控制监测质量。

监测室工作质量的外部控制称为监测室间质量控制。通常由中心监测室或上级监测机关负责施行，接受外部控制的各监测室其内部质量必须合格。各监测室接受考核时，一般采用统一的标准方法对上级部门统一发放的密码标准样品进行测定，测定数据由上级部门进行统计处理后，对接受检查的监测室作出质量评价并予以公布，从中可以发现各实验室存在的问题并及时纠正。

4. 数据处理的质量控制

数据处理的质量控制主要包括审查数据分析、数据精确、数据提炼、数据表达等一系列的过程是否符合技术规范要求。

报告的数据必须是有效的数据。数据报告前，应对采样、分析测试、分析结果计算等环节的数据进行逐一核实，确认无误后上报。对由于采样人员或分析测试人员的差错，以及样品损伤或破坏等原因造成的错误数据必须去除。超出分析方法灵敏度的数据不能报，因为超出实验分析方法灵敏度的数据是毫无意义的。对于"未检出"和检出线以下的数据，取 0 至检出线之间的中间值较为合适。但当测定的各浓度值有 25% 以上低于最小检出量时，则不能用此法。测定中出现极值，在没有充分理由说明错误所在的情况时，不能随意舍去，但在报告时要加以说明。整理好的各类数据经反复核准无误后，按要求填写表格，上报有关环境管理机构。

第二节　环境质量评价

一、环境质量评价基础知识

1. 环境质量的概念

环境质量是环境科学的一个重要的基本概念，是对人类的生存、生活及生产环境优劣程度的一种度量。环境质量的好坏，是指环境适应于人类的情况怎样或环境对人类所产生的影响如何。环境质量是环境系统客观存在的一种本质属性，是能用定性和定量的方法加以描述的环境系统所处的状态。环境质量包括自然环境质量和社会环境质量。自然环境质量包括物理的、化学的、生物的三方面。社会环境质量包括政治的、经济的、文化的及美学的等各个方面。环境始终处于不停的运动和变化之中，作为环境状态表示的环境质量也处于不停的运动和变化之中。引起环境质量变化的原因主要有人类的生活和生产行为以及自然的原因两个方面。各地区由于政治、经济、文化发展程度不同，社会环境质量差异明显。

2. 环境质量评价的概念

环境质量评价就是按照一定的评价标准和评价方法，对一定区域范围内的环境质量进行说明、评价和预测，合理地划分等级或类型，并在空间上按环境污染的程度和性质划分不同的污染区域。其目的是分析区域环境质量现状及变化趋势，准确反映出目前环境污染状况，对重点污染源的治理提出要求，为环境规划、环境管理以及环境影响评价提供科学依据。

3. 环境质量评价的基本内容

环境质量评价的内容随不同的研究对象和不同的类型而有所区别。

（1）污染源的调查和评价

通过对各类污染源的调查、分析和比较，研究污染的数量、质量特征，研究污染源的发生和发展规律，找出主要污染物和主要污染源，为污染治理提供科学依据。

（2）环境质量指数评价

用无量纲指数表征环境质量的高低，是目前最常用的评价方法。环境质量指数评价包括单因子评价和多因子评价，以及多要素的环境质量综合评价。当所采用的环境质量标准一致时，这种环境质量指数具有时间和空间上的可比性。

（3）环境质量的功能评价

环境质量标准是按功能分类的，环境质量的功能评价就是要确定环境质量状况的功能属性，为合理利用环境资源提供依据。

4. 环境质量评价分类

（1）按时间要素分类

环境质量评价可分为回顾评价、现状评价及影响评价三种类型（见表9-4）。

表9-4 环境质量评价的分类

类型	主要内容
环境质量现状评价	环境质量现状评价是我国目前正在大力开展的评价方式。它一般是根据过去两三年和当年的环境监测资料进行。通过这种形式的评价，可以阐明环境污染的现状，为区域环境污染综合防治提供科学依据
环境质量影响评价	环境质量影响评价是指对区域正在进行或将要进行的开发活动，对环境可能造成的各种影响进行预测性评价，以避免或减少人类开发建设活动对环境造成的危害。有些国家规定，在新的大型企业、机场、港口、铁路干线及高速公路等建设以前，必须进行环境质量影响评价，编制环境质量影响评价报告书
环境质量回顾评价	环境质量回顾评价是指对区域过去一定历史时期的环境质量，根据历史资料进行回顾性评价。通过回顾评价可以揭示出区域环境污染的发展变化过程。环境质量回顾评价常常要受历史资料积累情况的限制，一般多在科研监测工作基础比较好的大城市进行

（2）按研究问题的空间范围分类

环境质量评价可分为单项工程环境质量评价、城市环境质量评价、区域环境质量评价和全球环境质量评价。

（3）按环境要素分类

环境质量评价可分为大气环境质量评价、水环境质量评价、土壤环境质量评价和噪声环境质量评价等。

（4）按评价内容分类

环境质量评价可分为健康影响评价、经济影响评价、生态影响评价、风险评价和美学景观评价等。

二、环境质量现状评价

1．环境质量现状评价的概念

环境质量现状评价是根据近几年和当年的环境监测数据和有关资料来说明评价区域环境质量的现状，并对其进行科学的分析和客观评价。不同地区由于环境质量状况、社会经济发展程度、人们对环境质量要求的着眼点不同，环境质量现状评价有不同的侧重点。环境质量现状评价包括自然资源价值、生态价值、社会经济价值和生活质量价值等的现状评价。自然资源价值评价主要是对有限资源如大气、水体、土壤等环境组成部分的污染评价。生态价值现状评价主要以生态学原理为基础，以保护生态平衡、达到永续利用自然资源为目的，评价在某一地区范围内，由于人的行为对生态系统破坏的程度。社会经济价值和生活质量价值可称为文化价值，其可由不同角度去评价，包括企业投资环境、居住、购物、交通等方面的综合评价。

2．环境质量现状评价的程序

要想深刻认识环境方面存在的主要问题，把握环境的总体特征，针对区域环境错综复杂的情况，在进行环境质量评价过程中，必须设计一个科学合理的程序。环境质量现状评价的 程序一般为确定评价的对象、地区范围，确定评价的目的，根据评价目的确定评价精度，进行评价。

3．环境质量现状评价的内容

环境质量现状评价的内容，见表9-5。

表9-5　环境质量现状评价的内容

项目	主要内容
污染源评价	通过对污染源的调查与评价，确定主要污染源与主要污染物以及污染物的排放方式、途径、特点和规律，综合评价污染源对环境的危害作用，以确定污染源治理的重点
确定环境监测的项目	根据区域环境污染特点及主要污染物的环境化学行为，确定不同环境要素的监测项目，为评价提供参考

项目	主要内容
监测网点的布设、监测	根据区域环境的自然条件特点及工、农、商业、交通和生活居住区等不同功能区分别布点，布点疏密及采样次数应力求合理，有代表性。按质量保证要求分析测定，获得可靠的污染物在环境中污染水平的数据
建立环境质量综合评价	根据环境质量评价的目的，选择评价标准，对监测数据进行统计处理，利用评价模式，计算环境质量综合指数。计算与环境污染关系密切的疾病发病率（包括死亡率）与环境质量指数之间的相关性，确定人体健康与环境质量状况的相关性
建立环境污染数学模型	以监测数据为基础，结合室内模拟实验，选取符合地区特征的环境参数，建立符合地区环境特征的计算模式
环境污染趋势预测研究、防治建议	运用模式计算，结合未来区域经济发展的规模及污染治理水平，预测地区未来环境污染的变化趋势。通过环境质量评价确定影响地区的主要污染源和主要污染物，根据环境污染的特征及污染预测结果，提出区域环境保护的近期治理、远期规划布局及综合防治方案

4. 环境质量现状评价的方法

在评价环境质量优劣时，人们经常采用各种单项污染物浓度来表示。环境质量是客观存在的事实，它要求有自己的定性、定量表达方式，要求建立自己特有的工作语言。环境质量指数（EQI）就是表示区域环境质量的一种形式，是近似表达环境质量的定量化方法。它参照国家卫生标准或其他参考数据，通过拟订的计算式，将大量原始监测和调查数据加以综合，并换算成无量纲的相对值，用以定量和客观地评价环境质量。

（1）幂函数法。

一般表达式为：

$$EQI = \alpha (\sum_{i=1}^{n} I_i)^b$$

$$I_i = C_i / C_{0i}$$

式中 EQI——单个环境要素的质量指数；

I_i——i 污染物的单一指数；

C_i——i 污染物的实测浓度；

C_{0i}——i 污染物的环境标准浓度；

n——评价中选定的污染物数目；

a，b——由某种边界条件所确定的常数。

这种方法形式简单，常用于根据每日的监测数据评价大气质量的逐日变化。若区域监测项目异于评价选择的参数，此法应用就受到一定的限制。

（2）叠加法。

将几个单项污染指数叠加，一般表达式为：

$$EQI = \sum_{i=1}^{n} P_i = \sum_{i=1}^{n} \left(C_i / C_{\dot{o}} \right)$$

式中 P_i——单一污染指数；

　　EQI——环境质量指数，其余符号同前。

加权叠加的一般表达式为：

$$EQI = \sum_{i=1}^{n} W_i P_i$$

式中 W_i——某污染物或某环境要素的加权系。

此方法计算简便，特别是各项单一指数影响情况相近时，能较好地反映出环境质量的实际状况。但如果影响悬殊时，则易掩盖主要环境影响因素的作用，造成失真。

（3）均值法。

简单均值法一般表达式：

$$EQI = \frac{1}{n} \sum_{i=1}^{n} P_i$$

加权均值法一般表达式：

$$EQI = \frac{1}{n} \sum_{i=1}^{n} W_i P_i$$

此法计算简便，不受评价参数个数的限制，从而克服了叠加法的不足之处。然而当个别污染物出现高浓度值时，其计算结果易掩盖高浓度单项污染的影响。

（4）方根法。

方根法分为平方和方根法以及均方根法两种。

平方和方根法的一般表达式：

$$EQI = \sqrt{\sum_{i=1}^{n} P_i^2}$$

$$EQI = \sqrt{\sum_{i=1}^{n} W_i P_i}$$

此法的代表主要有塞特大气指数、报值指数、大气污染超标指数和殷哈伯方法等。

均方根法的一般表达式：

$$EQI = \sqrt{\frac{1}{n}\sum_{i=1}^{n} P_i^2}$$

此法以内罗梅法为代表，其具体形式：

$$EQI = \sqrt{\left[(C_i / L_{ij})^2_{\text{最大}} + (C_i / L_{ij})^2_{\text{平均}} \right] / 2}$$

式中 C_i——水中 i 污染物的实测浓度；

L_{ij}——水中污染物 i 在作为 j 用途时的水质标准。

此法首先考虑了水的用途，另外还考虑了个别污染严重的污染物影响。

（5）几何均数法。

具体表达式：

$$EQI = \sqrt{(I_i)_{\text{最大}} + (I_i)_{\text{平均}}}$$

式中 I_i——大气质量指数。

此法克服了内罗梅法的缺陷，在适当兼顾最大值的情况下，赋予平均值的权重较大。此法不仅考虑到最大值的作用，而且又不使它在评价指数中占据比例过大，且能使评价指数保持一定的物理含义。

第三节　环境影响评价

一、环境影响评价类型

环境影响是指人类活动（经济活动、政治活动和社会活动）导致环境变化以及由此引起的对人类社会的效应。要识别环境影响是有害的、有利的、长期的、短期的、潜在的、现实的，必须制定出减轻对环境不利影响的对策措施。

1. 环境影响评价概念

环境影响评价是一种预断性的评价，是指对拟议中的建设项目、区域开发计划和国家政策实施后可能给环境带来的影响（后果）进行的系统性识别、预测和评估。更广泛的含义是指人类进行某项重大活动之前，采用评价方法预测该项活动可能给环境带来的影响，并制定出减轻对环境不利影响的措施，从而为社会经济与环境保护同步协调发展提供有力保证。一个拟议中的工程、计划、项目或立法活动可能会对物理化学环境、生物环境、文化环境和社会经济环境产生潜在的影响，因此有必要对这个事件进行系统性的识别和评估。其根本目的在于鼓励人们在规划和决策中考虑环境因素，使得人类活动更具有环境相容性，这就是环境影响评价。

2. 环境影响评价的具体类型

根据目前人类活动的类型及其对环境的影响程度，环境影响评价可分为单个建设项目的环境影响评价、区域开发的环境影响评价、生态环境影响评价和社会经济环境影响评价。

（1）单个建设项目的环境影响评价。

单个建设项目的环境影响评价是环境影响评价体系的基础，具有评价内容和评价结论针对性强的特点。该类评价主要对工程的选址、生产规模、产品方案、生产工艺、工程对环境和社会的影响进行评估，提出减弱和防范不良影响的措施，它与建设项目的可行性研究同时进行并有明确结论。

（2）区域开发的环境影响评价。

区域开发的环境影响评价指的是对区域内拟议的所有开发建设行为进行的环境影响评价，具有战略性，着眼于在一个区域内如何合理地进行建设，强调把整个区域作为整体来考虑。评价的重点是论证区域内未来建设项目的选址、开发规划、总体规模是否合理，同时也重视区域内建设项目的布局、结构、性质、规模，并对区域的排污量进行总量控制。为使区域的开发建设对周围环境的影响控制在最低水平，提出相应的减轻影响的具体措施。

（3）生态环境影响评价。

生态环境影响评价是通过定量揭示和预测人类活动对生态环境以及对人类健康和经济发展的影响，确定一个地区的生态负荷或环境容量。或通过许多生物和生态的概念和方法，预测和估计人类活动对自然生态系统的结构和功能所造成的影响。主要评价内容有生态环境影响评价的级别和范围、生态环境影响识别、生态环境现状调查、生态现状评价、生态影响预测、生态影响的减缓措施和替代方案。

（4）社会经济环境影响评价。

社会经济环境影响评价指的是为了避免人类活动对社会经济环境的不良影响，或者改善社会经济环境质量，在待建项目或计划、政策实施之前，通过深入全面的调查研究，对被影响区域社会经济环境可能受到的影响内容、作用机制、过程、趋势等进行系统的综合模拟、预测和评估，并据此提出评价意见和预防、补偿与改进措施，从而为科学决策和管理提供切实依据的一整套理论、方法、手段等。主要内容包括社会经济环境影响及主要环境问题、社会经济效果、美学及历史学环境影响分析。

3. 环境影响评价制度

1969 年，美国首先在《美国国家环境政策法》中把环境影响评价作为联邦政府在环境管理中必须遵守的一项制度。我国的环境影响评价制度始于 1979 年的《中华人民共和国环境保护法（试行）》，其中规定企业在进行新建、改建和扩建工程时，必须提交对环境影响的报告书，经环境保护部门和其他有关部门审查批准后才能进行设计。在近 40 年的实践中，我国先后出台了许多有关规定、办法和条例，使这项制度得到了规范、完善和提高。2002 年 10 月 28 日，第九届全国人大第三十次会议审议通过了《中华人民共和国环境影响评价法》。该法与过去的规章和条例已有很大区别。2005 年公开叫停 30 个总投资额达 1179.4 亿元的违法建设项目。

二、环境影响评价的实施

1. 环境影响评价的原则

环境影响评价的原则，见表 9–6。

表 9–6　环境影响评价的原则

原则	主要内容
综合性	环境影响评价的综合性是指在环境影响评价工作中，不仅要注意开发活动对单个环境要素和过程的影响，而且要注意对各要素和过程间相互联系和作用的影响，注意环境对策的后果及环境影响的社会经济后果。环境是一个整体，各环境要素和过程之间存在密切联系和作用，只有将环境作为一个整体进行综合分析研究才能解决环境问题
实用性	环境影响评价的实用性是指必须按开发决策的要求确定环境影响评价工作的内容、深度，力求工作内容精练，所需资金较少，工作周期较短，从而在开发决策中及时发挥环境影响评价工作的作用。环境影响评价工作是一项综合性很强的工作，工作的主要力量应集中在着重研究那些受开发活动影响的要素和过程方面，着重研究受开发活动影响后的变化、过程和后果，这样才能适应开发决策的需要
科学性	环境影响评价的科学性是指在环境影响评价工作中必须客观地、实事求是地认识开发活动对环境的影响及其环境对策。在开发决策时，坚持从国家的长远利益出发，公平地给出结论，使环境影响评价工作的环境影响预测和决策分析准确、可靠。因而环境影响评价工作真正发挥作用的前提就是它的科学性

2. 环境影响评价的程序

（1）确定所需要的参数及评价的深度。

（2）对基本情况的收集及实地考察。

（3）通过对资料的分析，给出工程项目对环境的影响并进行定量或定性的分析。

（4）应用评价结果以确定工程建设项目如何进行修正，以最大限度地减少不利的环境影响。

我国环境影响评价工作大体分为三个阶段：第一阶段为准备阶段，主要工作为研究有关文件，进行初步的工程分析和环境现状调查，筛选重点评价项目，确定各单项环境影响评价的工作等级，编制评价大纲；第二阶段为正式工作阶段，其主要工作是进一步进行工程分析和环境现状调查，并进行环境影响预测和评价环境影响；第三阶段为报告书编制阶段，其主要工作是汇总、分析第二阶段工作所得的各种资料、数据，给出结论，完成环境影响报告书的编制。

3. 环境影响评价的内容

环境影响评价的内容，见表9-7。

表9-7 环境影响评价的内容

项目	主要内容
总则	总则包括编制环境影响报告书的目的、依据、采用的标准以及控制污染与保护环境的主要目标
建设项目概况	该项内容包括建设项目的名称、地点、性质、规模、产品方案、生产方法、土地利用情况及发展规划
工程分析	主要内容包括主要原料、燃料及水的消耗量分析，工艺过程、排污过程分析，污染物的回收利用、综合利用和处理处置方案，工程分析的结论性意见
建设项目周围地区的环境现状	主要内容包括地形、地貌、地质、土壤、大气、地面水、地下水、矿藏、森林、植物、农作物等情况
环境影响预测	主要内容包括预测环境影响的时段、范围、内容以及对预测结果的表达及其说明和解释
评价建设项目的环境影响	主要内容包括建设项目环境影响的特征、范围、大小程度和途径

此外，还包括环境保护措施的评述及技术经济论证，各项措施的投资估算，环境影响经济损益分析，环境监测制度及环境管理、环境规划的建议，环境影响评价结论。

4. 环境影响评价的方法

环境影响评价的方法，见表9-8。

表9-8 环境影响评价的方法

方法	主要内容
数学模型方法	数学模型方法是把环境要素或过程的规律，用不同的数学形式表示出来，得到反映这些规律的不同数学模型，由此确定所研究的要素和过程中各有关因素之间的定量关系。该法优点是可得到定量的结果，有利于对策分析。但数学模型方法只能用于规律研究比较深入，有可能建立各影响因素之间定量关系的要素和过程

方法	主要内容
定性分析方法	定性分析方法是环境影响评价工作中广泛应用的方法，主要用于不能得到定量结果的情况。该法优点是相对简单，可用于无法进行定量预测和分析的情况，只要运用得当，其结果也有相当的可靠性。但该法不能给出较精确的预测和分析结果，其结果的可靠程度直接取决于使用者的主观因素，使其应用受到较大限制
综合评价方法	综合评价是指对开发活动给各要素和过程造成的影响做一个总的估计和比较，勾画出开发活动对环境影响的整体轮廓和关系。综合评价方法目前有矩阵方法、地图覆盖方法、灵敏度分析方法等
系统模型方法	环境系统模型就是在客观存在的环境系统的基础上，把所研究的各环境要素或过程以及它们之间的相互联系和作用，用图像或数学关系式表示出来。该法优点是可给出定量的结果，能反映环境影响的动态过程。但建立系统模型费时长，耗费大量财力

5. 环境影响报告书

环境影响报告书根据项目的行业特点、厂区自然环境条件以及环境规划要求来确定，并应符合已经批准的评价工作大纲的要求。

（1）环境影响报告书的内容。

内容主要包括建设项目的名称、地点及建设性质、建设规模（改、扩建项目应说明原有规模），产品方案及主要生产方法，职工人数和生活区布局，占地情况及土地利用情况。

（2）环境影响报告书的工程分析。

对污染型建设项目（如工业建设项目等）中主要原料、燃料及水的用量和来源的分析，原料、燃料中有毒有害物质含量以及它们的运动途径与分布的分析；水量平衡情况；工艺过程（应附工艺流程图）；排污过程，应对污染源编号，并按此编号列表说明废水、废气、废渣、粉尘、放射性废物等的种类、排放量、排放浓度、排放规律（指间断或连续排放）、排放方式（点源、面源）及噪声、振动、电磁辐射等物理污染因素及其因子的数值等分析。

（3）总报告的编写。

应做到取材翔实，结论明确，防治对策具体，内容精练，文字通俗，字数要有一定限制。对于比较复杂的评价，报告的字数以3万～5万字为宜。在叙述专题论证时，可以重点选取专题评价结论部分。与结论有关的计算公式，只需说明公式使用条件和计算结果。属于过程部分的内容可写出摘要，不要在总报告中全部罗列，但对专题报告字数可不限，可以评述。

（4）环境影响报告书的编写。

1）总论。结合评价项目的特点阐述编制环境影响报告书的目的；编制依据，包括项目建议书及批准文件；评价工作大纲及其审查意见或批复意见；评价委托书（合同）或任务书等；采用的标准，包括国家标准、地方标准或参照的国外有关标准；控制污染与保护环境的主要目标。

2）建设项目概况。建设项目概况包括建设项目的名称、地点、性质、规模、产品方案、原料、燃料及用水量、污染物排放量、环保措施，污染物的回收利用及综合利用和处理、处置方案，关于污染物处理效率、可靠性及处理程度的合理性等的论述。如果是改建、扩建、技术改造项目，应对以上项目的内容进行工程实施前后的对比分析。此外，还包括交通运输情况及场地的开发利用，工程影响环境因素分析。

3）建设项目周围地区的环境状况调查。地理位置（附地理位置图），周围地区地形、地貌、地质和土壤情况，江、河、湖、海、水库的水文情况，气候与气象情况；周围地区矿藏、森林、草原、水产和野生动植物等自然资源情况；大气、地面水、地下水和土壤的环境质量现状；环境功能情况、环境敏感区（点），包括自然保护区、风景游览区、名胜古迹、温泉、疗养区及重要的政治文化设施情况；社会经济情况，包括现有工矿企业和生活居住区分布情况、人口密度、农业概况、土地利用情况、交通运输情况及其他有关的社会经济活动；人群健康状况及地方病情况；其他环境污染、环境破坏的现状资料。

4）环境影响预测。预测环境影响的时段，包括建设过程、投入使用、服务期满的正常情况和异常情况；预测范围；预测内容，包括污染与破坏因素及其因子与预测工作内容、预测手段及方法；对预测结果的表述及其说明和解释。

5）环境影响评价。建设项目环境影响特征，包括污染影响与环境破坏，长期影响与短期影响，可逆的与不可逆的影响等；环境影响的范围、大小程度和途径；如果进行多个厂址的优选，应综合评价每个厂址的环境影响，同时提出比较结论。

6）减轻环境影响的措施评述和各种措施的投资估算。

7）环境影响经济效益简要分析，主要分析建设项目的经济效益、环境效益和社会效益。

8）环境监测制度建议。

9）结论与建议。建设地址环境质量现状，包括环境污染现状及某些主要的生态破坏现象等的扼要说明；污染影响范围；建设项目的选址、规模、产品结构是否符合环保要求；所采取的防治措施在技术上是否可行、经济上是否合理；存在的主要问题与解决这些问题的对策和建议，包括多方案优选、单方案优化、补救措施或替代方案以及排放污染物总量控制的指标建议等。

10）附件、附图及参考文献。

6. 环境影响评价的进展

随着环境影响评价研究和实践的深入，顺应可持续发展的要求，环境影响评价在理论和实践上有了许多新进展。

（1）战略环境影响评价（SEA）。

战略环境影响评价是指对政策、计划或规划及其替代方案的环境影响进行系统的评价过程。战略环境影响评价的范围可以是部门、国家甚至全球，识别的影响是宏观的和综合的，评价的方法多为定性的或半定量的各种综合判断、分析的方法。我国开展的战略环境影响评价并不多，其方法并不成熟，但是随着社会、经济的发展和可持续发展的需要，我国战略环境影响评价有在更广泛的范围内展开的迫切要求和趋势。

（2）生命周期评价（LCA）。

生命周期评价是指对产品从最初的原材料采掘到原材料生产、产品制造、产品使用及用后处理的全过程进行跟踪和定量分析与定性评价。生命周期评价是从产品这一特殊的角度，研究其"从摇篮到坟墓"的全过程对环境的影响。当前生命周期评价已形成基本的概念框架和技术框架，成为产业生态学的主要理论和方法。国际标准化组织制定的 ISO 14000 环境管理体系也将生命周期评价作为该体系的一个重要步骤。

（3）环境风险评价（ERA）。

环境风险是指可能对环境构成危害后果的概率事件。这种事件发生的不确定性，使得其后果往往是严重的，可导致一定范围环境条件恶化，破坏人们正常生产和生活活动，引起局部生态系统的破坏和毁灭。广义上讲，环境风险评价是指人类的各种开发活动所引发的或面临的危害（包括自然灾害）对人体健康、社会经济发展、生态系统等所造成的风险，以及可能带来的损失，并据此进行管理和决策的过程。狭义上讲，环境风险评价常指对有毒化学物质危害人体健康的影响程度进行概率估计，并提出减小环境风险的方案和对策。

（4）累积影响评价（CIA）。

累积影响评价是指对累积影响的产生、发展过程进行系统的识别和评价，并提出适当的预防或减缓措施的过程。累积影响评价在空间上将分析范围扩展到区域或全球水平，考虑多项活动的相互关系，时间上则不只是考虑预测的影响，还要考虑过去和当前的影响，明显地体现出评价的动态性。目前，我国许多环境工作者和环境管理人员已认识到累积影响评价的重要性，一些环境科学研究已开展了累积影响评价的研究工作。

（5）公众参与。

公众参与可定义为一种连续的、双向的交流过程，包括提高人对环境保护机构如何调查、解决环境问题的过程和机制的认识；使公众对拟议的工程、区域开发和公共政策有充分的了解；同时，环境保护机构积极听取公众对资源的利用和开发、环境管理战略方案以及各种决策的意见、建议和要求。公众参与包括信息的传播和反馈两个过程。前者是指信息从环境保护机构到达关注公共政策的公众；后者是指从公众到制定政策的政府或官员，使其获得有益的信息反馈。

第十章 环境保护与可持续发展

第一节 清洁生产

一、清洁生产基础知识

1. 清洁生产的概念

我国自 2003 年 1 月 1 日起施行《中华人民共和国清洁生产促进法》（以下简称《清洁生产促进法》）。此法中所称的清洁生产是指不断采取改进设计、使用清洁的能源和原料、采用先进的工艺技术与设备、改善管理、综合利用等措施，从源头削减污染，提高资源利用效率，减少或者避免生产、服务和产品使用过程中污染物的产生和排放，以减轻或者消除对人体健康和环境的危害。

清洁生产内涵丰富，可归纳为"三清一控制"，即清洁的原料与能源、清洁的生产过程、清洁的产品，以及贯穿于清洁生产的全过程控制，体现了预防性和可持续性。具体表现：无污染或少污染的能源和原材料替代毒性大、污染重的能源和原材料；最大限度地利用能源和原材料，实现物料最大限度的厂内循环；用消耗少、效率高、无污染或少污染的工艺设备替代消耗高、效率低、产污量大、污染重的工艺设备；用无污染或少污染的产品替代毒性大、污染重的产品；强化企业管理，减少"跑、冒、滴、漏"和物料流失；对必须排放的污染物，采用低费用、高效能的净化处理设备和"三废"综合利用的措施进行最终的处理和处置。除"强化企业管理"外，其他内容都属于清洁技术。

2. 清洁生产的意义

清洁生产是一种全新的发展战略，它借助于各种相关理论和技术，在产品整个生命周期的各个环节采取"预防"措施，通过将生产技术、生产过程、经营管理及产品等方面与物流、能量、信息等要素有机结合起来，优化运行方式，从而实现最小的环境影响、最少的资源和能源使用、最佳的管理模式以及最优化的经济增长水平。

（1）实现可持续发展战略。

清洁生产可大幅减少资源消耗和废物产生，使被破坏了的生态环境得到缓解和恢复，排除匮乏资源困境和污染困扰，是可持续发展的最有意义的行动，是工业生产实现可持续发展的唯一途径。对政府部门来说，清洁生产是指导环境和经济发展政策制定的理论基点；对工业企业来说，清洁生产是实现经济效益和环境效益相统一的方针；对公众来说，清洁生产是一个衡量政府部门和工业企业的环境表现及可持续发展的尺度。

（2）开创有效防治污染新阶段。

在粗放经营为特征的传统发展模式下，末端治理曾经作为国内外控制污染最重要的手段，对保护环境起到了一定的积极作用。清洁生产从根本上扬弃了末端治理的弊端，改变了传统的被动、滞后的先污染、后治理的污染控制模式，变被动治理为主动行动，通过生产全过程控制，采用大量的源头削减措施，既可减少含有毒成分原料的使用量，又可提高资源、能源和原材料的转化率，减少物料流失，减少污染物的产生量和排放量，降低对环境的不利影响。

（3）提高企业市场竞争力。

清洁生产提倡通过工艺改造、设备更新、废弃物回收利用等途径，实现"节能、降耗、减污、增效"，使原材料最大限度地转化为产品，最大限度地利用资源和能源，实现循环利用和重复利用。清洁生产把污染消灭在生产过程之中，大大减少了末端的污染负荷，也节省了大量环保投入，从而降低生产成本，提高企业的综合效益。

3. 清洁生产的目标

清洁生产的基本目标就是节省能源，降低原材料消耗，提高资源利用效率，减缓资源的耗竭。使用清洁的原、辅材料，通过清洁的工艺过程，生产出清洁的产品，减少和避免污染物的产生量和排放量。清洁生产的终极目标是保护和改善环境，保障人体健康，提高企业自身的经济效益，促进经济与社会的可持续发展。清洁生产同时具有经济和环境双重目标，通过实施清洁生产，企业在经济上要能赢利，环境也能得到改善，从而达到环境保护和经济发展相协调的目的。清洁生产是手段，目标是实现经济与环境协调发展，使人类社会与自然和谐发展。

从企业的角度来看，清洁生产的目标可分为短期目标和长期目标。从短期来看，企业应加强工业生产过程管理，提高生产效率，减少资源和能源的浪费，减少污染物的产生量，推行原材料和能源的循环利用，替换和更新导致严重污染的落后的生产流程、技术和设备，开发清洁产品，鼓励绿色消费。从长期来看，企业应当根据可持续发展的原则来规划、设计和管理区域性工业生产，包括工业结构、增长率和工业布局等。应采用清洁生产方式调整研究和技术开发，为解决资源有限性和未来日益增长的原材料和能源需求提供解决途径。应建立推行清洁生产的合理管理体系，包括改善有关的实用技术，建立人力培训规划机制，开展国际科学交流合作，建立有关的信息数据库。最终要通过实施清洁生产，提高全民对清洁生产的认识，实现可持续发展的目标。

4. 清洁生产的原则

清洁生产是循环经济的基础。循环经济主要有三大原则，即"减量化、再使用、再循环利用"的 3R 原则（见表 10-1）。3R 原则是循环经济最重要的操作原则，也是清洁生产的操作原则。

表 10-1　循环经济的 3R 原则

原则	主要内容
减量化原则	减量化原则旨在减少进入输入端的资源和能源，从源头上节约资源和能源使用，减少污染物的排放
再循环利用原则	再循环利用原则即资源化原则，是针对输出端的，要求物品完成使用功能后重新变成再生资源，以减少最终垃圾处理量，即实现废弃物的回收与综合利用
再使用原则	再使用原则旨在生产和消费过程中延长产品和服务的时间期限，提高产品和服务的利用效率。尽可能多次或多种方式地使用物品，避免物品过早地成为垃圾。例如，改进设计，使产品简捷地实现升级换代，而不必更换整个产品

"减量化、再使用、再循环利用"的原则在循环经济中的重要性并不是并列的，而是要先减少资源和能源的输入，尽可能多次再使用各种物品，尽量减少废弃物产生，再实施废弃物循环利用。即先通过实施清洁生产从源头节约资源和能源消耗，减少污染物的排放和废弃物的产生，再实施资源化利用。

5. 清洁生产方法

清洁生产要从企业的特点出发，在产品设计、原料选择、工艺流程、工艺参数、生产设备、操作规程等方面，全面分析减少污染物产生的可能性，寻找清洁生产的机会和潜力。通过改进管理和操作，改进工艺技术，改进产品设计包装，选择更清洁的原料，组织内部物料循环，推进清洁生产的实施。实施清洁生产的主要途径为转变观念，建立健全法律法规；合理布局，加强科学管理；研发清洁生产工艺、技术和装备，加强技术改造；减少废物的产生和排放，实现物料最大限度的循环；把好原料、能源选择关，重视和改进产品设计，防止对环境的危害；发展环境保护技术，搞好末端处理。

二、清洁生产主要内容

1. 清洁生产评价

为准确评价企业自身清洁生产水平和取得的成果，了解企业清洁生产潜力，促进企业积极主动地投入到清洁生产工作中来，需要对各企业进行科学客观的评价。为此，制定和实施符合我国当今环境管理水平的清洁生产评价指标和评价方法，对推进我国清洁生产具有重要的理论意义和深远的现实意义。

清洁生产的评价指标是指国家、地区、部门和企业，根据一定的科学、经济条件，在一定时期内规定的清洁生产所必须达到的具体目的和水平，是对清洁生产技术方案进行筛选的客观依据，是清洁生产审计活动中最为关键的环节。评价指标既是管理科学水平的标志，也是进行定量比较的尺度。

清洁生产技术方案根据被评价技术所处的行业、生产的产品和所使用的原料确定其评价指标体系。评价指标体系包括经济指标、技术指标和环境指标三个方面。评价指标可分为六大类：生产工艺与装备要求、资源能源利用指标、产品指标、污染物产生指标、废物回收利用指标和环境管理指标。指标制定一般依据相对性、定量化、污染预防和生命周期评价的基本原则，突出清洁生产技术与现有生产技术的比较评价。清洁生产指标的范围主要反映项目实施过程中所使用的资源量及产生的废物量，包括使用能源、水或其他资源的情况。通过对这些指标的评价，反映出建设项目通过节约和更有效的资源利用，以达到保护自然资源的目的。尽量选择容易量化的指标项，使之具有可操作性。在评价过程中，既要对生产过程和产品的使用阶段进行评价，还应对生命周期各阶段所涉及的各种环境性能进行尽量全面的考察和分析。

清洁生产技术的评价方法步骤见表 10-2。

表 10-2　清洁生产技术的评价方法步骤

方法步骤	主要内容
技术指标权重的确定	分别确定工艺技术的环境指标、经济指标和技术指标
技术指标最大值和最小值的确定	构建清洁技术的指标后，要对该指标体系中的各项因子数值与其标准数值进行评价，确定最大数值或最小数值
清洁技术指标数据的标准化处理	对某一具体指标，取最优值标准化处理后为 1，最差数值处理后为 0。优于最优数值者，处理后其数值为 1；差于最差数值者，处理后其数值为 0；介于最优数值和最差数值之间者计算出结果
技术指标的求和	将每一个技术指标相加得出该技术的指数和
被评价工艺技术的分类	根据国内外工艺技术发展的现状，工艺技术大致分成五种类型：清洁生产工艺、传统先进工艺、一般工艺、落后工艺、淘汰工艺

2. 清洁生产审核

根据《清洁生产促进法》和国务院相关规定制定的《清洁生产审核暂行办法》，

清洁生产审核是指按照一定程序，对生产和服务过程进行调查和诊断，找出能耗高、物耗高、污染重的原因，提出减少有毒有害物料的使用、产生，降低能耗、物耗以及废物产生的方案，进而选定技术经济及环境可行的清洁生产方案的过程。

清洁生产审核程序一般包括审核准备，预审核，审核，实施方案的产生、筛选和确定，编写清洁生产审核报告等。清洁生产审核的基本思路是以废物为切入点，以废物削减为主线，判明废物产生的部位，从原辅材料、能源、工艺技术、生产设备、过程控制、管理、员工和产品八个方面分析废物产生的原因，提出整改方案，以减少或消除废物。

清洁生产审核分为自愿性审核和强制性审核。清洁生产审核应当以企业为主体，遵循企业自愿审核与国家强制审核相结合、企业自主审核与外部协助审核相结合的原则，因地制宜、有序开展、注重实效。

3. 化工清洁生产

化工行业是基础产业部门之一，对国家建设和人民生活起着重要作用，但污染严重是其行业特点，是产生废气、废水、废渣的"大户"。化工生产清洁技术就是用化学原理和工程技术来减少或消除造成环境污染的有害原料、催化剂、溶剂、副产品及部分产品。

（1）原料的绿色化。

采用无毒、无害的化工原料或用生物废弃物替代有剧毒的、严重污染环境的原料，生产特定的化工产品是化工清洁技术的重要组成部分。

（2）化学反应绿色化。

化学反应绿色化是基于化学反应的高效原子经济性，设计出高效利用原子的化学合成反应。理想的原子经济反应是原料分子中的原子全部转化为产物，实现"零排放"。

（3）反应介质的绿色化。

化学反应介质主要是指反应过程中采用的催化剂或溶剂。采用绿色催化剂，彻底地解决了因使用污染型催化剂而存在的设备腐蚀和环境污染问题。认识和开发出一些低毒或无毒的溶剂，并将它们大力推广应用到化工生产的反应和分离过程中，也是反应介质绿色化的一部分。

（4）绿色的化工产品。

化工产品广泛用于日常生活和生产活动的各个方面，因此化工产品的绿色化与人体健康及生态环境有着密切的关系，化工清洁技术就是要生产出符合环保要求的清洁产品。

三、绿色环境

1. 绿色技术体系

（1）绿色技术的内容。

科学技术对环境问题的作用具有有利性和不利性，不利性如核辐射、农药的毒性、汽车尾气等。技术发展的同时，新的环境问题也层出不穷。环境价值观应渗入各个科学技术领域，特别要重视技术的环境效应，发展绿色技术。减轻污染负荷，改善环境质量，发展绿色技术是促进可持续发展的有效途径。

不同的国家或地区，绿色技术的主要内容有所不同。首先要识别经济发展过程中环境会遭受到的风险，然后针对这些风险，确定发展绿色技术的重点领域，研究相应的绿色技术。美国环保局识别的环境风险重点见表10-3。

表 10-3　环境风险重点

环境风险分类		环境风险
对自然生态和人类福利的风险	排序相对较高的风险	栖息地的变动与毁坏、物种灭绝和生物多样性的消失、平流层臭氧的损耗、全球气候变化
	排序相对居中的风险	除锈剂和杀虫剂，地表水体中的有毒物、营养物、生化需氧量、浑浊度，酸沉降、空气中有毒物质
	排序相对较低的风险	石油泄漏、地下水污染、放射性核素、酸性径流、热污染
	对人体健康的风险	大气中的污染物、化学品、室内污染、饮用水中的污染物

由于我国人口基数庞大，人均资源有限，资源利用效率低，环境污染和生态破坏严重，技术水平低等，经济建设必须与人口、资源、环境相协调，大力发展绿色技术是促进我国可持续发展的重要措施。原国家环保总局确定的我国环境保护重点行业有煤炭、石油天然气、电力、冶金、有色金属、建材、化工、轻工、纺织、医药。相应的绿色技术的主要内容包括能源技术、材料技术、催化剂技术、分离技术、生物技术、资源回收技术。

（2）绿色技术特点。

1）动态性。绿色技术的动态性是指在不同条件下绿色技术有不同的内容，这是由于技术因素是影响环境变迁的重要原因。技术因素可分为污染增加型技术、污染减少型技术和中性技术三种类型。人们在主观上希望尽可能采用污染减少型技术或发展绿色技术，但是技术因素的演变是客观条件作用的结果，包括经济、自然、社会、技术发展等各个方面。显然，把握绿色技术的动态性，有助于认识技术因素演变的内在规律及其对环境的影响，更有助于采取合适的技术对策，在加快经济发展的同时减轻对环境的不利影响。

2）层次性。绿色技术的层次性是指绿色技术思想表现在产业规划、企业经营、生产工业三个层次，它们既互相区别又密切联系。要成功地实施绿色技术，三个层次的实践缺一不可，而且必须相互协调。

①产业规划的行为主体是国家各级政府。体现绿色技术思想的产业规划应当从可持续发展原则和地区的实际情况出发，在产业布局、产业结构等方面充分考虑经济与环境协调发展。

②企业经营的行为主体是企业，动力来自于企业的决策管理层，实施效果则取决于整个企业的企业文化。因此，绿色技术的思想应当渗透到企业发展的意识和谋略中去，引导企业把追求利润目标和减轻对周围环境不利影响的目标结合起来。具体内容包括产品设计、原材料和能源选用、工艺改进、管理优化等方面。

③在生产层次上，绿色技术表现为工艺优化。从环境保护出发，不断进行工艺改进，提高资源能源利用率，减少废物排放，积极推行清洁生产，即对工艺和产品不断运用一体化的预防性环境战略，减轻其对人体和环境的风险。

3）复杂性。绿色技术的复杂性主要表现在以下两个方面：

①广度上，绿色技术改进往往会引发多种效应，如环境效应、经济效应、社会效应，产生的综合影响是复杂的。例如，电动汽车采用蓄电池代替汽油或柴油作为动力源，行驶中不排放氮氧化物、一氧化碳等有害尾气，从这一方面来说是一项绿色技术。但是把评价的范围扩大一些，蓄电池的生产过程要耗用石油或煤炭等初级能源，生产过程排放出大量废水、废气，显然存在污染转移的问题，把发生在行驶过程中的污染集中到了生产过程中。此外，还存在废旧蓄电池的处置问题。国外学者研究发现，电动汽车启动性能弱于汽油车，容易造成路口堵塞。

②深度上，绿色技术改进与环境效应之间的联系不能只看表面，需要进行深入研究。例如，洗衣粉"禁磷"以后，相关水域的磷浓度显著降低并保持在稳定水平，在一些湖泊中，生物多样性指数提高，藻类构成发生了有利于水质改善的变化。然而，随着对富营养化研究的深入，人们对"禁磷"措施的有效性和科学性提出质疑，绿色和平运动委员会主席琼斯采用生命周期法评估认为，含磷洗衣粉与无磷洗衣粉对环境的负面影响大体相当，甚至后者大于前者。

（3）绿色环境体系

绿色技术的理论体系包括绿色观念、绿色生产力、绿色设计、绿色生产、绿色化管理、合理处置等一系列相互联系的概念（见表10-4）。

表 10-4　绿色环境体系

项目	主要内容
绿色观念	绿色观念应当体现绿色技术思想，同时又能具体指导实践生产。宏观的绿色观念包括环境的全球性观念、持续发展的观念、群众参与的观念、国情的观念
绿色生产力	绿色生产力是指国家和社会以耗用最少资源的方式来设计、制造与消费可以回收循环再生或再用的产品的能力或活动的过程。发展绿色生产力，必须是在绿色观念的指导下，即在社会生产和生活领域中体现绿色观念。具体内容包括以绿色设计为本质，绿色制造为精神，绿色包装为体现，绿色行销为手段，绿色消费为目的，来全面协调和改革生产与消费的传统行为和习性，从根本上解决环境污染问题
绿色设计	绿色设计也称生态设计或为环境而设计，它是指在设计时，对产品的生命周期进行综合考虑。少用材料，尽量选用可再生的原材料。绿色设计的优点是：产品生产和使用过程能耗低，不污染环境；产品使用后易于拆解、回收、再利用；产品使用方便、安全、寿命长
绿色生产	绿色生产也称为清洁生产，即在产品生产过程中，将综合预防的环境策略持续地用于生产过程和产品中，减少对人类和环境的风险。清洁生产是绿色技术思想在生产过程中的反映，两者在指导思想上是一致的，都体现了社会经济活动，特别是生产过程中环境保护的要求。两者涉及的范围也相当，都涵盖了产品生命周期的各个环节。绿色技术更多地表现为科学发展和环境价值观相结合而形成的理论体系，而清洁生产则是绿色技术理论体系在产品生产，尤其是在工业生产中的具体落实
绿色标准	绿色标准是由国际标准化组织制定的 ISO 14000 体系，该体系全称是环境管理工具及其体系列标准。内容包括环境管理体系标准（EMS）、环境审核标准（EA）、环境标志标准（EL）、环境行为评价标准（EPE）、生命周期评估标准（LCA）、术语和定义、产品标准中的环境指标（EAPS）
绿色标志即环境标志	它的作用是表明产品符合环保要求和对生态环境无害，环境标志经专家委员会鉴定后由政府部门授予。环境标志是以市场调节实现环境保护目标的举措，公众有意识地选择和购买环境标志产品，就可以促使企业在生产过程中注意保护环境，减少对环境的污染和破坏，促进企业以生产环境标志产品作为获取经济利益的途径，从而达到预防污染的目的

2. 绿色化学品

化学品行业已成为工业污染第一行业。化学品生产过程中排放的汞、铬、砷、氰化物、有机磷、有机硫等有毒有害化学品的总量高居各工业行业第一。近年来，化学品污染环境的事故频频发生。研究表明，人类癌症患者中 70% ~ 80% 是由化学品引起的。由化学品带来的环境污染问题越来越引起国际社会的关注，已形成《关于在国际贸易中对某些危险化学品和农药采用事先知情同意程序的鹿特丹公约》（PIC 公约）和《关于持久性有机污染物的斯德哥尔摩公约》（POPs 公约）两项关于化学品管理的国际公约，我国也已签署了上述两项公约。

各国的法规和政府资助正在推动绿色化学品的开发，许多化工公司也都在加大绿色产品的研发力度，并纷纷推出绿色新产品，以减少对环境和人类健康带来的负面影响。绿色化学品是既不会对人体造成直接或间接伤害，也不会对环境造成直接或间接污染的化学品。研制生物塑料和生物燃料新产品，开发废物减排技术，采用无毒代用品替代有害化学品等都已成为目前绿色化学工业的研究热点。从1996年起，美国环保局（EPA）敦促化工公司在化学品设计、制造方面使用绿色技术，并颁发总统绿色化学奖。2008年9月29日，美国加利福尼亚州颁布第一部绿色化学品法，以减少或消除有害化学品在消费产品中的使用。

3．绿色汽车

随着生活水平的不断提高，人们对汽车的需求越来越多，世界汽车工业生产规模日益增大，汽车工业成为大多数经济发达国家的支柱产业。目前，汽车的动力装置主要是传统的汽油机和柴油机，其能源为汽油、柴油并加入一些添加剂。我国汽车消耗的燃油占全国汽油消耗的90%以上，柴油占全国柴油消耗的25%以上。汽车尾气中的污染物一氧化碳、碳氢化合物、氮氧化物、二氧化硫和炭粒、硫化物等微粒对人们身体健康影响较大，甚至威胁着人们的生命，是城市环境污染的根源之一。汽车的环保、节能是近半个世纪以来汽车工业发展所面临的重要课题，也是21世纪汽车工业发展的基点和追求的目标。开发新的对环境和资源破坏较小的绿色汽车是当今世界汽车发展史上的一场变革。

对绿色汽车的研究主要是动力源的改进，集中表现在对蓄电池电动汽车、燃料电池汽车、太阳能电动汽车的研究。代用燃料汽车开发的基本设想是，使用汽油和柴油以外的燃料，如天然气、醇类、氢能源等。目前出现的绿色汽车大致可分为以下几种（见表10-5）。

表 10-5　绿色汽车的种类

类别	主要内容
电动汽车	低耗、低污染、高效率的优势使其在人们面前展现了良好的发展前景，美国把开发电动汽车作为振兴美国汽车工业的着力点
氢能源汽车	氢能源汽车采用氢能源作为燃料。氢燃料电池的原理是利用电分解水时的逆反应，使氢气与空气中的氧气发生化学反应，产生水和电，从而实现高效率的低温发电，且余热的回收与再利用也简单易行
天然气汽车	排污大大低于以汽油为燃料的汽车，成本也比较低，这是一种理想的清洁能源汽车
太阳能汽车	节约能源，无污染，是最为典型的绿色汽车。目前我国太阳能汽车的储备电能、电压等数据和设计水平已接近或超过了发达国家水平，是一种有望普及推广的新型交通工具
甲醇汽车	在煤少油少的地区值得推广

4. 绿色居室

随着人们自身保健和环境保护意识不断增强，人们对居住环境的要求越来越高。世界卫生组织（WHO）将"健康住宅"定义为能使居住者在身体上、精神上和社会上完全处于良好状态的住宅。主要基点在于，一切从居住者出发，满足居住者生理和心理的需求，使其生活在健康、安全、舒适和环保的居住环境中。健康住宅是健康人居环境具体化和实用化的体现，同时也是一种国际发展的趋势。

合理健康的住宅应包括房屋的内环境、外环境以及整个建筑的合理性。合理的外环境与建筑主要体现在建筑物的选址合理；建筑材料一定要用环保产品，房屋的建筑质量好；远离工业区和机场，避免噪声干扰；远离高架路及交通干道，避免排放的废气危害人体等；注重住宅的环境绿化。目前，城市垃圾已成为一大公害，垃圾分类处理被纳入健康住宅的内容。要将生活垃圾分为有机物、无机物、玻璃、金属、塑料等。就地处理垃圾能极大程度地降低垃圾对环境的污染，最大限度地化废为宝，循环利用。合理利用水资源也已经成为绿色健康住宅的重要内容。我国已有 300 座城市被联合国列为缺水城市。因此，在住宅建设中做到节约用水，例如洗衣服、洗菜的水用来冲厕所，可节约大量的水资源。

实现居室的绿色化，更要注重住宅的内在品质。我国目前实施的居室内部环境标准规定：居室内的氡浓度应符合国家控制标准，平衡当量氡浓度年平均值不超过 $100Bq/m^3$；使用的建筑材料中放射性比活度符合国家规定的 A 类产品要求；空气中甲醛最高允许浓度不超过 $0.08mg/m^3$；苯释放量应低于 $2.4mg/m^3$；氨释放量应低于 $0.2mg/m^3$；空气中二氧化碳卫生标准值小于或等于 0.10%（$2000mg/m^3$）；居室内可吸入颗粒物日平均最高容许浓度为 $0.15mg/m^3$；噪声昼间小于 50dB（A），夜间小于 40dB；易挥发有机物的总释放量应低于 $0.2mg/（m^2·h）$；无石棉建筑制品；无严重电磁辐射污染源；不应有令人不快的气味。

（1）采用更多、更好的绿色建筑装饰装修材料。

人们的居室装饰正逐渐走向现代化，例如，采用乳胶漆、中高档壁纸装饰墙面，地面多采用玻璃砖、复合木地板、高档塑料地板、地毯等进行装饰，用石膏板、塑料扣板、装饰玻璃作为吊顶，卫生间、厨房的现代化装修等。若居住者轻者出现不同程度的头晕、失眠、呼吸道疾病等症状，可能是选用了有毒害的建筑装饰装修材料。

建筑装饰装修材料绿色化方向和重点产品包括发展低毒、无毒、低污染的建筑涂料，发展无毒、无污染、无异味的墙纸、壁布，发展抗菌、除臭建筑装饰材料，发展工业副产石膏建材制品，发展绿色木质人造板材和绿色非木质人造板材，发展微晶玻璃装饰板，发展绿色塑料门窗，发展绿色管材，发展绿色地面装饰材料，发展绿色防火材料等。

（2）防止室内空气污染。

除了选用建筑装饰装修材料外，燃烧的燃料，清洁、消毒、杀虫等用的各种喷雾剂及吸烟、化妆品以及家具家电造成的污染等也可导致室内空气污染。污染物质主要有甲醛、挥发性有机物、氡气、石棉、二氧化硫等。世界卫生组织制定了室内空气有机化合物总挥发量（TVOC）小于或等于 $300\mu g/m^3$ 的标准建议。欧洲地区制定的室内环境质量标准的建议为：室内空气中甲醛、二氧化氮、一氧化碳、二氧化碳、氡气、人造矿物纤维、有机物等的量不得超过 $0.15mg/m^3$。

（3）居室内的绿化。

可选择合适的绿色植物点缀居室，吸收有毒有害物质，净化居住环境。居室内的绿化正逐渐转变成现代人的一种心理和生理的需求。

（4）充分利用太阳的自然光资源。

太阳的自然光资源不但影响居住者身体健康和生活质量，而且涉及能源的节约与浪费。居室采用大面积的玻璃，设计明厅、明卫、明厨等，科学合理地采光，能够充分利用太阳的自然光，节约大量的电能。采用太阳能热水系统与燃气等其他供热方式相比较，又可以减少对大气的污染。

如果考虑到居住的舒适性，还应考虑以下几个方面：房屋的内部结构安排，光照条件，通风条件，影响私密性、光照、通风、视野等方面的楼间距离，楼层高度。

第二节　环境的可持续发展

一、可持续发展战略

1. 21 世纪议程

（1）21 世纪议程基本内容。

以联合国环境与发展大会为标志，人类对环境与发展的认识提高到了一个新的阶段，可持续发展的实践活动也开始在全球范围内普遍展开。1992 年 6 月，联合国环境与发展大会在巴西里约热内卢召开，会议通过了《21 世纪议程》。《21 世纪议程》是一个广泛的行动计划，提供了从 20 世纪 90 年代起至 21 世纪的行动蓝图，内容涉及与全球持续发展有关的所有领域，是人类为了可持续发展而制定的行动纲领。

《21 世纪议程》全文分四篇：第一篇包括序言、社会和经济等内容；第二篇主要是促进发展的资源保护和管理，主要内容为大气、水资源、废物最少量化和再生利用；第三篇目的是加强主要团体的作用，主要内容为社团的参与支持，妇女、儿童、青年与可持续发展，非政府组织的作用，商业、工业的作用，科学技术界的作用以及农民的作用等；第四篇主要针对实施手段而言，主要内容为资金来源和机制，科学促进可持续发展，教育及提高环境意识，发展中国家能力建设和国际合作，法制、决策用的信息等。

《21 世纪议程》的基本思想是，人类正处于历史的关键时刻，人们正面对着国家之间和各国内部长期存在的悬殊现象及不断加剧的贫困、饥饿、疾病和文盲问题，人类福利所依赖的生态系统也在持续恶化。在这种情况下，把环境问题和发展问题综合处理并提高对这些问题的重视，将会使基本需求得到满足，所有人的生活水平得到改善，生态系统得到较好的保护和管理，并给全人类提供一个更安全、更繁荣的未来。在《21 世纪议程》中，各国政府提出了详细的行动蓝图，从而改变世界目前的非持续的经济增长模式，转向从事保护、更新经济增长和发展所依赖的环境资源的活动。行动领域包括保护大气层，阻止砍伐森林，阻止水土流失和沙漠化，防止空气污染和水污染，预防渔业资源的枯竭，改进有毒废物的安全管理。《21 世纪议程》还提出了引起环境压力的发展模式：发展中国家的贫穷和外债，非持续的生产和消费模式，人口压力和国际经济结构。

（2）21 世纪议程的意义与目标。

《21 世纪议程》是一份关于政府、政府间组织和非政府组织所应采取行动的广泛计划，旨在实现朝着可持续发展的方向转变，为采取措施保障人类共同的未来提供了一个全球性框架。《21 世纪议程》的一个关键目标，是逐步减轻和最终消除贫困，同样还要就保护主义和市场准入、商品价格、债务和资金流向问题采取行动，以取消阻碍第三世界进步的国际性障碍。为了适应地球的承载能力，工业化国家必须改变消费方式，而发展中国家必须降低过高的人口增长率。为了采取可持续的消费方式，各国要避免在本国以不可持续的水平开发资源。

（3）中国的 21 世纪议程。

我国政府于 1991 年 6 月在北京率先发起了发展中国家环境与发展部长级会议，会议通过了《北京宣言》，表明了我国政府对环境与发展的原则立场。1994 年 3 月 25 日，国务院第 10 次常务会议讨论通过了《中国 21 世纪议程》。《中国 21 世纪议程》是我国可持续发展战略的行动纲领，是制订国民经济和社会发展中长期计划的指导性文件，同时也是我国政府认真履行 1992 年联合国环境与发展大会的原则立场和实际行动,表明了我国政府在解决环境与发展问题上的决心和信心。《中国 21 世纪议程》为我国 21 世纪的发展描绘了宏伟蓝图。

我国是发展中国家,要提高社会生产力,增强综合国力,不断提高人民生活水平,就必须毫不动摇地把发展国民经济放在第一位,各项工作都要紧紧围绕经济建设这个中心来开展。我国是在人口基数大、人均资源少、经济和科技水平都比较落后的条件下实现经济快速发展的,这使本来就已经短缺的资源和脆弱的环境面临更大的压力。在这种形势下,只有遵循可持续发展的战略思想,从国家整体的高度协调和组织各部门、各地方、各社会阶层和全体人民的行动,才能顺利完成预期的经济发展目标,才能保护好自然资源,改善生态环境,实现国家长期、稳定地发展。

《中国 21 世纪议程》共 20 章 78 个方案领域,主要分为四大部分内容。

1)第一部分"可持续发展总体战略与政策"。该部分论述了我国实施可持续发展战略的背景和必要性,提出了我国可持续发展战略目标、战略重点和重大行动。内容主要包括建立我国可持续发展法律体系,制定促进可持续发展的经济技术政策,将资源和环境因素纳入经济核算体系,参与国际环境与发展合作的意义、原则立场和主要行动领域。其中,特别强调了可持续发展能力建设,包括建立健全可持续发展管理体系、费用与资金机制,加强教育,发展科学技术,建立可持续发展信息系统,促使各阶层人士及团体参与可持续发展。

2)第二部分"社会可持续发展"。该部分包括人口、居民消费与社会服务,消除贫困,卫生与健康,人类居住区可持续发展和防灾减灾等。第二部分强调尽快消除贫困,提高人民的卫生和健康水平。通过正确引导城市化,加强城镇用地规划和管理,合理使用土地,加快城镇基础设施建设,促进建筑业发展,向所有的人提供住房,改善居住区环境,完善居住区功能。

3)第三部分"经济可持续发展"。把促进经济快速增长作为消除贫困、提高人民生活水平、增强综合国力的必要条件,其中包括可持续发展的经济政策、农业与农村经济的可持续发展、工业与交通以及通信业的可持续发展、可持续能源和生产消费等部分。

4)第四部分"资源的合理利用与环境保护"。该部分包括水、土等自然资源保护与可持续利用,还包括生物多样性保护、防治土地荒漠化、防灾减灾、保护大气层(如控制大气污染和防治酸雨)、固体废物无害化管理等。该部分着重强调在自然资源管理决策中推行可持续发展影响评价制度,对重点区域和流域进行综合开发整治,完善生物多样性保护法规体系,建立和扩大国家自然保护区网络,建立全国土地荒漠化的监测和信息系统,开发消耗臭氧层物质的替代产品和替代技术,大面积造林，建立有害废物处置、利用的新法规和技术标准等。

《中国 21 世纪议程》突出体现了新的发展观，力求结合我国国情，逐步由粗放型经济发展过渡到集约型经济发展；同时注重处理好人口与发展的关系，充分认识我国资源所面临的挑战；并能够积极承担国际责任和义务。这充分表明，我国可持续发展战略的实施必将对人类做出应有的贡献。

2. 可持续发展理论

（1）可持续发展理论的概念。

可持续发展是 20 世纪 80 年代提出的新概念。1987 年世界环境与发展委员会在《我们共同的未来——从一个地球到世界》中第一次阐述了可持续发展的概念，得到了国际社会的广泛认同。即挪威首相布伦兰特夫人提出的定义："可持续发展是指既满足当代人的需求，又不对后代人满足其自身需求的能力产生威胁的发展。"这一个定义表达了两个基本观点：一是可持续发展强调人类发展；二是发展必须兼顾自然、社会、生态、经济等各个系统之间的平衡，要有限度，不能以牺牲环境为代价，不能危及后代人的生存环境及透支资源。

之后人们又从不同的角度给可持续发展下了定义：

1）从自然属性上阐述。生态学家关注的是生态持续性，提出可持续发展就是保持自然资源再生能力和开发利用程度之间的平衡。

2）从社会属性上阐述。该定义是 1991 年世界自然保护同盟（FVCN）、联合国环境规划署（UNEP）和世界野生生物基金会（WUF）共同提出的，它以人类社会的进步、发展为目标，即强调人类的生活、生产方式与地球的承载力相协调，并最终落脚于促进人类生活质量的提高和生活环境的改善。

3）从经济属性上阐述。经济学家是将经济的发展作为其核心内容，从经济发展的资源支撑上理解可持续发展。他们认为可持续发展就是不降低环境质量和不破坏世界自然资源基础的经济发展。

综上所述，可持续发展是一种从环境和自然资源角度提出的关于人类长期发展的战略和模式，它不是一般意义上所指的一个发展进程要在时间上连续运行、不被中断，而是特别强调环境和自然资源的长期承载能力对发展进程的重要性以及发展对改善生活质量的重要性。可持续发展从理论上结束了长期以来把经济发展同保护环境与资源相互对立起来的错误观点，并明确指出了它们应当是相互联系和互为因果的。

（2）可持续发展理论的产生。

从原始社会末到 19 世纪，人类社会经济主要以农业为主，农业经济得到了很大程度的发展。人类社会从原始文明进入农业文明后，由于开荒种地、砍伐森林、破坏植被、狩猎动物，出现水土流失、土地沙漠化等现象，物种遭到破坏，失去了生态平衡。19世纪以来，随着科学技术的不断发展，蒸汽机和电的发明与使用使生产力得到了飞速发展。人类文明进入了工业文明阶段，一些工业发达的城市和工矿厂区的人口密集，物流量增大，燃煤量急剧增加，出现了天空黑烟弥漫、污水横流的现象，开山采矿使地球"伤痕"累累，这是人类对生物圈更加激烈和严重的冲击。在工业化过程中，产生了新的一系列危及人类生存的环境问题，威胁着人类社会与经济的发展。一是环境污染，人类赖以生存的空气、水、粮食、土壤等都不同程度地受到了污染，这些污染都超出了自然环境的净化能力，经过不断的累积，酿成了一系列危及人类生存与发展的灾害，如20世纪出现的世界八大公害环境污染事件等。二是资源枯竭，包括动植物资源、水资源、土地资源、矿物资源、环境资源短缺或枯竭等，而这些资源都是人类赖以生存和发展的基础，当前资源危机正在全球蔓延。

20世纪70年代围绕"环境危机""石油危机"和罗马俱乐部提出的《增长的极限》，全球曾经爆发了一场关于"停止增长还是继续发展"的讨论。正值可持续发展概念处于环境和发展辩论的中心之时，联合国指定的世界环境与发展委员会（WCED）经过长期的研究，世界环境与发展委员会主席于1987年发表了《我们共同的未来——从一个地球到世界》。此报告中正式提出这样一个定义：可持续发展是指在不牺牲未来几代人需要的情况下，满足当代人需要的发展。报告还指出，当今存在的发展危机、能源危机、环境危机都不是孤立发生的，而是改变传统的发展战略造成的。要解决人类面临的各种危机，只有改变传统的发展方式，实施可持续发展战略，才是积极的出路。1992年，联合国环境与发展大会通过《21世纪议程》等一系列文件，可持续发展正式上升为全球战略。可持续发展无论是作为一种思潮，还是具体的实践，都对世界经济与社会的发展产生了广泛而深远的影响。

"可持续发展"一经提出便在世界范围逐步得到认同，并成为大众媒体使用频率最高的词汇之一，它反映了人类对自身以往发展的怀疑，也反映了人类对今后发展道路和发展目标的憧憬和向往。人们逐步认识到，过去的发展道路是不可持续的或至少是持续不够的，因而是不可取的，唯一的可靠出路是可持续发展之路。人类的这一次思考是深刻的，所得结论具有划时代的意义，这正是可持续发展的思想能够在全世界不同经济水平和不同文化背景的国家得到认同的根本原因。

（3）可持续发展理论的内涵。

可持续发展理论的内涵，见表10-6。

表 10-6 可持续发展理论的内涵

名称	主要内容
协调发展	协调发展包括经济、社会、环境三大系统的整体协调，也包括世界、国家和地区三个空间层面的协调，还包括一个国家或地区经济与人口、资源、环境、社会以及内部各个阶层的协调，持续发展源于协调发展
共同发展	地球是一个复杂的巨大系统，每个国家或地区都是这个巨大系统不可分割的子系统。系统的最根本特征是其整体性，每个子系统都和其他子系统相互联系并发生作用，只要一个系统发生问题，都会直接或间接引起其他系统的紊乱，甚至会诱发系统的整体突变，这在地球生态系统中表现最为突出。因此，可持续发展追求的是整体发展和协调发展，即共同发展
高效发展	公平和效率是可持续发展的两个方面。可持续发展的效率不同于经济学的效率，可持续发展的效率既包括经济意义上的效率，也包括自然资源和环境损益的成分。因此，可持续发展思想的高效发展是指经济、社会、资源、环境、人口等协调下的高效率发展
公平发展	世界经济的发展呈现出因水平差异而表现出来的层次性，这是发展过程中始终存在的问题。但是这种发展水平的层次性若因不公平、不平等而引发或加剧，就会从局部上升到整体，并最终影响整个世界的可持续发展
多维发展	人类社会的发展表现出全球化的趋势，但是不同国家与地区的发展水平是不同的，而且不同国家与地区又有着异质性的文化、体制、地理环境、国际环境等发展背景。此外，可持续发展还要考虑到不同地域实体的可接受性，因此，可持续发展包含着多样性、多模式的多维度选择的内涵。因此，在可持续发展这个全球性目标的约束和指导下，各国与各地区在实施可持续发展战略时，应该从国情或区情出发，走符合本国或本地区实际的、多样性的、多模式的可持续发展道路

（4）可持续发展理论的实质。

可持续发展要求人类在空间上应遵守互得互补的原则，不能以邻为壑，要利他利己均衡合理发展。在时间上应遵守社会的理性分配原则，不能在赤字状态下发展，保证代际协调发展。应遵守"只有一个地球""人与自然互利互惠、协同进化""人与人和平共济、平等发展"的原则，以生态学的智慧和泛爱的道德责任感规范人类自身的行为。在总体上体现发展的高效和谐、循环再生、协调有序、运行平稳的状态。可持续发展的目标是要建设和创造一个可持续发展的社会、经济和环境，核心是可持续发展的科技和教育。

从思想实质看，可持续发展有人与自然界的共同进化思想、当代与后代兼顾的伦理思想、效率与公平目标兼容的思想。换言之，可持续发展不能只求眼前利益而损害长期发展的基础，必须将近期效益与长期效益兼顾，绝不能"吃祖宗饭，断子孙路"。

3．可持续发展的实施

制定和实施可持续发展战略是实现可持续发展的重要手段，是一项综合的系统工程。

（1）自然资源的可持续发展。

自然资源是国民经济与社会发展的重要物质基础，自然资源分为可耗竭或不可再生（如矿产）和不可耗竭或可再生资源（如森林和草原）两大类。随着工业化发展和人口的增长，人类对自然资源的巨大需求和大规模的开采消耗已导致资源基础的削弱、退化、枯竭。如何以最低的环境成本确保自然资源可持续利用，将成为目前所有国家在发展过程中所面临的一大难题。比如，处于快速工业化、城市化过程中的中国，基本国情是人口众多、底子薄、资源相对不足和人均国民生产总值低，单纯的消耗资源和追求经济数量增长的传统发展模式，正在严重地威胁着自然资源的可持续利用。因此，以较低的资源代价和社会代价取得高于世界经济发展平均水平，并保持持续增长，更是具有中国特色的可持续发展的战略选择。

可持续发展的核心是发展，但要求在严格控制人口、提高人口素质和保护环境、资源永续利用的前提下进行经济和社会的发展。矿产资源是不可再生的自然资源，必须倍加珍惜，合理配置，高效益地开发利用。我国矿产资源总量丰富，但人均占有量不到世界平均水平的一半。当前，经济建设中95%的能源和80%的工业原料依赖矿产资源供给，矿产资源已探明的储量已明显不足。21世纪，保证经济可持续发展的矿产资源将更加严重不足。与此同时，我国矿产开发还存在开发综合利用水平不高的矛盾，这反映了开发资源和节流两方面的工作均需加强。因此，必须把"保护矿产资源，节约、合理利用资源"的基本方针真正落实并长期坚持下去，使人们了解合理开发利用矿产资源对经济、社会协调发展的重要性。不合理开采矿产资源不仅造成矿产资源的损失和浪费，而且极易导致生态环境的破坏。因此，有效地抑制矿产资源的不合理开发，减少矿产资源开采中的环境代价，已成为我国矿产资源开发利用中的紧迫任务。

（2）科技与可持续发展。

随着科技进步和社会生产力的极大提高，人类创造了前所未有的物质财富，加速推进了文明发展的进程。与此同时，人口剧增、资源过度消耗、环境污染、生态破坏等成为全球性的重大问题，严重地阻碍着经济的发展和人民生活质量的提高，继而威胁着全人类的未来生存和发展。也有人认为科技发展应当可以解决一切环境问题，但这种对科学近乎盲目崇拜的观点，可能危害更大。科技不是万能的（至少目前不是），"科技万能论"将导致人们漠视人类对自然的依赖，从而加剧人与自然的对立。科学技术的双重性决定了科学技术是一把"双刃剑"。科学技术不能也不应该为如今的人类生存困境负责，恰恰是人类自身有不可推卸的责任。人类追求对自然的征服与控制、无限地牺牲自然来满足人类需求的价值观，在严峻的现实面前遭到无情的打击。人类本是自然的一部分，对自然的理解当然也应该包括对自身的认识，然而目前人类对自身的认识仍然是不足的。所以掌握科学的人与环境的关系应是统一的整体。

科技不一定能完全解决可持续发展问题，但科技是解决人类可持续发展问题的重要手段。可持续发展意味着在人与自然的关系和人与人的关系不断优化的前提下，实现经济效益、社会效益、生态效益的有机协调，从而使社会的发展获得可持续性。新发展观包含着生态持续性原则、经济持续性原则和社会持续性原则。可持续发展的思想体现了整体协调性、未来可持续性、公众的广泛参与性、新的全球伙伴关系等重要原则。

1）可持续发展的前提是发展。目前的科学技术仍不发达，科学地实现经济效益、社会效益、生态效益有机协调的可持续发展，是非常艰巨的任务。所以要实现可持续发展必须要加快科学技术的发展，尤其是教育的发展，转变经济由粗放外延型为效益内涵型的增长方式。

2）科技与可持续发展整体协调问题。以现有的科技不可能解决超越其能力范围的发展问题，所以人类美好的愿望并非都能实现，这是一个复杂的系统工程，需要科学的防治技术与科学的管理方法相结合，需要科学界各专业共同协作。

3）对可持续发展的内涵仍需要一个认识过程。以水土流失为例，在20世纪30年代至20世纪60年代，人们对于水土流失灾害的认识还停留在对土地造成直接经济损失方面。但在20世纪60年代以后，人们开始将水土流失与人类整个环境所受的影响相联系，包括沉淀物的污染、生态环境的恶化等。随着时代的发展，这个认识还会深入下去。

（3）可持续消费。

大批量的物质消费和"用过就扔"的现代大众消费模式是在西方国家发展起来的。在这种模式下，大众消费和大规模生产相互促进，大量的物质产出带动大量的物质消费，一波又一波的大众消费浪潮开辟了一个又一个的市场。在惊人的消费增长中，人们正在消耗着世界上与人口不成比例的自然资源和物质产品。从生产和消费的角度来看，大多数人认为环境问题是由生产者造成的，实际上，消费者对环境有着不可推卸的责任，生产者和消费者共同作用，造就了系列的生态环境问题。

《21世纪议程》明确提出，"全球性环境持续恶化的主要原因在于不可持续的消费和生产模式，特别是工业化国家"。实施可持续消费和生产是实现可持续发展的前提条件。所谓的可持续消费，是指"提供服务及相关的产品以满足人类的基本需求，提高生活质量的同时使自然资源和有毒材料的使用量减至最小，使服务或产品的生命周期所产生的废物和污染物最少，从而不危及后代的需求"。可持续消费是解决环境问题的重要途径，是环境保护的基础。节水、节电、节能，节约一切可以节约的资源，提高资源的利用率和利用效率是今后消费过程中长期的消费倾向。面对人口众多、资源有限、环境恶化的现实，走可持续消费之路是消费者的必由抉择。所以转变目前的消费模式，就必须改革社会观念，发展适度的可持续消费模式。比如，各国应改变超出必要物质消费额度的，以越来越多物质消费为目标的消费模式，致力于减少产品和服务对环境的不利影响，减少相应的资源、能源消费和污染。同时，各国也应该选择与环境相协调，低资源能源消耗，高消费质量的适度消费体系。从消费品的特征来说，强调持久、耐用，强调可回收和易于处理。

现阶段，我国可从三个方面来引导全民进行可持续消费。第一，大力提倡可持续消费，建立浓厚的可持续消费的社会氛围。可持续消费是指一种既有利于社会，有利于提高生活质量，也是对生态环境破坏、自然资源浪费最小的利己、利他、利后代的消费方式。第二，建立可持续的消费机制。可持续消费机制是实现可持续消费的润滑剂，也是可持续消费的保障。第三，建立可持续消费法律体系的同时，加大可持续消费推进力度。将可持续消费纳入法律的轨道，将其作为政府的重要工作内容加以推广和实施。我国需要进一步制定完善相关的法律，比如，建议制定《中华人民共和国可持续消费法》。

（4）全球合作。

当前，严峻的环境状况对加强国际环境合作提出了更加迫切的要求。部分国际环境问题得到改善，但绝大多数全球环境问题仍呈持续恶化之势。区域环境问题日渐突显，跨界环境摩擦不断上升。环境问题与国际政治、经济、社会发展等关系愈加紧密。新的环境问题不断涌现，并逐步成为重要的国际环境问题。此外，人们还面临着贸易与环境之间的冲突。全球环境的严峻形势对进一步加强国际合作提出了迫切要求，可持续发展是国际社会共同关注的问题，需要各国超越文化和意识形态等方面的差异，采取协调合作的行动。多年的国际环境合作经验表明，面对严峻的挑战，拓展和深化国际环境合作是促进全球可持续发展的必由之路。合作才能取得共识，合作才有力量，合作才能共谋发展。合作就是要正视各国的国情，尊重发展中国家发展的权利，坚持"共同但有区别的责任"原则，采取务实态度和灵活方式，在合作中共同解决全球环境问题。要加强现有国际环境机构间的组织与协调，提高国际环境合作的效率和水平。要把环境合作与发展合作相结合，在发展中解决环境问题。支持和推动发展中国家更好地发展，促进环境与发展"双赢"，是解决发展中国家环境问题的根本之策，也是解决全球环境问题的基本条件。环境问题已超越了传统范畴，不再是单纯的环境问题，而与经济和社会发展紧密相关。国际环境合作的内涵和外延要与时俱进，由纯环境合作逐步走向更广范围的可持续发展国际合作，坚持环境合作与发展合作有机结合，在发展中解决环境问题。

目前，我国积极参与全球环境领域国际合作，并取得长足进展。在多边环境合作过程中，我国坚持公平、公正、合理的原则，积极参与，加强对话，共谋发展。我国已加入多项国际环境公约、议定书等，内容涉及大气、危险废物、自然保护和陆地生物资源等各方面。

二、环境保护与可持续发展的内涵

1. 环境保护与可持续发展的关系

（1）可持续发展才能解决环境问题。

《里约宣言》指出："为了可持续发展，环境保护应是发展进程的一个整体部分，不能脱离这一进程来考虑。"可持续发展非常重视环境保护，把环境保护作为它积极追求实现的最基本目标之一。

1）可持续发展突出强调的是发展。发展是人类共同的和普遍的权利。发达国家也好，发展中国家也好，都应享有平等的、不容剥夺的发展权。对于发展中国家，发展更为重要。事实说明，发展中国家正经受来自贫穷和生态恶化的双重压力，贫穷导致生态恶化，生态恶化又加剧了贫穷。因此，可持续发展对于发展中国家来说，发展是第一位的，只有发展才能解决贫富悬殊问题，为人口猛增和生态危机提供必要的技术和资金，最终走向现代化和文明。

2）环境保护与可持续发展紧密相连。可持续发展把环境建设作为实现发展的重要内容，因为环境建设不仅可以为发展创造出许多直接或间接的经济效益，而且可为发展保驾护航，向发展提供适宜的环境与资源。可持续发展把环境保护作为衡量发展质量、发展水平和发展程度的客观标准之一，因为现代的发展与现实越来越依靠环境与资源的支撑。人们在没有充分认识可持续发展之前，按传统发展模式，环境与资源正在急剧衰退，能为发展提供的支撑越来越有限，越是高速发展，环境与资源越显得重要。因为现代的发展早已不是仅仅满足于物质和精神消费，同时要把为建设舒适、安全、清洁、优美的环境作为发展的重要目标，环境保护可以保证可持续发展最终目标的实现。

3）在环境保护方面，每个人都享有正当的环境权利。可持续发展的观点认为，环境权利和义务是相对的，人们的环境权利和环境义务是平等的和统一的。环境权利应当得到他人的尊重和维护。

4）可持续发展要求人们放弃传统的生产方式和消费方式。要及时坚决地改变传统发展的模式,即首先减少进而消除不能使发展持续的生产方式和消费方式。它一方面要求人们在生产时要尽可能地少投入、多产出,另一方面又要求人们在消费时尽可能地多利用、少排放。因此,人们必须纠正过去那种单纯靠增强投入,加大消耗实现发展和以牺牲环境来增加产出的错误做法,从而使发展更少地依赖有限的资源,更多地与环境容量有机协调。

5)可持续发展要求加快环境保护新技术的研制和普及。解决环境危机,改变传统的生产方式及消费方式,根本出路在发展科学技术。只有大量地使用先进科技才能使单位生产量的能耗、物耗大幅下降,才能实现少投入、多产出的发展模式,减少对资源、能源的依赖性,减轻环境的污染负荷。

6)可持续发展还要求普遍提高人们的环境意识。应树立起一种全新的现代文明观念,即用生态的观点重新调整人与自然的关系,把人类仅仅当作自然界大家庭中普通的成员,从而真正建立起人与自然和谐相处的崭新观念。

(2)环境保护促进可持续发展。

联合国确定世界环境日就是要唤起各国政府和人民保护环境的意识,动员各方面力量,保护人类的生存环境,在加快发展、充分享受现代文明为人类带来福祉的同时,为后代留下更为广阔和美好的生存空间。保护环境是一项基本国策,可持续发展是发展战略,必须坚持依法保护环境的原则,健全各项管理制度和法律法规,为加强环境保护、促进可持续发展提供法治保障。坚持和完善目标管理责任制,把环境保护列入各级政府目标体系。同时,在工作中要注意加强督促检查,坚持一级抓一级、一级带一级,确保责任到位、措施到位、投入到位。要积极探索和完善环保工作机制,切实做到政府统一领导、环保部门统一监督管理、各有关部门分工协作、全社会共同参与环境保护工作。各级环保部门要切实履行职责,加大执法监督力度,真正做到有法可依、有法必依、执法必严、违法必究,把环境保护工作切实纳入依法治理的轨道。要尽快建立对违反环保法律法规行为的行政责任追究制度,对行政失职、渎职行为进行严肃处理。在环境保护执法过程中,要严格依法行政。全体环保执法人员要认真履行法定职责,知难而进、开拓进取、团结奉献、恪尽职守,确保环保规划目标的实现。保护和改善环境就是保护和发展生产力,就是保护发展的基础和条件,就是保障人民群众的切身利益。

2. 城市的可持续发展

(1)城市及特征。

城市是指具有 10 万以上人口,住房、工商业、行政、文化等建筑物占 50% 以上面积,具有较为发达的交通线网和车辆来往频繁的人类集居区域。其主要特征为:一是非农业人口集中区域;二是一定区域的政治、经济或文化中心;三是由多种建筑物组成的物质设施综合体。城市是随着工业的发展与集中，以及商贸与人口的集聚而产生的，这一切又带动了城市经济、交通、文化、科技以及城市基础设施的完善与发展。城市的高效服务和完备设施，又促进了工业的发展和生产效率的发挥。城市成为促进生产力发展的动力，而且城市越大，这种作用越明显。所以，当今世界各国的经济发展与城市化过程都是同步进行的。

（2）城市的环境问题。

1）城市的环境系统。人类集居在城市的历史已有五千多年，但19世纪以前，人口及城市的规模并不庞大。近代城市的出现是在18世纪产业革命之后，随着蒸汽机的发明和燃料能源的发展，城市的经济功能发挥出越来越大的作用。工业化进程加快，导致了大量人口从农村流入城市，引起工业城市人口迅猛膨胀。特别是20世纪以来，城市人口膨胀尤为突出，城市规模不断扩大。随着城市的发展，城市环境遭到破坏，并出现住房紧张、交通阻塞、环境污染严重问题，居民生活质量和健康水平大大降低。这些问题不仅影响着居民的生存，也严重地限制着社会经济的进一步发展。城市生态系统是指特定地域内的人口、资源、环境（包括生物的和物理的、社会的和经济的、政治的和文化的）通过各种相生相克的关系建立起来的人类聚居地或社会、经济、自然的复合体。从严格意义上讲，城市生态系统是在自然生态系统基础上建立起来的人工生态系统，应该受到自然生态系统的影响与制约。

2）城市的环境功能。

环境功能主要包括以下方面（见表10-7）。

表10-7 环境功能主要包括内容

项目	主要内容
物质流	城市生态系统的物质流可分自然推动的物质流和人工推动的物质流。前者如空气流动、自然水体流动等，可称作资源流；后者即交通运输等
能量流	城市生态系统与自然生态系统一样，其能量流动都要遵循热力学定律
信息流	城市的重要功能之一，就是输入分散的、无序的信息，输出经过加工的、集中的、有序的信息。对于政治中心、文化中心、科学中心、商业中心城市，这一功能尤其重要。城市的输出物中，除了物质产品和废物外，还有精神产品，这就要靠信息流完成。信息流也是附于物质流中的，报纸、广告、电台和收音机、电视台和电视机、书刊、信件、电话、照片、微信等都是信息的载体。人的各种活动，如集会、交谈、讲课、表演等也属于信息交流

目前，世界各大城市的能量流、物质流强度均处于极高状态，这必然对环境产

生不可低估的影响。

3）城市的环境问题。许多城市在历史发展过程中，形成很多住宅与工厂的混杂区，它们互相干扰，使居住环境受到污染。工厂企业活动造成汽车交通，特别是货车、载重车的增加。生产排出的"三废"以及危险品储藏、噪声和振动的干扰等，都对居民生活和安全造成很大威胁。城市中工厂增多，势必减少居民生活福利设施的建设，也会给居民生活带来不便，影响各种改善生活环境质量的公共设施的建设。城市的主要环境问题见表10-8。

表10-8　城市的主要环境问题

问题	主要内容
空气污染	除少数沿海城市外，我国大部分城市的空气质量不能令人满意
水污染	随着我国加强对工业污染的控制，工业废水的排放量和污染负荷呈逐年下降的趋势，然而生活污水的排放量和污染负荷却呈上升之势。在有些大型和特大型城市中，生活污水已上升为主要矛盾。而我国目前的城市生活污水处理率和处理水平还不高，全国仅为31.9%，因而导致城市河段的污染程度加重。近年来，城市周边地区的农业污染越发突出，农药、化肥的低效使用导致氮、磷大量流失于湖泊和土壤，使得湖泊富营养化程度日益加重
生活垃圾污染	我国城市生活垃圾数量大幅增长，1979年以来，每年以9%的速度递增。1999年全国城市垃圾产生总量为1.4亿t，其中垃圾清运量为1.14亿t，处理率为61.8%。大中城市人均日产生垃圾量约为1kg，与发达国家的人均水平大体相当，但城市垃圾无害化处理设施严重滞后于城市发展

（3）城市可持续发展的内容。

城市可持续发展系统是城市可持续发展的支持条件，目前，在城市资源支持系统、社会保障系统、经济发展系统、环境支持系统及管理系统这五大支持系统中，资源环境支持系统决定着城市人口与经济发展规模，是决定城市发展规模的主导因素，也是影响城市可持续发展的基础条件。目前，城市资源供给量普遍短缺，加之城市资源利用效率普遍较低，已成为影响城市可持续发展的重大问题。从城市水资源看，我国目前多座城市缺水，这种状况随着城市社会经济的进一步发展而日益严峻。城市人口的迅速增长、工业化水平的不断提高和城市可持续利用资源相继减少，导致城市经济发展和城市生态环境容量之间的矛盾越来越突出。促进城市的可持续发展应从以下几个方面进行：

1）首先建立城市可持续发展评价指标体系，为城市可持续发展提供科学依据。目前，实现城市可持续发展面临的首要问题是如何让城市建设决策者和市民结合自己所处城市实际情况，遵照可持续发展原则来规划城市、建设城市、监督和管理城市。

建立城市可持续发展的指标体系，描述城市经济建设、社会发展和人居环境保护的现状，为城市开发过程中避免对资源环境破坏提供一个科学衡量标准，预测城市未来可持续发展趋势和能力。按照科学的城市可持续发展指标体系，优化配置城市要素资源，能全面、系统地调动一切积极因素，为实现城市可持续发展提供科学依据。

2）要加快城市体制与技术创新步伐，推进城市可持续发展能力建设。城市可持续发展能力包括多方面内容，其中制度环境和技术保障是城市可持续发展能力建设中相辅相成的两个最重要的方面。城市可持续发展制度指在城市规划、建设、开发与管理过程中，既能体现代际公平又能够保障代内公平。城市可持续发展的体制创新是城市产业技术创新的基础和平台，是实现城市产业结构优化的根本保证，也是城市经济结构不断优化的前提。城市产业的技术改造与创新是加快城市产业结构调整，从而实现城市结构不断优化，促进城市产业结构高级化，提升城市可持续发展能力的直接动因所在。

3）建立多元化城市环保投资体系，充分发挥市场机制在资源优化配置中的作用。在坚持以政府作为城市环保投资主体的同时，实行工业污染防治由污染者负担的原则，并把企业作为投资主体，政府给予必要的经济、技术和政策扶持。这种多元化的城市环境保护投资体系，不仅能吸引更多的城市建设资金，既减轻政府的压力，又能发挥社会各界的积极性和创造性，加快城市化步伐，而且使资源得以高效利用，提高城市可持续发展能力。

4）加快资源型城市产业转型，促进资源型城市区域经济协调和可持续发展。可持续发展城市要求城市的生产、消费和生活方式是资源节约型，城市的可持续发展必须既能满足当代人发展的要求，又不对后代人的发展构成危害。如何加快产业转型、发展替代型支柱产业是解决资源型城市矛盾的关键环节。资源型城市产业转型既要结合自身特点，又要依据城市区位条件选择主导产业。通过资源型城市产业转型过程，使过去单纯的资源型城市变成区域性城市，使城市的功能由单一性向多元化方向转换，促进资源型城市区域经济协调和可持续发展。

5）实施城市循环经济发展战略，建立我国城市循环经济体系。要真正实现我国城市可持续发展，必须建立"资源—产品—废物—再生资源—再生产品"的循环生产模式，走新型工业化道路。我国城市循环经济体系不仅要建立循环型的生产技术体系，还需要确立循环型的生产组织体系和循环型的社会经济体制。

3．农业的可持续发展

（1）农业及特征。

农业是我国国民经济的基础。农业与农村的可持续发展，是我国可持续发展的根本保证和优先领域。我国自 1978 年改革开放以来，农业生产结构有所改善，乡镇企业迅速增长，总产值已达到工业总产值的 30% 以上，极大地改变了农村贫穷落后的面貌。

（2）农业的环境问题。

1）农业环境系统。农业环境是以农业生物（包括各种栽培植物、林木植物、牲畜、家禽和鱼类等）为主体，围绕其主体的一切客观物质条件（如水、空气、阳光、土壤以及与农业生物并存的生物和微生物等）以及社会条件（如生产关系、生产力水平、经营管理方式、农业政策、社会安定程度等）的总和。通常所说的农业环境主要指农业的自然环境。农业环境由各种要素所组成，每一种环境要素，在不同的空间、时间条件下，都有其状态是否对农业生物适宜的问题。农业环境对农产品的数量和质量起着决定作用。在一个气候适宜、土地条件好、病虫草害少的环境中，农业发展比较顺利，相反农业生产困难重重。农业环境和其他因素一样，是一项重要的、综合的农业资源。农业环境也是人类重要的生活环境，农业环境质量的好坏直接关系到广大农村人口的生活条件。农业环境是人类作为生活空间的大自然的一部分，兼有生产环境和生活环境的双重功能。农业环境具有农村环境范围广阔、农业环境不稳定性和农业环境质量恶化不易察觉与恢复的主要特点。

2）农业具体环境问题。当前较为突出的环境问题就是环境污染。

①现代化农业生产带来各类污染。我国人多地少，化肥、农药的施用成为提高土地产出水平的重要途径。按耕地面积计算，我国化肥使用量达 $40t/km^2$，远远超过发达国家为防止化肥对土壤和水体造成危害而设置的单位面积安全施用量上限。化肥利用率低、流失率高，不仅导致农田土壤污染，农田径流还会造成水体的有机污染、富营养化污染甚至地下水污染和空气污染。随着大棚农业的普及，地膜污染也在加剧。据浙江省调查，被调查区地膜平均残留量为 $3.78t/km^2$，造成的减产损失是产值的 20% 左右。随着中西部农业现代化的发展，这类污染也在中西部粮食主产区普遍出现。

②小城镇和农村聚居点的规划、基础设施建设和环境管理滞后，造成人居环境污染。随着现代化进程的加快，小城镇和农村聚居点规模迅速扩大，其生活污染物则因为基础设施和管制的缺失一般直接排入周边环境中，造成严重的"脏、乱、差"现象，使农村聚居点周围的环境质量严重恶化。

③乡镇企业和集约化养殖场布局不当、治理不够，产生工业污染。受乡村自然经济的严重影响，这种工业化实际上是一种以低技术含量的粗放经营为特征、以牺牲环境为代价的反积聚效应的工业化。村村点火、户户冒烟，不仅造成污染治理困难，还导致直接污染的危害。目前，我国乡镇企业废水化学需氧量和固体废物等主要污染物排放量已占工业污染物排放总量的 50% 以上，而且乡镇企业布局不合理，污染

物处理率也明显低于工业污染物平均处理率。

3）环境污染对农业的影响。农村环境污染已经给作为弱势产业的农业和弱势群体的农民带来了明显的负面影响。我国农村有近 3 亿人喝不上干净的水，其中超过60% 是由于非自然因素导致的饮用水源水质不达标。农村由于污水灌溉和堆置固体废物，大量承受了工业污染的转移，导致了土壤的重金属污染以及延伸的食品污染。全国因固体废弃物堆存被占用或毁损的农田为 1300km^2。与乡镇企业存在类似污染问题的是，近些年来在人口密集地区，尤其发达地区蓬勃发展起来的集约化畜禽养殖业，其污染排放在强度上并不低于工业企业的集约化养殖场，污染危害更加严重，不仅会带来地表水的有机污染、富营养化污染、大气的恶臭污染甚至地下水污染，畜禽粪便中所含病原体也对人群健康造成了极大威胁。

（3）农业可持续发展战略。

生态农业是我国农业可持续发展的方向。农业是我国国民经济的基础，实施可持续发展战略尤其具有深远的意义，它既由我国的基本国情所决定，也是树立和落实科学发展观，实现社会主义现代化的需要。

实现农业可持续发展战略，就必须抛弃旧的发展观，树立符合时代要求的新的科学发展观。我国农业可持续发展的战略方向应是由粗放型的传统农业向集约型可持续农业转变，大力转变经济增长方式，走集约、高效、节约资源型的可持续农业发展道路。这种转变就是要改变单一的以大规模投入自然资源为特征的低效率的资源要素组织形式，改变以粮为纲、重农抑畜的农业经济增长方式，改变以主要依靠经济操作，自给半自给的小农生产方式，实现由粗放经营的自然经济型农业向商品经济和市场经济的现代集约持续农业的转变。而转变农业经济增长方式，就要重视科技与教育，认真实施科教兴国战略，实现科技教育与农业经济的紧密结合。把科技和教育作为转变农业经济增长方式和实现可持续发展的基本手段。具体来说，这种集约型可持续农业即是在适度增加和科学使用农业投入的前提下，依靠科技进步和劳动者素质的提高，集约利用一切可利用的自然资源、科技资源和经济资源，促进农业系统的土地集约、劳动集约和资金技术集约，保障农业生产持续性、农村经济持续性和农业生态持续性的协调发展。

我国在实施集约型可持续农业发展战略时，必须采取以下几种措施（见表10-9）。

表 10-9　必须采取的措施

措施	内容
建立可持续发展的农业技术系统	挖掘传统农业的技术精华，筛选适用于可持续发展的现代农业技术，开发农业高新技术，因地制宜地对传统可持续性技术、常规可持续性技术和高新可持续性技术进行科学组装，形成综合配套的农业技术体系。要研究病虫害防治技术，注重优质、高效、抗逆性强的优良品种的培育与推广
建立可持续发展的农业经济系统	农业的持续发展，不仅要求农业生态连续性、农业技术连续性，还要求农业经济的持续发展和农村社会环境的持续发展
建立可持续发展的农业生态系统	在农业技术发展上，要实行生物工程技术，促使农业及早由以石油为主的"工业式农业"向以生物工程技术为主的"生态农业"转化。建立起科学的监测管理系统，加强对农业资源与环境的动态监测与管理，通过环境治理，把资源开发与废弃物利用结合起来，增强资源的永续利用和环境的容纳能力，逐步达到农业的物质生产和生态生产的协调发展，促进农业生态环境的良性循环。同时，要把优质高产、高效的农业建立在维护生态平衡的基础上，把开发利用、保护治理、资源增值有机地结合起来。既要防止农业系统内部的环境污染，又要注意防止农业系统外部的环境污染。在农业生态系统和经济系统的运行中，要优化技术，加速技术进步，推进技术改造，大力推广科技成果，提高经济效益和生态效益，并运用高新技术，重点研究节水、节地、节肥、节能、节材等新方法、新技术、新工艺，减轻或消除污染，做到促进经济增长、社会发展、科技进步和生态平衡四位一体协调发展

第十一章　环境保护与环境法规

第一节　环境标准

一、环境标准基础知识

1. 环境标准的定义

环境标准是有关控制污染、保护环境的各种标准的总称，是国家为了保护人民群众健康、社会财产安全和促进经济社会发展，防治环境污染，促进生态良性循环，同时又合理利用资源，根据环境政策和有关法规，在综合分析自然环境特征，考虑生物和人体的承受能力以及控制污染的经济可能性和技术可行性基础上，对环境中污染物的允许含量和污染源排放污染物的数量、浓度、时间、速率（限量阈值）和技术规范所作的规定。它是环境保护法规体系的组成部分，是环境管理特别是监督管理的基本手段和依据。

2. 环境标准的分类

环境标准体系是根据环境标准的特点和要求，按照它们的性质、功能和内在联系进行分级、分类，构成的一个有机联系的整体。体系内的各种标准互相联系、互相补充，具有良好的配套性和协调性。环境标准分为两级：国家标准和地方标准。国家标准是国家对环境中的各类污染物，在一定条件下的允许浓度所作的规定，适用于全国范围。地方标准是地方政府参照国家标准而制定的，是国家标准的补充、完善和具体化。我国环境标准依据其性质和功能分为六类：环境质量标准、污染物排放标准、环境基础标准、环境方法标准、环境标准样品标准和环境保护的其他标准。它是由政府部门制定，属于强制性标准，具有法律效力。

（1）环境质量标准。

环境质量标准是指在一定时间和空间范围内，对环境质量的要求所作的规定。它是在保护人体健康、维持生态良性循环的基础上，对环境中污染物的允许含量所作的限制性规定，是国家环境政策目标的体现，是制定污染物排放标准的依据，也是环境保护部门和有关部门对环境进行科学管理的重要手段。环境质量标准按照环境要素和污染要素可分为大气、水质、土壤、噪声、放射性和生态环境质量标准等。

（2）污染物排放标准。

污染物排放标准是为了实现环境质量标准目标，结合技术经济条件和环境特点，对排入环境的污染物或有害因素的控制所作的规定。它是实现环境质量标准的主要保证，也是对污染进行强制性控制的主要手段。国家污染物排放标准按其性质和内容分为部门行业污染物、通用专业污染物、一般行业污染物、地方污染物四种排放标准。

（3）环境基础标准。

环境基础标准是指在环境保护标准化工作范围内，对有指导意义的符号、代号、图式、量纲、指南、导则、规范等所做的国家统一规定，是制定其他环境标准的基础，处于指导地位。

（4）环境方法标准。

环境方法标准是指在环境保护工作范围内以抽样、分析、试验、统计、计算、测定等方法为对象制定的标准。污染环境的因素繁杂，污染物的时、空变异性较大，对其测定的方法可能有许多种，但从监测结果的准确性、可比性考虑，环境监测必须制定和执行国家或部门统一的环境方法标准。

（5）环境标准样品标准。

环境标准样品标准是对环境标准样品必须达到的要求所作的规定。环境标准样品是为了在环境保护和环境标准实施过程中校准仪器、检验监测方法，进行量值传递，由国家法定机关制作的能够确定一个或多个特性值的材料和物质。

（6）环境保护的其他标准。

环境保护的其他标准是指除上述标准以外，对在环保工作中还需统一协调的技术规范，如对仪器设备标准、环境管理办法、产品标准等所作的统一规定。

需要特别指出的是，环境基础标准、环境方法标准、环境标准样品标准只有国家标准。

环境标准体系不是一成不变的，它与一定时期的技术经济水平以及环境污染与破坏的状况相适应。因此，环境标准体系随着技术经济的发展、环保要求的提高而不断变化。

二、环境标准的作用

1. 环境标准的制定原则

以国家的环境保护政策、法规为依据，以保护人体健康和改善环境质量为目标，促进环境效益、经济效益、社会效益的统一；环境标准既要科学合理，又要便于实施，同时还要兼顾技术、经济条件；环境标准应便于实施与监督，并不断修改、补充，逐步充实、完善；各类环境标准、规范之间应协调配套；积极采用和等效采用适合我国国情的国际标准。

2. 环境标准的具体作用

环境标准是环保法规的重要组成部分和具体体现，具有法律效力，是执法的依据；环境标准是推动环境保护科学进步及清洁生产工艺的动力；环境标准是环境监测的基本依据；环境标准是环境保护规划目标的体现；环境标准具有环境投资导向作用；环境标准在提高全民环境意识，促进污染治理方面具有十分重要的作用。

3. 环境标准的制定方法

环境标准的制定方法以制定环境质量标准的方法和制定污染物排放标准的方法为例进行简单说明。

（1）制定环境质量标准的方法。

制定环境质量标准的方法，见表11-1。

表 11-1　制定环境质量标准的方法

步骤	主要内容
综合分析基准资料	综合分析尽可能多的各种基准资料，有时进行专门的工业毒理学实验和流行病学调查，以选择污染物的某种浓度和接触时间作为质量标准的初步方案。在指标选定时，必须加以全面衡量，作出适当选择。先从保护人体健康出发制定一个环境卫生标准，然后再逐步充实完善
协调代价和效益的关系	代价和效益包含着极其广泛的社会意义，涉及人体健康、生态平衡、资源保护、工农业生产、政治文化生活等。代价不是单指为消除污染所付出的直接投资，效益也不是简单从污染物浓度的变化来考察。环境质量的实现以社会的技术经济条件作为基础，当选出较合适的浓度指标后，还必须作一番技术经济的分析比较，权衡得失与利弊，合理协调代价和效益间的关系。理论上可以把为减少或控制某种污染所需费用的变化与社会经济损失相应减少或收益增加的变化曲线同时描绘出来，从中找到最佳点
根据环境管理经验修正	在制定环境质量标准时，还必须求助于实际的环境管理经验，根据环境质量实际监测资料对照确定的质量标准，按照公式推算达到标准所需采取的措施，分析估计其实现的可能性

（2）制定污染物排放标准的方法。

制定污染物排放标准的方法，见表11-2。

表 11-2　制定污染物排放标准的方法

步骤	主要内容
按污染物扩散规律制定排放标准	按污染物在环境中输送扩散规律及数学模式，推算出能满足环境质量标准要求的污染物排放量，这是一种合乎逻辑的常用方法。这种根据数学模式推导排放标准的方法，准确性受到影响，往往是以点带面，很难满足环境质量标准的要求
按"最佳实用方法（或技术）"制定排放标准	标准建立在现有污染防治技术可能达到的最高水平上，同时也考虑采取污染防治措施在经济上的可行性。即这种技术在现阶段实际应用中效果最佳，又可以在同类工厂中推广采用。这种方法的缺点是不与环境质量标准直接发生联系，但它具有客观示范作用，因此能起到积极的推动作用
按环境总量控制法制定排放标准	为了使污染控制的计划更明确、责任更清楚，一般根据地区气象、水文、地形、污染物的迁移转化规律及环境质量要求，规定出本地区污染物允许的排放总量

4. 环境标准的实施

环境标准由各级环保部门和有关的资源保护部门负责监督实施，并有专门机构负责环境标准的制定、解释、监督和管理。环境标准是环境法的一个组成部分，我国已初步建立起实用的环境标准体系，随着环保法规的逐步完善，环境标准也需逐步完善。

（1）制定环境标准的管理条例。

环境标准的制定是为了组织实施，为保证环境标准的实施，需要制定一整套实施环境标准的条例和管理细则，把环境标准的实施纳入法律的组成部分，进一步健全和完善标准的内容，对实现的期限、应用范围、污染源的类型等均作了具体的规定，做到专人负责，有章可循，以便更好地监督和检查环境标准的执行情况。

（2）建立、健全管理机构。

建立环境标准的各级管理机构，明确职责，组成思想素质和业务素质强的专业队伍，严格执法、秉公办事。取得国家和各地有关部门对环境管理机构的支持，经常对管理人员给予系统的专业培训，对保证环保人员正确运用标准，提高环境管理与科研水平具有重要作用。

（3）加强环境标准的宣传。

环境标准的制定和实施以保护环境为目的，是与人民利益和可持续发展的要求相一致的。向群众宣传实施环境标准的意义和内容，让大家了解环境标准的代号，以便发挥群众的监督作用，群策群力共同做好环境保护工作。

（4）加强监督检查。

深入环境和污染源现场，定期或不定期采样监测，摸清污染物排放的达标、违标情况，并要求各排污单位提供生产和排污的有关数据，根据法规标准进行奖罚处理。

进行处罚、批评教育和限期治理、排污收费，严重污染环境者追究行政与经济责任，直至追究刑事责任。

（5）与环境评价配合加强环境标准的实施。

对新建、改扩建和各种开发项目以及区域环境，及时或定时进行环境质量评价和环境影响评价，确定环境质量目标，并制定实现该目标的综合整治措施。

第二节　环境保护法

一、环境保护法的概念

1. 环境保护法的定义

环境保护法是由国家制定或认可，由国家颁布并强制保证执行的关于保护与改善环境、合理开发利用与保护自然资源、防治污染和其他公害的法律、法令、规范的总称。环境保护法是为了协调人类与自然环境之间的关系，保证人类按照自然客观规律，特别是生态学规律开发利用、保护改善人类赖以生存和发展的环境资源，维持生态平衡，保护人体健康，保障经济社会的可持续发展。

2. 环境保护法的目的和任务

每一种法律的制定和实施都是为了达到一定的目的，解决一定的现实问题。《中华人民共和国环境保护法》（以下简称《环境保护法》）第一条对环境保护法的目的任务作了明确的规定："为保护和改善环境，防治污染和其他公害，保障公众健康，推进生态文明建设，促进经济社会可持续发展，制定本法。"它包括：一是直接目的，或称直接目标，是合理地利用环境与资源，协调人类与环境之间的关系，保护和改善环境，防止污染和其他公害；二是最终目的，即保护公众健康，推进生态文明建设，促进经济社会可持续发展，该点是立法的出发点和归宿。

3. 环境保护法的作用

（1）开展环境保护工作的法律武器。

1989 年国家颁布的《环境保护法》使环境保护工作制度化、法律化，使国家机关、企事业单位、各级环保机构和每个公民都明确了各自在环境方面的职责、权利和义务。对污染和破坏环境、危害人民健康的，则依法分别追究行政责任、民事责任，情节严重的还要追究刑事责任。《环境保护法》使环保工作有法可依，有章可循。

（2）建设环境保护相关法律的依据。

《环境保护法》是我国环境保护的基本法，为制定各种环境保护单行法规及地方环境保护条例等提供了直接的法律依据，促进了我国环境保护的法制建设。许多环境保护单行法律、条例、政令、标准等都是依据《环境保护法》的有关条文制定的。

（3）增强了环境保护工作的法制观念。

《环境保护法》的颁布实施，要求全国人民加强法制观念，严格执行环境保护法。一方面，各级领导要重视环境保护，对违反环境保护法，污染和破坏环境的行为，要依法办事。另一方面，广大群众应自觉履行保护环境的义务，积极参加监督各企事业单位的环境保护工作，敢于同违反环境保护法，破坏和污染环境的行为做斗争。

（4）环境保护的重要手段。

《中华人民共和国海洋环境保护法》（以下简称《海洋环境保护法》）第二条第三款规定："在中华人民共和国管辖海域以外，造成中华人民共和国管辖海域污染损害的，也适用本法"。我国颁布的一系列环境保护法可以保护我国的环境权益，依法使我国领域内的环境不受来自他国的污染和破坏，这不仅维护了我国的环境权益，也维护了全球环境权益。

4．环境保护法的特点

我国的环境保护法是代表广大人民群众根本利益的，是建设社会主义的重要工具。环境保护法具有如下特点（见表11-3）。

表 11-3　环境保护法的特点

特点	主要内容
科学性	环境保护将自然界的客观规律，特别是生态学的一些基本规律及环境要素的演变规律作为自己的立法基础，在环境质量的描述、监测、评价以及污染防治、生态保护等方面，都涉及多方面的现代科学技术性规范，直接反映出我国的环境规律和经济规律。环境保护法的制定和实施都具有鲜明的科学性
复杂性	环境保护法具有复杂的立法基础，由于保护和改善环境的需要而不得不采用多种管理手段和法律措施。环境保护法所约束的对象通常不是公民个人，而是包含社会团体、企事业单位以及政府机关在内的组织、团体和机构。环境保护法的实施又涉及经济条件和技术水平，所以执行起来要比其他法律更为困难而复杂
综合性	环境包括围绕在人类周围的一切自然要素和社会要素，所以保护环境涉及整个自然环境和社会环境，涉及全社会各个领域以及社会生活的各个方面。而环境保护法以环境科学和法学理论为基础，以保护和改善环境为宗旨，所要保护的是由各种要素组成的统一整体。又由于环境质量的改善有待于各个环境要素质量的改善，因而，环境保护法又必须有一系列为保护某一个环境要素而制定的法律

特点	主要内容
共同性	环境问题产生的原因，不论任何国家都大同小异，是世界各国人民所面临的一个共同的问题。解决环境问题的理论根据、途径和办法也有许多相似之处。因此，世界各国环境保护法有共同的立法基础、共同的目的，从而也就决定了有许多共同的规定。各国在解决环境问题时，互相吸收、参考、借鉴和采用其他国家所采用的对策、措施、手段等，在解决本国和全球环境问题方面有许多共识
区域性	因各地的自然环境、资源状况、经济发展水平等方面的差别很大，各地区根据本地区的特点又制定出地方性法规和地方标准

二、环境保护法的实施

1. 环境保护法体系

环境保护法体系就是指由有关开发、利用、保护和改善环境资源的各种法律规范所共同组成的相互联系、相互补充、内容协调一致的统一整体。环境保护法体系有以下分类：

（1）按照国别分类。

环境保护法分为中国环境保护法和外国环境保护法。

（2）按照法律规范的主要功能分类。

环境保护法可分为环境保护预防法、环境保护行政管制法和环境保护纠纷处理法。

（3）按照传统法律部门分类。

环境保护法可分为环境保护行政法、环境保护刑法（或称公害罪法）、环境保护民法（主要是环境侵权法和环境相邻关系法）等。

（4）按照中央和地方的关系分类。

环境保护法可分为国家级环境保护法和地方性环境保护法等。

2. 我国环境保护法体系

环境保护法体系是指因保护和改善环境，防治污染和其他公害而产生的各种法律规范，以及由此所形成的有机联系的统一整体。我国的环境保护法经过多年的建设与实践，现已基本形成了一套完整的法律体系。环境保护法体系是以我国宪法为依据建立的，法律层次中环境保护的基本法、单项法和相关法中环境保护的要求及法律效力一样。如果法律规定中有不一致的地方，遵循后法大于先法。国务院环境保护行政法规的法律地位仅次于法律，部门行政规章、地方性法规和地方性政府规章均不得违背法律和行政法规的规定，地方法规和地方政府规章只对制定该法规、规章的辖区有效。环境保护法律如与我国签署的国际公约有不同规定时，应优先适用国际公约的规定，但我国声明有保留的条款除外。

（1）宪法。

宪法具有最高法律地位和法律权威，是环境立法的基础和根本依据。我国宪法主要规定了国家在合理开发、利用、保护环境和自然资源方面的基本权利、基本义务、基本方针和基本政策等问题。宪法第二十六条规定："国家保护和改善生活环境和生态环境，防治污染和其他公害。"第九条第二款规定："国家保障自然资源的合理利用，保护珍贵的动物和植物，禁止任何组织或者个人用任何手段侵占或者破坏自然资源。"第十条第五款规定："一切使用土地的组织和个人必须合理利用土地。"宪法中明确规定"环境保护是我国的一项基本国策"等。宪法中的这些规定是环境立法的依据和指导原则。

（2）环境保护基本法。

环境保护基本法是对环境保护方面的重大问题作出规定和调整的综合性立法，在环境保护法体系中，具有仅次于宪法性规定的法律地位和效力。1979年9月13日，第五届全国人大常委会第十一次会议通过了我国第一部综合性环境保护法律《中华人民共和国环境保护法（试行）》。1989年12月26日，第七届人大常委会第十一次会议通过了《环境保护法》。该法是我国环境保护法的主干，它规定了国家在环境保护方面总的方针、政策、原则、制度，规定了环境保护的对象，确定了环境管理的机构、组织、权力、职责以及违法者应承担的法律责任。

（3）环境保护单项法。

环境保护单项法是针对某一特定的污染防治领域和特定资源保护对象而制定的单项法律，是我国环境保护法的支干。目前，我国已颁布了一系列专门性环境保护单项法以及一些条例和法规，包括《中华人民共和国大气污染防治法》（2000年9月1日起施行）、《中华人民共和国水污染防治法》（2008年6月1日起施行，以下简称《水污染防治法》）、《中华人民共和国固体废物污染环境防治法》（2004年12月修订）、《中华人民共和国海洋环境保护法》（2004年4月1日起施行）、《中华人民共和国环境噪声污染防治法》（1997年3月1日起施行）、《中华人民共和国森林法》（2000年1月修订）、《中华人民共和国草原法》（2003年3月1日起施行）、《中华人民共和国煤炭法》（1996年12月1日起施行）、《中华人民共和国矿产资源法》（1997年1月1日起施行）、《中华人民共和国渔业法》（2004年8月修订）、《中华人民共和国水法》（2002年10月1日起施行）、《中华人民共和国土地管理法》（2004年8月修订）、《中华人民共和国野生动物保护法》（2004年8月修订）和《中华人民共和国水土保持法》（1991年6月施行）等。这些环保法律的颁布与修订完善，有力地保障和推动了我国环保事业的发展。另外，其他一些法律中也有合理开发、利用、保护和改善环境和自然资源的内容，如《中华人民共和国乡镇企业法》（1997 年 1 月 1 日起施行）、《中华人民共和国电力法》（1996 年 4 月 1 日起施行）、《中华人民共和国文物保护法》（2002 年 10 月 28 日通过并施行）、《中华人民共和国城市规划法》（2008 年 1 月 1 日起施行）等。

（4）环境保护标准。

环境保护标准是我国环境保护法体系中的一个重要组成部分，也是环境保护法制管理的基础和重要依据。环境保护标准是由行政机关根据立法机关的授权而制定和颁布的，是旨在控制环境污染、维护生态平衡和环境质量、保护人体健康和财产安全的各种法律性技术指标和规范的总称。

（5）环境行政法规。

环境行政法规是由国务院制定并公布或者经国务院批准，由主管部门公布的有关环境保护的规范性文件，是有关合理开发、利用和保护、改善环境和资源方面的行政法规。目前，国务院已制定一百多件环境行政法规，如《中华人民共和国自然保护区条例》《中华人民共和国海洋倾废管理条例》《水产资源繁殖保护条例》等。

（6）环境保护部门规章。

环境保护部门规章是指由环境保护行政主管部门或有关部门发布的环境保护规范性文件。各部门制定的部门规章和标准数量更大，技术性更强，是实施环境与资源保护法律法规的具体规范。例如，《环境保护行政处罚办法》根据《环境保护法》《中华人民共和国行政处罚法》等法律法规的规定，对环境保护的行政处罚规定了详细的程序和办法。与法律法规相比，部门规章和标准具有更强的可操作性。

（7）地方环境保护法规。

地方环境保护法规是由省、自治区、直辖市等地方各级政府根据国家环保法规和地区的实际情况制定的综合性或单行环境法规，是对国家环境保护法律、法规的补充和完善，是以解决本地区某一特定的环境问题为目标的，具有较强的针对性和可操作性，如《北京市文物保护管理办法》《内蒙古自治区草原管理条例》《杭州西湖水域保护条例》等。

（8）国际环境保护条约。

我国已参加的国际环境保护公约及与外国缔结的关于环境保护的条约，均是我国环境保护法体系的有机组成部分。我国至今已缔结或参加了 30 多个环境保护方面的国际条约，主要有《保护臭氧层维也纳公约》《保护世界文化和自然遗产公约》《关于消耗臭氧层物质的蒙特利尔议定书》《控制危险废物越境转移及其处置的巴塞尔公约》《生物多样性公约》《中日保护鸟类及其栖息地环境协定》《京都议定书》《中美环境保护科学技术合作议定书》等。

在我国行政法、民法、刑法、经济法、劳动法等中也有一些有关保护环境的法律规定，它们也是环境保护法体系的重要组成部分。例如，1997年10月1日起施行的修订后的《刑法》增加了"破坏环境资源保护罪"一节，该节共九条，分别对危险废物管理、森林破坏、水生生物保护、濒危物种保护、名胜古迹保护、惩治玩忽职守、防止重大责任事故等方面都作了刑事处罚规定。

3. 环境保护法的基本制度

（1）排污总量控制制度。

排污总量控制制度是指国家对污染物的排放实施总量控制的法律制度。"总量"是指在一定区域和时间范围内排污量的总和或一定时间范围内某个企业排污量的总和。自1988年起，我国在全国18个城市和山西、江苏两省进行在总量控制基础上的排污许可证试点和推广工作。根据有关法律规定，排污者违反排污总量控制制度的要求，超过排污总量指标排污的，由有关县级以上地方人民政府责令限期治理，逾期未完成治理任务的，除按照国家规定征收两倍以上的超标准排污费外，还可根据所造成的危害和损失处以罚款，或责令其停业或关闭。

（2）设施正常运转制度。

环境保护设施正常运转制度是指已经投入使用的环境保护设施，必须保持其正常运转状况的一项法律制度，该制度是"三同时"制度的配套制度。对未经环境保护行政主管部门同意，擅自拆除或者闲置防治污染的设施，造成污染物排放超过规定排放标准的，在环境保护法中规定由环保行政主管部门责令重新安装使用，并处罚款；在《水污染防治法》中规定可限期重新安装使用，并处罚款。对于故意不正常使用环境保护设施造成排放污染物超标，《水污染防治法》规定由环境保护部门责令恢复正常使用。《污水处理设施环境保护监督管理办法》中还规定对设施处理水量低于相应生产系统应处理水量的，以及限期完善的污水处理设施逾期未完成的，可根据情节处以罚款。《征收排污费暂行办法》中规定，对违反环境保护设施正常运转制度而超标排污的，应加倍收费。

（3）现场检查制度。

环境保护现场检查制度是关于环境保护部门和有关的监督管理部门对管辖范围内的排污单位进行现场检查的一整套措施、方法和程序的规定。进行环境保护现场检查，法定行政机关所检查的内容必须是法定的与环境保护有关的事项。进行现场检查不需要取得被检查单位的同意。对拒绝现场检查的单位和个人，可以给予行政处罚。检查机关只能对其管辖范围内的单位和个人进行检查。现场检查可以随时进行，而且不必事先通知被检查单位。有权进行环境保护现场检查的机关为县级以上环境保护行政主管部门或者其他依法行使环境监督管理权的部门。各部门可以在本部门管辖的范围内依法进行现场拍照、录音、录像、制作现场检查笔录等，但无权进行刑事性质的搜查。进行现场检查时，检查者应当向被检查者出示检查证件，并为被检查者保守技术秘密和业务秘密。被检查者有义务接受现场检查，如实反映情况，并提供排污和其他必要的资料。被检查者有权要求检查机关的检查人员出示检查证件。

被检查者如果拒绝环境保护行政主管部门和有关监督管理部门依法进行的环境保护现场检查，或者在检查时弄虚作假，提供不真实的排污情况或其他资料，环境保护行政主管部门或有关的监督管理部门可以根据不同情节，给予警告或罚款处理。检查机关及其工作人员因故意或过失泄露被检查者的技术秘密和业务秘密的，应当依法承担法律责任。

（4）设备限期淘汰制度。

落后工艺设备限期淘汰制度是指对严重污染环境的落后生产工艺和设备，由国务院经济综合主管部门会同有关部门公布名录和期限，由县级以上人民政府的经济综合主管部门监督各生产者、销售者、进口者和使用者在规定的期限内停止生产、销售、进口和使用的法律制度。根据规定，限期淘汰的落后生产工艺和设备，由国务院经济综合主管部门会同国务院有关部门公布，在全国范围内施行。在该制度的具体施行过程中，由县级以上人民政府经济综合主管部门负责监管。县级以上人民政府的经济综合主管部门有权责令违法者改正。对于情节严重，需要责令其停业、关闭的单位和个人，由县级人民政府的经济综合主管部门提请同级人民政府按国务院规定的权限作出责令停业、关闭的决定。淘汰下来的设备不得转让给他人使用，违反落后工艺和设备限期淘汰制度的生产者、销售者、进口者或使用者将被处以责令改工、停业或关闭的处罚。

（5）应急措施制度。

应急措施制度是指在某些特定的环境要素受到严重污染，威胁到人民生命财产安全时，有关政府机关依法采取强制性应急措施以解除或者减轻危害的环境法律制度。采取应急措施制度的主体只能是政府及其职能部门。"强制应急措施"中的"强制"仅适用于有关部门对排污单位或相关单位采取的措施。强制应急措施制度是我国环境管理中的一项关键性法律制度。强制应急措施的特征有应急性、临时性、强制性，表现在排污者及相关单位和个人必须无条件执行。强制措施一般包括责令减少或停止排放污染物，责令有关单位立即停产，发布紧急命令，组织抢险救灾，采取其他非常措施如组织居民撤离、疏散等。

该制度主要用于规范人民政府及其环保部门在发生环境紧急情况时的行为。恰当地使用此制度将有助于消除环境污染与破坏所造成的危害或阻止危害的扩大。如果有关单位和个人不遵守法律规定，玩忽职守，可根据情节轻重、后果大小分别追究行政责任和刑事责任。

（6）事故报告制度。

事故报告制度是指因发生事故或者其他突发性事件，造成或者可能造成污染与破坏事故的单位，除了必须立即采取措施进行处理外，还必须及时通报可能受到污染危害的单位和居民，并且向当地环境保护行政主管部门和有关部门报告，接受调查处理，以及当地环境保护行政主管部门向上级主管部门和同级人民政府报告的法律制度。所谓环境污染与破坏事故，是指由于违反环境保护法规的经济、社会活动，以及意外因素的影响或不可抗拒的自然灾害等，致使环境受到污染或破坏，使人体健康受到危害，社会经济与人民财产受到损失，造成不良社会影响的突发事件。

目前，我国环境保护法中尚未规定排污单位违反环境污染与破坏事故报告制度的法律责任。对于环保部门违反该制度的责任人，可由上级主管部门或本单位根据情节给予行政处分。

4. 环境保护法的基本原则

环境保护法的基本原则是环境保护方针、政策在法律上的体现，是调整环境保护方面社会关系的基本指导方针和规范，也是环境保护立法、执法、司法和守法必须遵循的基本原则，是环境保护法本质的反映，并贯穿在全部环境保护法中。研究和掌握这些原则，对正确理解、认识和贯彻环境保护法具有十分重要的意义。环境保护法的基本原则见表11-4。

表 11-4　环境保护的基本原则

原则	具体内容
经济建设和环境保护协调发展的原则	经济建设和环境保护协调发展是指在发展经济的同时，也要保护好环境，使经济建设、城乡建设、环境建设同步规划、同步实施、同步发展，即符合"三同步"政策，使经济效益、社会效益和环境效益统一协调起来，达到经济和环境和谐有序地向前发展。协调发展是从经济建设和环境保护之间相互关系角度对发展方式提出的一种要求，经济发展既要符合经济规律，又要符合生态规律。经济建设和环境保护相互依存、相互制约、相互促进、协调统一。环境保护规划要纳入国民经济和社会发展计划，制定环境规划，强化环境管理，采取环境保护的经济、技术政策，转变经济增长方式，合理开发利用资源，控制开发强度
预防为主、防治结合、综合治理的原则	预防为主是环境保护的第一位工作，是解决环境问题的重要途径。它是与末端治理相对应的原则，预防污染不仅可大大提高原材料、能源的利用率，节能、降耗，而且可大大减少污染物的产生量和排放量，避免二次污染风险，减少末端治理负荷，节省环保投资和运行费用。防治结合是对已形成的环境污染和破坏进行积极治理，采取措施尽力减少污染物的排放量，尽力减轻对环境的破坏程度。防是积极办法，治是消极办法。综合治理是采取经济、行政、法律、技术、教育等多种手段，以较小的投入对环境污染和生态破坏进行综合治理，最终得到较大的效益

原则	具体内容
开发者保护、污染者治理原则	开发资源是为了利用。为了更好开发利用及环境的可持续发展，开发利用自然资源的单位和个人对森林、草原、土地、水体、大气等资源负有依法管理和保护的责任。自然资源的保护涉及面广，不可能由环境保护部门包下来，必须采取"谁开发谁保护"的原则，才能有效地保护自然环境和自然资源，防止生态系统的失调和破坏。环境污染主要是由于各企事业单位排污造成的。对环境造成污染，对资源造成破坏，都应该根据法律的有关规定承担防治环境污染、保护自然资源的责任，都应当支付防治污染、保护资源所需的费用，这就是污染者治理、污染者付费的原则
公众参与原则	"公众参与、公众监督"，组织、发动和依靠广大群众对污染环境、破坏资源和破坏生态的行为进行监督和检举，依靠群众加强环境管理，使我国的环境保护工作变成全民的事业
政府对环境质量负责的原则	环境质量涉及政治、经济、技术、社会如经济发展计划、城市规划、能源结构、人口政策等方方面面，这些工作涉及政府的许多部门。环境保护是我国的基本国策，关系到国家和人民的长远利益，解决这种事关全局、综合性很强的问题，只有政府才有这样的职能。《环境保护法》第六条第二款明确规定："地方各级人民政府应当对本行政区域的环境质量负责。"政府对环境质量负责，就是要求政府采取各种有效措施，协调方方面面的关系，保护和改善本地区的环境质量，实现国家制定的环境目标

5. 环境保护法的实施方式

环境保护法的实施就是在现实社会生活中具体运用、贯彻和落实环境保护法，使环境保护法主体之间抽象的权利、义务关系具体化的过程。通过环境保护法的实施，使义务人自觉地或者被迫地履行其法律义务，将人们开发、利用、保护和改善环境资源的活动调整、限制在环境法所允许的范围内，从而协调人类与自然环境之间的关系，实现环境保护法的目标和任务。

环境保护法的实施是整个环境法制的关键环节，具有决定性的实践意义。而环境保护法的实施，必须坚持以"事实为依据，以法律为准绳"以及"在法律适用上人人平等"的原则。

（1）国家实施。

国家实施也叫公力实施，是指国家机关依照法定权限和程序，凭借国家权力进行的环境保护法的实施活动。国家实施包括行政机关通过依法行使行政权对环境资源进行的监督管理，司法机关通过行使司法权进行的实施活动，检察机关通过行使检察权进行的实施活动以及立法机关通过对行政机关、司法机关、检察机关等遵守环境保护法情况的监督所进行的实施活动，其中行政机关对环境保护法的实施活动发挥着最为重要、最为基础的作用。

（2）公民实施。

公民实施也称私力实施，是指公民个人或公民组织依据法律规定所进行的环境保护法的实施活动。其主要形式包括依法参与环境行政决策，依法对违反环境保护法的国家机关、企事业单位或公民个人提起环境诉讼或进行检举、控告，与排污者签订污染防治协议，通过立法机关的民意代表对行政机关等遵守和实施环境保护法的活动进行监督以及针对环境犯罪、环境侵害行为实施正当防卫和其他自力救济等。

6. 环境保护法的法律责任

环境保护法同其他法律一样具有国家强制性。其中，关于违法或者造成环境破坏、环境污染者应承担的法律责任的规定是它的重要组成部分。为了保证环境保护法的实施，应当依法追究各种违法者的法律责任。环境保护法的法律责任是指环境保护法主体因违反其法律义务而应当依法承担的、具有强制性的法律后果。对违法者追究法律责任，可以由行政主管机关进行，也可以由司法机关依法进行。环境法律责任按其性质可以分为环境行政责任、环境民事责任和环境刑事责任三种。

（1）环境行政责任。

环境行政责任是指违反环境保护法和国家行政法规中有关环境行政义务的规定者所应当承担的法律责任。承担责任者既可能是企事业单位及其领导人员、直接责任人员，也可能是其他公民个人；既可能是我国的自然人、法人，也可能是外国的自然人、法人。承担环境行政责任的方式有行政处罚和行政处分两种。

1）行政处罚。行政处罚是由国家机关和单位，依据法律或内部规章对犯有轻微的违法行为者所实施的一种较轻的处罚。实施包括警告、罚款、没收财产、取消某种权利、责令支付整治费用、责令支付消除污染费用、消除侵害恢复原状、责令赔偿损失、停职、剥夺荣誉称号、拘留等。

2）行政处分。行政处分也称纪律处分，是指国家机关，企业、事业单位依照行政隶属关系，根据有关法律法规，对在保护和改善环境、防治污染和其他公害中有违法、失职行为，但尚不能构成刑事惩罚的所属人员的一种制裁，包括警告、记过、记大过、降级、降职、留用察看、开除。

（2）环境民事责任。

环境民事责任是指公民、法人因污染或破坏环境而侵害公共财产或他人人身权、财产权或合法环境权益所应当承担的民事方面的法律责任。在现行环境保护法中，因污染环境造成他人损害的，实行无过失责任原则。即不论行为本身是否合法，只要造成了危害后果，行为人就应当依法承担民事责任。即以危害后果、致害行为与危害后果间的因果关系两个条件为构成环境污染侵权行为、承担环境民事责任的要件。侵权行为人承担环境民事责任的方式主要有排除侵害、排除妨碍、消除危险、恢复原状，返还原物，赔偿损失，收缴、没收非法所得及进行非法活动的器具，罚款，停业及关、停、并、转等。上述责任方式，可以单独适用，也可以合并适用。

（3）环境刑事责任。

环境刑事责任是指行为人因违反环境保护法，造成或可能造成严重的环境污染或生态破坏，使人民健康和财产受到严重损害而构成犯罪时，应当依法承担的以刑罚为处罚方式的法律责任。我国刑法规定，对以下9种与环境有关的犯罪活动要追究刑事责任：用危险的方法破坏河流、森林、水源罪，用危险的方法致人伤亡及使公私财产遭受重大损失罪，违反爆炸性、易燃性、放射性、毒害性、腐蚀性物品管理规定罪，滥伐、乱伐森林罪，滥捕、破坏水产资源罪，滥捕、盗捕野生动物罪，破坏文物、古迹罪，重大责任事故罪，渎职罪等。

第三节　环境管理

一、环境管理基础知识

环境管理是在环境保护的实践中产生和发展起来的，是环境科学的重要组成部分。环境管理和规划是实现环境保护的重要手段，也是实现可持续发展的重要因素和途径。

1. 环境管理的概念

20世纪70年代初提出了环境管理的概念，使环境管理学成为一门研究对象明确，有特殊的理论基础和方法的较成熟的学科。狭义的环境管理主要是指控制环境污染的各种措施，包括制定法律、法规和标准，实施各种有利于环境保护的方针、政策，控制各种污染物的排放等。广义的环境管理是指按照经济规律和生态规律，运用经济、法律、技术、行政、教育和新闻媒介等手段，限制人类损害环境质量的行为，通过全面规划、合理布局，使经济发展与环境相协调，达到既要发展经济，满足人类的基本需求，又不超出环境允许极限的目的。无论狭义和广义的环境管理，都是协调社会经济与环境的关系，最终实现可持续发展。

从管理的范围来看，环境管理可以划分为国家的、区域的以及企业的环境管理。从管理的过程来看，环境管理主要涉及环境决策、环境规划、实施监督及支持保障等。从技术支持的角度看，环境管理涉及环境监测、环境预警、环境统计、环境信息等。

环境管理的基本任务：一是转变人类社会一系列基本观念；二是调整人类的社会行为。观念的转变是根本，包括消费观、伦理道德观、价值观、科技观、发展观甚至整个世界观的转变。行为的调整是较低层次的调整，但却是更具体、更直接的调整。人类社会行为主体包括政府行为、市场行为和公众行为三种。因此，环境管理的主体和对象是由政府行为、市场行为和公众行为所构成的整体或系统。

2. 环境管理的类型

环境管理按环境管理的范围和环境管理的性质分类如下：

（1）根据环境管理的范围来划分。

环境管理包括资源环境管理、区域环境管理和部门环境管理（见表11-5）。

表11-5　环境管理的内容

项目	主要内容
资源环境管理	资源环境管理主要是自然资源的管理，即对自然资源的合理开发、利用和保护，包括水资源管理、土地资源管理、矿产资源管理和生物资源管理等。主要内容是选择最佳方法使用资源，建立资源管理的指标体系、规划目标、标准、体制、政策法规和机构等
区域环境管理	区域环境管理主要是协调区域社会经济发展目标与环境目标，进行环境影响预测，制定区域环境规划，进行环境质量管理与技术管理，按阶段实现环境目标，建立优于原生态系统的人工生态系统。内容包括整个国土的环境管理、省区的环境管理、城市环境管理、乡镇环境管理及流域环境管理等
部门环境管理	部门环境管理包括能源环境管理、工业环境管理、农业环境管理、交通运输环境管理、商业和医疗等部门的环境管理以及企业环境管理

（2）根据环境管理的性质来划分。

环境管理包括环境计划管理、环境质量管理和环境技术管理。

1）环境计划管理。环境计划管理是通过计划协调发展与环境的关系，对环境保护加强计划指导，是环境管理的重要组成部分。环境计划管理首先是组织制定、督促检查和调整各地方、各部门的环境规划，使环境规划纳入整个经济发展规划的有机组成部分，并将环境保护纳入综合经济决策，用规划内容指导环境保护工作，并根据实施情况调整环境规划。

2）环境质量管理。环境质量管理是为了保护人类生存与健康所必需的环境质量而进行的各项管理工作。环境质量管理分为大气环境质量管理、水环境质量管理、噪声环境质量管理、固体废物环境质量管理、土壤环境质量管理等，其核心是保护和改善环境质量。主要内容是组织制定各种环境质量标准、各类污染物排放标准，建立环境质量的监控系统，并调控至最佳运行状态。组织调查、监测和评价环境质量的状况，定期发布环境状况公报（或编写环境质量报告书）以及研究确定环境质量管理的程序等。

3）环境技术管理。环境技术管理主要是制定防治环境污染的技术标准、技术规范、技术路线和技术政策，确定环境科学技术发展方向，组织环境保护的技术咨询和情报服务，组织国内和国际的环境科学技术协调和交流，并对技术发展方向、技术路线、生产工艺和污染防治技术进行环境经济评价，以协调技术经济发展与环境保护的关系，使科学技术的发展既能促进经济不断发展又能保证环境质量不断得到改善。环境技术管理主要包括环境法规标准的不断完善，对污染防治技术的评价及对优秀技术的推广，环境信息系统的建立，环境科技支撑能力的建设，环境教育的深化与普及，国际环境科技的交流与合作等。

二、环境管理的职能

1. 环境管理的手段

环境管理的主要手段，见表11-6。

表 11-6　环境管理的主要手段

手段名称	内容
法律手段	法律手段是环境管理的一种强制性手段，依法管理环境是控制并消除污染，保障自然资源合理利用，维护生态平衡的重要措施。按照环境法律法规、环境标准来处理环境污染和破坏问题，对违反环境法规、污染和破坏环境、危害人民健康和财产的单位或个人给予批评、警告、罚款、责令赔偿损失等惩罚；协助和配合司法机关对违反环境保护法的犯罪行为进行斗争、协助仲裁等
行政手段	行政手段是环境保护部门大量采用的手段。行政手段主要是指国家和地方各级行政管理机构，根据国家行政法规所赋予的组织和指挥权力，制定方针、政策，建立法规，颁布标准，进行监督协调，对资源环境保护工作实施行政决策和管理，又被称为指令性控制手段。行政手段有研究制定环境政策，组织制订和检查环境计划；运用行政权力，将某些地域划为自然保护区、重点治理区；对某些环境污染严重的工业企业执行限期治理、勒令停产、转产或搬迁等；采取行政制约手段，如审批环境影响报告书，发放排污许可证；对重点城市、地区、水域的防治工作给予必要的资金或技术帮助等
技术手段	技术手段是指借助既能提高生产率，又能把环境污染和生态破坏控制到最小限度的生产技术及先进的污染治理技术等保护环境的手段。技术手段种类很多，如发展环境友好的新材料，研发和推广无污染工艺和少污染工艺，采用国家环保技术政策中的最佳实用技术，登记、评价、控制有毒化学品的生产、进口和使用，交流国内外有关环境保护的科学技术情报，开展国际环境科学技术合作等
经济手段	经济刺激手段是环境管理中的一种重要措施，是指利用价值规律，运用价格、税收、补贴、信贷、投资、微观刺激、宏观经济调节等经济杠杆，调整和影响有关当事人产生或消除污染的行为，从而限制损害环境的社会经济活动，奖励积极治理环境的单位，促进节约和合理利用资源的一类措施。国际上发达国家用到的经济手段主要有环境收费（包括污染税、资源税、环境资源补偿税、排污费等）、押金制度、许可证交易、优惠贷款、环保基金等。我国目前使用的环境管理经济手段主要有排污收费、减免税收、补贴和贷款优惠等

手段名称	内容
宣传教育手段	环境宣传教育是环境管理不可缺少的手段，环境宣传教育既是对环境科学知识的普及，又是一种思想动员。例如，利用书报、期刊、电影、广播、电视、展览会、报告会、专题讲座、网络、微信等多种形式，向公众传播环境科学知识，宣传环境保护文化以及国家相关环境保护和污染防治的方针、政策、法令等。在高等院校、科学研究单位培养环境管理和环境科学技术专门人才。在中、小学进行环境科学知识教育。发展公众参与型环境管理
非管制手段	非管制手段主要是指利用社会舆论、公众信息和市场信号等方法，引导污染者自觉地削减污染排放的一种措施。这类管理手段强调削减污染和保护环境的自觉自愿性，常用于污染的预防

环境管理实施手段的类型并不是绝对的，在实际运用中并没有完全清晰的界线。一种管理往往包含几种环境管理手段。例如，国家排污收费制度既是一种环境管理的行政手段，又是一种经济手段。

2. 环境管理的制度

我国在长期的环境管理实践中，根据国情及不断的探索和总结，积累了一定的经验，形成了一系列环境管理制度，并不断完善和深化。环境管理制度主要有环境影响评价制度、"三同时"制度、排污收费制度、环境保护目标责任制、排污申报登记和排污许可证制度、城市环境综合整治定量考核制度、污染集中控制制度和污染限期治理制度。这些管理制度的推行，对我国环境保护起到了积极有效的作用。

（1）环境影响评价制度。

环境影响评价制度是指对拟规划和建设项目计划和实施后可能对环境造成的影响，按照科学的理论和方法进行预测、评估和评价，提出预防或减少环境影响的措施，并进行跟踪监测的方法和制度。推进产业合理布局和企业优化选址，从而预防和减轻开发建设活动可能产生的环境污染和生态破坏，它是我国规定的调整环境影响评价中所发生的社会关系的一系列法律规范的总和。

美国在1969年首先把环境影响评价列入《国家环境政策法》，我国于1978年制定的《关于加强基本建设项目前期工作内容》中，环境影响评价成为基本建设项目可行性报告中的重要组成部分。1979年9月发布的《中华人民共和国环境保护法（试行）》确立了这一制度的法律地位。1981年5月颁发的《基本建设项目环境保护管理办法》对环境影响评价的基本内容和程序作了规定。1986年3月，《建设项目环境保护管理办法》发布，进一步完善了原有办法。2002年颁布了专项的《中华人民共和国环境影响评价法》，在 2004 年又建立了环评工程师职业资格制度。

目前，我国环境影响评价制度具有法律强制性，已纳入基本建设程序，实行分类管理，对评价资格实行审核认定制度等。

（2）"三同时"制度。

"三同时"制度是指新建、扩建、改建项目和技术改造项目及区域性开发建设项目的污染治理设施，必须与主体工程同时设计、同时施工、同时投产的制度。1989 年 12 月颁布的《环境保护法》确立了"三同时"制度的法律地位。"三同时"制度是具有中国特色的一项环境管理制度，它与环境影响评价制度相辅相成，是防止新污染和破坏的根本保证。"三同时"制度还包括建设项目的初步设计，必须有环保部门的签章；建设项目在正式投产或使用前，建设单位必须向负责审批的环保部门提交《环境保护设施竣工验收报告》，说明环保设施运行的情况、治理效果和达到的标准，经验收合格并发给环境保护设施验收合格证后，方可正式投入生产或使用。

（3）排污收费制度。

排污收费制度是指向环境排放污染物的单位和个体生产经营者，根据国家规定的标准，缴纳一定费用的制度。这项制度运用经济手段有效地促进了污染治理和新技术的发展，它对促进企事业单位加强经营管理，节约和综合利用资源，治理污染，改善环境和加强环境管理发挥了积极的作用。我国的排污收费制度始于 1979 年，1982 年国务院发布《征收排污费暂行办法》。2002 年 1 月发布的《排污费征收使用管理条例》（2003 年 7 月 1 日起施行），是我国目前最新的有关排污费征收使用的规定，其中对原有规定进行了修订和完善。排污收费制度、环境影响评价制度、"三同时"制度是我国环境管理的三大法宝。

（4）环境保护目标责任制。

环境保护目标责任制是一种具体落实地方各级人民政府和有污染的单位对环境质量负责的行政制度。这项制度确定了一个区域或一个部门环境保护的主要责任者和责任范围，运用制度化、目标化、定量化管理方法，把贯彻执行环境保护这一基本国策作为各级领导的行动规范，保证环境保护工作全面且深入地进行。理顺各级政府和各个部门与环境保护的关系，从而使改善环境质量的任务能够得到层层落实。这是我国环境管理体制的一项重大改革。在制度的实施过程中，一般要经过责任书的制定、责任书的下达、责任书的实施和责任书的考核四个阶段。

（5）排污申报登记和排污许可证制度。

排污申报登记指的是排放污染物的单位，必须按规定向环境保护管理部门申报登记所拥有的污染物排放设施、污染物处理设施和正常作业条件下排放污染物的种类、数量和浓度。排污许可证制度以改善环境质量为目标，以污染物总量控制为基础，规定排污单位许可排放的污染物、许可污染物排放量、许可污染物排放去向等。这两项制度深化了环境管理工作，使对污染源的管理更加科学化和定量化。2016 年，我国出台了《排污许可证管理暂行规定》。

排污申报登记制度是实行排污许可证制度的基础，排污许可证制度是对排污者排污的定量化。排污申报登记制度的实施具有普遍性，要求每个排污单位均应申报登记。排污许可证制度则不同，可只对重点区域、重点污染源单位的主要污染物排放实行定量化管理。排污许可证制度的实施主要包括以下几个工作步骤：排污申报登记，污染物总量规划及分配，排污许可证的审核和发放，排污许可证的监督与管理。

（6）城市环境综合整治定量考核制度。

城市环境综合整治就是以城市环境为单位，以城市生态理论为指导，采用系统分析的方法，用综合的对策整治、调控、保护和塑造城市环境，以实现城市的可持续发展。城市环境综合整治定量考核制度是指通过城市环境综合整治工作定量化、规范化，定量考核对城市环境综合整治中予以管理和调整的一项环境监督管理制度。1988 年，国家发布了《关于城市环境综合整治定量考核的决定》，分由国家直接考核的城市以及由省（自治区）考核各省辖区内的城市。考核内容包括环境质量、污染控制、环境建设和环境管理四方面，总计 100 分。城市环境综合整治定量考核是实行城市环境目标管理的重要手段，也是推动城市环境综合整治的有效措施。通过定量考核指标体系，把城市的各个行业各个方面组织调动起来，推动城市环境综合整治深入开展，完成环境保护任务。

（7）污染集中控制制度。

污染集中控制就是指在一个特定的范围内，为保护环境所建立的集中治理设施和采用的管理措施，是强化污染控制和环境管理的一种重要手段。实行污染集中控制有利于集中人力、物力、财力解决重点污染问题；有利于采用新技术提高污染治理效果；有利于提高资源利用率，加速有害废物资源化；有利于节省防治污染的总投入；有利于改善和提高环境质量。

实行污染集中控制必须与分散治理相结合，对于一些危害严重的污染源或远离城镇的个别污染源，更适合于进行单独、分散治理。

（8）污染限期治理制度。

限期治理制度是指对重点环境问题采取的限定治理期限、治理内容及治理效果的强制性措施，是人民政府为了保护人民的利益、强化环境管理的一项重要制度。重点环境问题就是群众反映强烈的污染物、污染源、污染区域。限期治理具有四大要素，即明确的限定时间、具体的治理内容、限期治理的对象和治理效果。按限期治理的范围，可以把限期治理划分为区域性限期治理、行业性限期治理和污染源限期治理。

此外，还有总量控制制度、环境保护规划制度、现场检查制度等环境管理制度。

3. 环境管理的具体职能

环境管理的基本职能包括宏观指导、统筹规划、组织协调、监督检查和提供服务。

宏观指导是政府的主要职能，环境管理部门宏观指导职能主要体现在政策指导、目标指导、计划指导等方面。

统筹规划是环境管理中的一项战略性的工作，是指对一定时期内环境保护目标、对策和措施进行的规划和安排。即在环境管理工作之前拟定出具体的内容和步骤，选定实现管理目标的对策与措施。通过统筹规划，实现人口、经济、资源和环境之间关系的相互协调平衡。统筹规划主要包括环境保护战略的制定、环境预测、环境保护综合规划和专项规划等。

组织协调是指在实现管理目标的过程中协调及联系好各种关系的职能。组织协调是环境管理的一项重要职能，特别是解决一些跨地区、跨部门的环境问题，搞好协调就更为重要。其目的在于减少相互脱节和相互矛盾，避免重复，协调各环节的关系，以便沟通联系，分工合作，统一步调，积极做好各自的环保工作，带动整个环保事业的发展。其内容包括环境保护法规的组织协调、政策方面的协调、规划方面的协调和环境科研方面的协调。

监督检查是指对环境质量的监测和对一切影响环境质量行为的监察。环保部门实施有效的监督检查，是环境规划付诸实施的重要保证，有利于将一切环境保护的方针、政策、规划等变为实际行动，实现强有力的环境管理。监督检查的内容包括环境保护法律法规执行情况的监督检查、环境保护规划落实情况的检查、环境标准执行情况的监督检查和环境管理制度执行情况的监督检查，其方式包括联合监督检查、专项监督检查、日常的现场监督检查和环境监测。

目前，监督检查的重点是认真执行建设项目的环境影响报告书制度、"三同时"制度、排污许可申报制度和排污收费制度。

环境管理服务职能是为经济建设和实现环境目标创造条件并提供服务。服务内容包括技术服务、信息咨询服务、市场服务。在服务中强化监督，在监督中搞好服务。

4. 环境管理的特点

环境管理的特点，见表11-7。

表 11-7　环境管理的特点

特点	主要内容
综合性	环境管理涉及环境问题、管理手段、管理领域和环境知识等的统筹兼顾。环境管理的内容涉及大气、水、土壤生态等多种环境因素，环境管理的领域涉及经济、社会、政治、自然、科学技术等方面，环境管理的范围涉及国家的各个部门。因此，环境管理具有高度的综合性
大众性	开展环境管理必须从环境与发展综合决策出发，建立地方政府负总责、环保部门统一监督管理、各部门分工负责的管理体制，走区域环境综合治理的道路。既要充分发挥环境保护部门的职能和作用，又要动员全社会的力量，极大地调动社会各阶层、政府各部门的环境保护积极性，实现分工合作、综合协调管理。环境保护是全社会的责任与义务，涉及每个人的切身利益，需要社会公众的广泛参与，要加强环境保护的宣传教育，提高公众的环境意识，同时建立健全环境保护的社会公众参与和监督机制
区域性	环境问题受地域、地理位置、气候条件、人口状况、资源蕴藏、经济发展、生产力布局等多方面的影响，同时经济发展、资源配置、科技发展、产业结构的区域性要求开展环境管理必须根据区域的特征，因地制宜采取不同的措施，以区域为主开展环境管

三、环境规划

人类的社会经济活动必须遵循经济规律及生态规律，实行环境与经济发展相协调的持续发展战略，以促进社会生产力的持续发展和资源的永续利用。环境规划的目的在于调控自身的开发活动，规范自身的行为，减少污染，防止生态破坏，保护资源，协调人与自然的关系，从而保护人类生存和社会、经济持续发展所依赖的基础，实现环境与社会、经济协调发展。

1. 环境规划的概念

环境规划是环境决策在时间、空间上的具体安排，是规划管理者对一定时期内环境保护目标和措施所作出的具体规定，是一种带有指令性的环境保护方案。其目的是在发展经济的同时保护环境，使经济与社会协调发展。

环境预测、环境决策和环境规划既相互联系又相互区别。环境预测是环境决策的依据，环境规划是环境预测和环境决策的产物，是环境管理的重要内容和主要手段，是国民经济和社会发展的有机组成部分。

2. 环境规划类型

环境规划类型的主要内容，见表 11-8。

表 11-8　环境规划类型

分类依据	主要内容
按照区域特征划分	环境规划可分为城市环境规划、区域环境规划和流域环境规划
按照环境组成要素划分	环境规划可分为大气污染防治规划、水质污染防治规划、土地利用规划和噪声污染防治规划等

分类依据	主要内容
按照规划期限划分	环境规划可分为长期规划(大于20年)、中期规划(15年)和短期规划(5年)
按照范围和层次划分	环境规划可分为国家环境保护规划、区域环境规划和部门环境规划
按照性质划分	环境规划可分为生态规划、污染综合防治规划和自然保护规划
按照环境规划的对象和目标划分	环境规划可分为综合性的环境规划和单要素的环境规划
按照国内外环境规划研究的情况划分	环境规划可分为经济制约型的环境规划、协调型的环境规划、环境制约型的环境规划

3. 环境规划内容

区域环境规划的宗旨就是处理好区域经济发展和环境保护之间的关系。在制定区域经济发展规划的同时做好区域环境规划，以期科学地规划区域经济发展的规模和结构，恢复和协调区域内各个生态系统的动态平衡，提高区域环境质量，保护区域内人民的身体健康和自然资源的合理开发和利用，并促进生产力向前发展。

（1）区域环境目标。

根据区域环境功能以及区域未来经济发展的要求，确定环境目标。

（2）环境指标体系的确定。

环境污染指标包括大气污染指标（如二氧化硫、二氧化氮、总悬浮颗粒物等）、水污染指标（如化学需氧量、溶解氧、氨氮等）等。资源指标有自然资源（如水资源、土地、森林、草地等）、文物古迹资源等。

（3）环境预测和环境问题的研究。

根据区域经济发展规划，预测今后环境的变化，研究建立各种预测模型。根据环境预测的结果，找出今后区域发展的主要环境问题。

（4）区域环境规划方案研究。

根据区域自然资源特点，建立合理的生产地域综合体，确定合理的工业结构及产业结构。根据区域环境容量的特点，确定大、中型重污染工业企业的合理布局。制定大气环境、水环境污染的综合防治方案，制定固体废弃物，特别是有害废弃物的处置方案。

（5）区域环境保护技术政策研究。

内容主要包括提出区域自然资源合理利用政策，提出区域水环境污染、大气环境污染的综合防治政策，提出区域固体废弃物及有害废物的处置政策，提出适宜的区域土地利用政策，提出合理的区域环境保护投资政策。

在区域环境规划工作中还要研究和制定出适应区域特点的环境保护政策和法规。

4．环境规划原则

环境规划制定的主要任务是不断改善和保护自然环境，开发和利用各种资源，维护自然环境的生态平衡。其实质是解决发展经济和保护环境之间的矛盾，达到既促进和保证经济的持续发展，又能保护和改善环境质量，保证人民的身体健康，实现经济、社会和环境协调发展。处理好局部与整体、眼前利益与长远利益、社会发展与保护环境、技术进步与控制环境污染的关系。环境规划原则包括以下内容：

经济建设和环境保护同步规划，实现经济效益、社会效益和环境效益的统一，实现经济与环境的协调发展；根据自然环境结构和自然资源的特征合理开发利用；保证生态系统的可持续发展，促进城市生态系统的良性循环，在制定环境规划中应得到充分体现；充分考虑社会环境经济结构，其影响区域开发的方式和强度亦对环境的破坏及污染产生不同的影响；综合分析、整体优化。进行环境规划，必须以环境综合整治思想为指导，以防为主、防治结合、全面规划、合理布局，即环境规划中应充分体现综合整治的战略方针。

5．环境规划程序

编制环境规划主要是为了解决一定区域范围内的环境问题和保护该区域内的环境质量。环境规划过程是一个科学决策过程，其编制程序包括编制环境规划的工作计划、环境现状调查和评价、环境预测分析、环境规划目标的确定、环境规划方案设计、环境规划方案的申报与审批、环境规划方案的实施（见表 11-9）。

表 11-9　编制环境规划的程序

步骤	主要内容
编制环境规划的工作计划	在开展环境规划工作之前，环境规划部门提出规划编写提纲，对整个规划工作进行组织和安排，编制各项工作计划
环境现状调查和评价	这是编制环境规划的基础，通过对区域的环境状况、环境污染与自然生态破坏的调研，找出存在的主要问题，探讨协调经济社会发展与环境保护之间的关系，以便在规划中采取相应的对策。环境调查基本内容包括环境特征调查、生态调查、污染源调查、环境质量的调查、环保治理措施效果的调查以及环境管理现状的调查等。环境质量评价内容包括污染源评价、环境污染现状评价、环境自净能力的确定、对人体健康和生态系统的影响评价和费用效益分析
环境预测分析	环境预测是在环境现状调查和掌握资料的基础上推断未来，预估环境质量变化和发展趋势，它是环境决策的重要依据。没有科学的环境预测，就不会有科学的环境决策，当然也就不会有科学的环境规划。环境预测的主要内容有污染源预测、环境污染预测、生态环境预测、环境资源破坏和环境污染造成的经济损失预测

步骤	主要内容
环境规划目标的确定	环境目标是在一定的条件下，决策者、专家对环境质量所想要达到的状况或标准。环境目标一般分为总目标、单项目标、环境指标三个层次。总目标是指区域环境质量所要达到的要求或状况。单项目标是依据规划区环境要素和环境特征以及不同环境功能所确定的环境目标。环境指标是体现环境目标的指标体系。在环境规划草案中预定的环境规划目标基础上，经过论证，对目标进行修正，最后确定环境规划目标
环境规划方案的设计	根据国家或地区有关政策和规定、环境问题和环境目标、污染状况和污染物削减量、投资能力和效益等，提出环境区划和功能分区以及污染综合防治方案。环境规划方案主要包括拟定环境规划草案、优选环境规划草案、形成环境规划方案
环境规划方案的申报与审批	环境规划方案的申报与审批是把规划方案变成实施方案的基本途径，也是环境管理中一项重要工作制度。环境规划方案必须按照一定的程序上报各级决策机关，等待审核批准
环境规划方案的实施	环境规划方案按照法定程序审批下达后，在环境保护部门的监督管理下，各级政府和有关部门，应根据规划中对本单位提出的任务要求，组织各方面的力量，促使规划付诸实施。环境规划的实施要比编制环境规划复杂、重要和困难得多

第十二章　物理污染与保护

第一节　噪声污染与保护

一、噪声污染

1. 噪声

噪声是声波的一种，具有声音的一切特征。从环境保护和心理学观点来说，凡是人们不需要的、使人厌烦并对人类生活和生产有妨碍的声音都是噪声，如响声、妨碍声、不愉快声、杂声等。判断一种声音是否属于噪声，主观上的因素往往起着决定性的作用。即使同一种声音，当人处于不同状态、不同心情时，对声音也会产生不同的主观判断。例如，悦耳的歌声可以给人以美妙的精神享受，然而对正在思考问题的人来说，可能成为令人讨厌的噪声。当噪声对人及周围环境造成不良影响时，就形成噪声污染。

2. 噪声的分类

根据噪声的特点，它的分类标准有以下几种：

（1）噪声污染按声源的机械特点可分为气体动力噪声、机械噪声和电磁性噪声。

（2）噪声按声音的频率可分为小于400Hz的低频噪声、介于400～1000Hz的中频噪声、大于1000Hz的高频噪声。

（3）噪声按时间变化的属性可分为稳态噪声、非稳态噪声、起伏噪声、间歇噪声以及脉冲噪声等。

（4）根据噪声发生源城市环境，噪声可大致分为工业噪声、交通噪声、建筑施工噪声和社会生活噪声等。

3. 噪声污染的特点

噪声污染的特点，见表12-1。

表 12-1　噪声污染的特点

特点	主要内容
即时性	与大气、水质和固体废物等其他物质污染不同，噪声污染是一种能量污染，是由于空气中的物理变化而产生的。噪声作为能量污染，其能量是由声源提供的，一旦声源停止辐射能量，噪声污染将立即消失，不存在任何残存。无论噪声的强度和持续时间如何，只要噪声源停止辐射，污染现象将立即消失，不会给周围环境留下任何有毒有害物质
局部性	与其他公害相比，噪声污染是局部和多发性的。噪声对环境的影响不会积累，不持久，传播距离有限。除飞机噪声这种特殊情况外，一般情况下噪声源受害者很近，噪声源辐射出来的噪声随着传播距离的增加，或受到障碍物的吸收，噪声能量会很快减弱，因而噪声污染主要局限在声源附近不大的区域内
可感受性	就公害的性质而言，噪声是一种感觉公害。许多公害是无感觉公害，如放射性污染和某些有毒化学品的污染，人们在不知不觉中受污染及危害，而噪声则是通过感觉对人产生危害的。一般的公害可以根据污染物排放量来评价，而噪声公害则取决于受污染者的心理和生理因素

4. 噪声的危害

噪声污染危害性很大，主要表现在以下几个方面（见表 12-2）。

表 12-2　噪声的危害

危害	主要内容
对心理的影响	吵闹的噪声使人厌恶、烦恼，精神不集中，影响工作效率，妨碍休息和睡眠等。一般来说，40dB 的连续噪声会使 10% 的人受到影响。对于睡眠和休息的人，噪声最大允许值为 50dB，理论值是 30dB。另外，强噪声容易掩盖危险信号，分散人的注意力，发生工伤事故。据世界卫生组织估计，美国每年由于噪声的影响而带来的工伤事故、怠工和低效率所造成的经济损失将近 40 亿美元
对听力的影响	噪声可以造成暂时性的或永久性的听力损伤。如果人们暴露在 140 ~ 160dB 的高强度噪声下，听觉器官会发生急性外伤，引起鼓膜破裂流血，螺旋体从基底急性剥离，双耳完全失聪。一般说来，80dB 以下的噪声不会造成耳聋。若噪声达到 90dB 及以上，20% 的人可能耳聋。噪声引起的暂时性耳聋，在休息后即可恢复
对生理的影响	长期在强噪声下工作的工人，除了耳聋外，还有头昏、头疼、神经衰弱、消化不良等症状。噪声往往导致高血压和心血管病，还会使少年儿童的智力发展缓慢，对胎儿也会造成危害
特强噪声对仪器设备和建筑结构的影响	实验研究表明，特强噪声会损伤仪器设备，甚至使仪器设备失效。噪声对仪器设备的影响与噪声强度、频率以及仪器设备本身的结构与安装方式等因素有关。当噪声级超过 150dB 时，会严重损坏电阻、电容、晶体管等元件。当特强噪声作用于火箭、宇航器等机械结构时，声频交变负载的反复作用会使材料产生疲劳现象而断裂，这种现象叫作声疲劳

续表

危害	主要内容
对动物的影响	噪声能对动物的听觉器官、视觉器官、内脏器官及中枢神经系统造成病理性变化。噪声对动物的行为有一定的影响，可使动物失去行为控制能力，出现烦躁不安、失去常态等现象，强噪声会引起动物死亡。噪声还会使鸟类出现羽毛脱落现象，影响产卵率等

二、噪声环境的保护

1. 噪声的控制途径

噪声的传播一般有三个因素：噪声源、传播途径和受音者。充分的噪声控制，必须考虑这三个因素所组成的整个系统，只有当三个因素同时存在时，噪声才能对人造成干扰和危害。传播途径包括反射、衍射等各种形式的声波行进过程。控制噪声环境，除了考虑人的因素之外，还须兼顾经济和技术上的可行性。

（1）降低声源噪声。

工业、交通运输业可以选用低噪声的生产设备，改进生产工艺，或者改变噪声源的运动方式（如用阻尼、隔振等措施降低固体发声体的振动）。

（2）优化传声途径。

改变噪声传播途径，如采用吸声、隔声、声屏障、隔振等措施，以及合理规划城市和建筑布局等。

（3）受音者或受音器官的噪声防护。

对受音者或受音器官采取防护措施，如长期职业性噪声暴露的工人可以戴耳塞、耳罩或头盔等护耳器。

2. 噪声控制技术

噪声控制技术的主要内容，见表 12-3。

表 12-3　噪声控制技术

控制技术	内容
隔声	把产生噪声的机器设备封闭在一个小的空间，使它与周围环境隔开，以减少噪声对环境的影响，这种做法即隔声。主要的隔声结构有隔声屏障和隔声罩，其他隔声结构还有隔声室、隔声墙、隔声幕、隔声门等。建立隔声屏障，或利用天然屏障（土坡、山丘）及其他隔声材料和隔声结构来阻挡噪声的传播，是控制噪声最有效的措施之一
吸声	吸声降噪是一种在传播途径上控制噪声强度的方法。应用吸声材料和吸声结构，将传播中的噪声声能转变为热能等。材料的吸声性能决定于它的粗糙性、柔性、多孔性等因素，优良的吸声材料要求表面和内部均应多孔，孔与孔之间相互连通，孔隙较小。常用的吸声材料主要是多孔吸声材料，如玻璃棉、矿棉、膨胀珍珠岩、穿孔吸声板等。另外，建筑物周围的草坪、树木等也都是很好的吸声材料。种植花草树木，不仅能美化人们生活和学习的环境，同时也能防治噪声对环境的污染

控制技术	内容
消声	消声就是利用消声器来降低噪声的传播，也是降噪的一种主要措施。不同的消声器其降声原理不同，但不外乎是吸收声能、消耗声能或者变频等，达到降低可听声音的目的。消声器是一种既能使气流通过又能有效地降低噪声的设备，通常可用消声器降低各种空气动力设备的进出口或沿管道传递的噪声。例如，在内燃机、通风机、鼓风机、压缩机、燃气轮机以及各种高压、高气流排放的噪声控制中广泛使用消声器
隔振与减振	对许多因机械振动而产生的噪声，通过降低振动可有效地降低噪声。例如，汽车的外壳一般由金属薄板制成，车辆行驶过程中，振源将其振动传给车体，在车体中以弹性波形式进行传播，这些薄板受激振动时会产生噪声，同时引起车体上其他部件的振动，这些部件又向外辐射噪声。在该传播途径上安装弹性材料或元件，隔绝或衰减振动的传播，就可以达到减振降噪的目的

　　可采取各种措施降低噪声，但在许多场合中，采取必要的个人防护措施是最有效、最经济的降低噪声危害的方法。常用的个人防护用品有耳塞、耳罩、隔声帽等。

第二节　电磁性污染与保护

一、电磁性污染

1. 电磁福射

　　电磁辐射由空间共同移送的电能量和磁能量所组成，而该能量由电荷移动所产生。例如，正在发射信号的射频天线会发出移动电荷，进而产生电磁能量。这种电磁能量以电磁波形式传递的现象称为电磁波辐射，简称电磁辐射。过量的电磁辐射会造成电磁污染，电磁污染属于物理性污染。

　　人们称电磁辐射为"隐形杀手"。越来越多电子、电气设备的使用使得各种频率和能量的电磁波充斥在地球的每一个角落乃至更加广阔的宇宙空间。对于人体这一良导体，电磁波不可避免地会构成一定程度的危害。自20世纪60年代以来，我国在防止电磁辐射危害方面做了大量的工作，研制了一些测量设备，制定了有关高频电磁辐射安全卫生标准及微波辐射卫生标准，在防护技术水平上也有了很大的提高，取得了良好的成效。

2. 电磁辐射源

　　对人们生活环境有影响的电磁污染源有天然电磁辐射源和人为电磁辐射源。

（1）天然电磁辐射源。

天然电磁污染是由大气中的某些自然现象引起的。最常见的是大气中由于电荷的积累而产生的雷电现象，以及来自太阳和宇宙的电磁场源。天然产生的电磁辐射与人工的辐射相比很小，一般可以忽略不计。

（2）人为电磁辐射源。

人为电磁污染指由人工制造的系统、电气设备和电子设备产生的电磁辐射引起的污染。人为电磁污染源包括脉冲放电、工频交变磁场、微波、射频电磁辐射等，主要由电脑、电视、音响、微波炉、电冰箱等家用电器，手机、传真机、通信站等通信设备，高压电线以及电动机、电机设备等，飞机、电气铁路，广播、电视发射台、手机发射基站、雷达系统，电力产业的机房、卫星地面工作站、调度指挥中心，应用微波和 X 射线等的医疗设备产生。

3. 电磁辐射特点

电磁辐射是一种复合的电磁波，以相互垂直的电场和磁场随时间的变化而传递能量。电磁辐射的特点主要有以下几点：

（1）空间直接辐射及线路传导干扰。

空间直接辐射是指各种电气装置和电子设备在工作过程中，不断地向周围空间辐射电磁能量，每个装置或设备本身都相当于一个多向的发射天线。这些发射出来的电磁能，在距场源不同距离的范围内，是以不同的方式传播并作用于受体的。若射频设备与其他设备共用同一电源，或者它们之间有电气连接关系，电磁能就可以通过导线传播。此外，信号的输出、输入电路和控制电路等，也能在强电磁场中拾取信号，并将所拾取的信号进行再传播。

空间辐射和线路传导均可使电磁波能量传播到受体，造成电磁辐射污染。有时，空间传播与线路传导所造成的电磁污染同时存在，这种情况称为复合传播污染。

（2）电磁辐射所衍生的能量取决于频率的高低。

频率越高，能量越大。频率极高的 X 光和 γ 射线可产生较大的能量，能够破坏合成人体组织的分子。事实上，X 光和 γ 射线的能量之巨，足以令原子和分子电离化，故被列为"电离"辐射。这两种射线虽具医学用途，但照射过量将会损害健康。X 光和 γ 射线所产生的电磁能量，有别于射频发射装置所产生的电磁能量。射频装置的电磁能量属于频谱中频率较低的部分，不能破解化学键，故被列为"非电离"辐射。

4. 电磁辐射的危害

（1）引燃引爆。

极高频辐射场可使导弹系统控制失灵，造成导弹起爆提前或滞后。高频电磁的振荡可使金属器件之间相互碰撞打火，引起爆炸物品、易燃物品燃烧爆炸。

（2）干扰信号。

电磁辐射可直接影响电子设备、仪器仪表的正常工作，造成信息失真，控制失灵，并可能酿成大的事故。例如，在飞机上随意拨打移动电话可能干扰飞机正常飞行，甚至造成坠机事故。在医院随意拨打移动电话可能干扰医院的脑电图、心电图等检查，造成信息失真，可能直接影响病人的治疗、抢救。

（3）危害人体健康。

通过多年以来的案例对比，电磁辐射可能对人体产生不良影响，其影响程度与电磁辐射强度、辐射接触时间等有直接关系。长期接触电磁辐射会对人体造成中枢神经系统机能障碍与失调，出现头晕、头痛、记忆力减退等症状。电磁辐射能影响人的生殖系统，如可能造成男性精子质量降低，女性月经紊乱，孕妇发生自然流产和胎儿畸形等。电磁辐射还能影响人的循环系统，导致白细胞减少，免疫力下降。电磁辐射会引起视力下降、白内障等，可能诱发癌症并加速人体癌细胞增殖。

二、电磁性环境的保护

1. 区域控制

以场源为中心，在一个波长范围内的区域，通常称为近区场，也可称为感应场。在以场源为中心，半径为一个波长之外的空间范围称为远区场，也可称为辐射场。对于一个固定的具有一定强度的电磁辐射源来说，近区场辐射的电磁场强度较大，所以，应该格外注意对电磁辐射近区场的防护。对工业集中特别是电子工业集中的城市以及电子、电气设备密集使用的地区，可以将电磁辐射源相对集中在某一区域，使其远离一般工业区或居民区，并采用覆盖钢筋混凝土或金属材料的办法来衰减室内场强。对这样的地区还应设置安全隔离带，从而在较大范围内控制电磁辐射的危害。在安全隔离带做好绿化工作，减少电磁辐射的危害。同时要加强监测，尽量减少射频电磁辐射对周围环境的影响。

2. 屏蔽控制

屏蔽控制就是利用金属板或金属网等良性导体或导电性能良好的非金属组成屏蔽体，并与地连接，屏蔽体在场源作用下产生感应电荷或电流，从而限制电磁传播，使辐射的电磁能所引发的屏蔽体电磁感应通过地下线传入地下。屏蔽控制的实施有两种：一是将辐射源加以屏蔽；二是将指定范围内的人员或设备加以屏蔽。一般常用的屏蔽材料由铜、铝制成，微波屏蔽可用钢铁制成。屏蔽体的形式有罩式、屏风式、隔离墙式等多种，可根据实际情况选择。现场工作的人员可采用自身屏蔽，如穿屏蔽服，戴头盔、护目镜等。

3．接地防护

接地防护就是将辐射源屏蔽部分或屏蔽体通过感应产生的射频电流由接地极导入地下，以免成为二次辐射源。接地极埋入地下的方式有板式、棒式、网格式等多种，通常采用前两种。具体做法是将具有一定厚度、面积约 $1m^2$ 的铜板埋于地下 1.5 ~ 2m 深的土壤中，将接地的一端固定在屏蔽体上，另一端与铜板焊牢或将 3 ~ 5 根长约 2m、直径 5 ~ 10cm 的金属棒，以每根间距 3 ~ 5m 砸入地下 2m 深的土壤中，金属棒顶端与屏蔽体连接。

4．吸收防护

吸收防护是选用适宜的能吸收电磁辐射的材料，将泄漏的能量吸收并转化为热能。吸收装置是利用特殊材料制成的屏蔽装置。吸收材料的种类较多，例如，在塑料、橡胶、陶瓷等材料中加入铁粉、石墨、木炭和水等。此外，设置防护板、防护屏风等均可防止微波辐射的定向传播，防护板、防护屏风可以用屏蔽材料与吸收材料叠加组合而成。

5．个人防护

为防止电离辐射的伤害，还要加强个人防护。在大功率设备附近岗位操作的人员，应注意穿戴专门配备的防护服、防护眼罩等防护用品。必须长期处于高电磁辐射环境中工作的人需要多食用胡萝卜、豆芽、西红柿、油菜、海带、卷心菜、瘦肉、动物肝脏等富含维生素 A、C 和蛋白质的食物，以加强肌体抵抗电磁辐射的能力。

第三节　热污染与保护

一、热污染

1．热污染的概念

热污染是现代化工农业生产和人类生活中排出的各种废热所导致的环境污染。热污染可以污染大气和水体。常见的热污染有以下几种：

（1）因城市地区人口集中，建筑群、街道等代替了地面的天然覆盖层，工业生产排放热量，大量机动车行驶，大量空调排放热量而形成城市气温高于郊区、农村的热岛效应。

（2）因热电厂、核电站、炼钢厂等冷却水所造成的水体温度升高，使溶解氧减少，某些毒物毒性提高，鱼类不能繁殖或死亡，某些细菌大肆繁殖，破坏水生生态环境，进而引起水质恶化的水体热污染。

2．热污染的原因

造成热污染最根本的原因是能源未被最有效、最合理地利用。随着现代工业的发展和人口的不断增长，环境热污染将日趋严重。然而，人们尚未能用一个量值来规定其污染程度，这表明人们并未对热污染足够重视。为此，科学家呼吁应尽快制定环境热污染的控制标准，采取行之有效的措施防治热污染。

3．热污染的危害

热污染首当其冲的受害者是水生生物。水温升高使水中溶解氧减少，水体处于缺氧状态，同时又使水生生物代谢率增高而需要更多的氧，造成一些水生生物在热效力作用下发育受阻或死亡，从而影响环境和生态平衡。此外，河水水温上升给一些致病微生物造成一个人工温床，使它们得以滋生、泛滥，引起疾病流行，危害人类健康。热污染会导致全球气候的变化，给全球生态带来不可预期的影响。直接向环境排热，会使局部生态发生改变。按照热力学定律，人类使用的全部能量终将转化为热，传入大气，逸向太空。这样，地面反射太阳热能的反射率增高，吸收太阳辐射热减少，沿地面空气的热减少，上升气流减弱，阻碍云雨形成，造成局部地区干旱，影响农作物生长。近一个世纪以来，地球大气中的二氧化碳不断增加，气候变暖，冰川积雪融化，使海水水位上升，一些原本十分炎热的城市，变得更热。专家们预测，如按现在的能源消耗速度计算，每10年全球温度会升高0.1～0.26℃，一个世纪后即为1.0～2.6℃，而两极温度将上升3～7℃，对全球气候会有重大影响。

二、热环境的保护

1．提高热能利用率

改进热能利用技术，提高热能利用率。目前所用的热力装置的热效率一般都比较低，应加强隔热保温，防止热损失。在工业生产中，有些窑体要加强保温、隔热措施，以降低热损失，例如，水泥窑筒体采用硅酸铝毡、珍珠岩等高效保温材料，既可减少热散失，又可降低水泥熟料热耗。

2．冷却作用

对于冷却介质余热的利用，主要是电厂和水泥厂等冷却水的循环使用，改进冷却方式，减少冷却水排放。应用冷却回用的方法，既可节约水资源，又可不向或少向水体排放温热水，减少热污染的危害。

3．废热的利用

废热是一种宝贵的资源，充分利用工业余热是减少热污染的最主要措施。通过技术创新，如热管、热泵等，可以把过去放弃的"低品位"的废热变成新能源。例如，用电站温热水进行水产养殖，放养非洲鲫鱼、热带鱼类；冬季用温热水灌溉农田，使之更适宜农作物的生长；利用发电站的热废水在冬季供家庭取暖等。

4．城市及区域绿化

绿化是降低热污染的有效措施。需注意树种选择和搭配，并加强空气流通和水面的结合。开发新能源，利用水能、风能、地热能、潮汐能和太阳能等新能源，既解决了污染物，又是防止和减少热污染的重要途径。特别是太阳能的利用，各国都投入大量人力和财力进行研究，取得了一定的成果。

第十三章　大气污染与保护

第一节　大气污染

一、大气圈

1. 大气

大气是指地球周围所有空气的总和，其厚度为 1000 ～ 1400km。世界气象组织按大气温度的垂直分布将大气分为对流层、平流层、中间层、电离层和逸散层。其中，对人类及生物生存起着重要作用的是近地面约 10km 的气体层——对流层，人们常称这层气体为空气层。可见，空气的范围比大气小得多，但空气层的质量却占大气总质量的 95% 左右。在环境污染领域中，"空气"和"大气"常作为同义词使用。

大气为地球生命的繁衍、人类的发展提供了理想的环境。

2. 大气圈的组成

大气圈就是指包围着地球的大气层，由于受地心引力的作用，大气圈中空气质量的分布是不均匀的。海平面处的空气密度最大，随高度的增加，空气密度逐渐变小。大气在垂直方向上不同高度时的温度、组成与物理性质也是不同的。

（1）对流层。

对流层是大气圈中最接近地面的一层，对流层的平均厚度约为 12km。对流层中的空气质量约占大气层总质量的 75%，是天气变化最复杂的层次。对流层具有两个特点：一是对流层中的气温随高度增加而降低。对流层的大气不能直接吸收太阳辐射的能量，但能吸收地面反射的能量而使大气增温，因而靠近地面的大气温度高，远离地面的空气温度低，高度每增加 100m，气温下降约 0.65℃。二是空气具有强烈的对流运动。近地层的空气接受地面的热辐射后温度升高，与高空冷空气发生垂直方向的对流，构成了对流层空气强烈的对流运动。对流层中存在着极其复杂的气象条件，各种天气现象也都出现在这一层，因而在该层中有时形成污染物易于扩散和不易扩散的条件。人类活动排放的污染物主要是在对流层中聚集，大气污染也多在这一层发生。因而对流层的状况对人类生活影响最大，与人类关系最密切，是研究

235

的主要对象。

（2）平流层。

对流层层顶之上的大气为平流层，从地面向上延伸到 50～55km 处。该层的特点是下部的气温随高度变化不大，到 30～35km 处温度均维持在 51℃左右，故也叫等温层。再向上温度随高度增加而升高，一方面是由于它受地面辐射影响小，另一方面是由于该层含有臭氧，存在着一个厚度为 10～15km 的臭氧层，臭氧层可以直接吸收太阳的紫外线辐射，使气温增加。

臭氧层的存在对地面免受太阳紫外线辐射和宇宙辐射起着很好的防护作用，否则，地面上所有的生命将会由于这种强烈的辐射而致死。平流层没有对流层中云、雨、风暴等天气现象，大气透明度好，气流也稳定。进入平流层中的污染物，由于在平流层中扩散速度较慢，污染物停留时间较长，有时可达数十年。

（3）中间层。

由平流层顶以上距地面约 85km 范围内的一层大气叫中间层。由于该层没有臭氧层这一类可直接吸收太阳辐射能量的组分，因此其温度随高度的增加而迅速降低，其顶部温度可低至约 –83℃。中间层底部的空气通过热传导接受了平流层传递的热量，因而温度较高。这种温度分布下高上低的特点，使得中间层空气再次出现强烈的垂直对流运动。

（4）电离层。

电离层位于 85～800km 的高度。该层空气密度很小，气体在宇宙射线作用下处于电离状态。由于电离后的氧气能强烈地吸收太阳的短波辐射，使空气温度迅速升高，因此该层气温的分布是随高度的增加而增高，其顶部可达 477～1227℃。电离层能够反射无线电电波，对远距离通信极为重要。

（5）逸散层。

逸散层是大气圈的最外层，是从大气圈逐步过渡到宇宙空间的大气层。该层大气极为稀薄，气温高，分子运动速度快，有的高速运动的粒子能克服地球引力的作用而逸逸到太空中去。

另外，按照空气组成成分划分大气圈层结构，可以将其分为均质层和非均质层，均质层包括对流层、平流层和中间层，非均质层包括电离层和逸散层；按照大气的电离状态还可以将大气分为电离层和非电离层。

二、大气污染源及污染物

1. 大气污染的概念

大气污染通常是指由于人类活动引起某种物质进人大气中，呈现出足够的浓度，达到足够的时间，超出大气本身的自净能力，并因此危害人体的舒适、健康和福利或危害环境的现象。这里所说的舒适和健康，是从人体正常的生活环境和生理机能的影响到引起慢性病、急性病以致死亡这样一个广泛的范围。而福利则是指与人类协调共存的生物、自然资源、财产以及器物等。通常说的大气污染主要是人类活动造成的。

2. 大气污染源

污染源有两个含义："污染物发生源""污染物来源"，通常人们所说的污染源意指前者。大气污染源包括人为污染源和自然污染源，按其性质和排放方式可以分为燃料燃烧污染源、工业生产污染源、交通运输污染源和农业生产污染源。

（1）燃料燃烧。

燃料（煤、石油、天然气等）的燃烧是向大气输送污染物的重要发生源。煤燃烧时除产生大量烟尘外，还会形成一氧化碳、二氧化碳、二氧化硫、氮氧化物、有机化合物等有害物质。特别是当前人们的能源以石油为主，大气污染物主要是一氧化碳、二氧化碳、氮氧化物和有机化合物。

（2）工业生产。

工业生产过程中排放到大气中的污染物种类多、数量大，是城市或工业区大气的主要污染源。化工工厂、石油炼制厂、钢铁厂、焦化厂、水泥厂等各种类型的工业企业，在原材料及产品的运输、粉碎以及由各种原料制成成品的过程中，都会有大量的污染物排入大气中，这类污染物主要有粉尘、碳氢化合物、含硫化合物、含氮化合物以及卤素化合物等多种污染物。

（3）交通运输。

现代化交通运输工具如各种机动车辆、飞机、轮船等排放的尾气是造成大气污染的主要来源。由于交通运输工具主要以燃油为主，因此主要的污染物是碳氢化合物、一氧化碳、氮氧化物、含铅污染物、苯并芘等。排放到大气中的这些污染物，在阳光照射下，有些还可经光化学反应，生成光化学烟雾，因此它也是二次污染物的主要来源之一。

（4）农业生产。

农业生产过程对大气的污染主要来自农药和化肥的使用。氮肥在施用后，可直接从土壤表面挥发成气体进入大气。以有机氮或无机氮进入土壤内的氮肥，在土壤微生物作用下可转化为氮氧化物进入大气，从而增加了大气中氮氧化物的含量。

我国大气污染物主要来源于燃料燃烧，其次是工业生产与交通运输，它们所占的比例分别为70%、20%和10%。

3. 大气污染物

大气污染物指由于人类活动或自然过程排入大气，并对人或环境产生有害影响的物质。排入大气的污染物种类很多，依照污染物存在的形态，可将其分为颗粒污染物与气态污染物。依照污染物与污染源的关系，可将其分为一次污染物与二次污染物。

（1）颗粒污染物。

颗粒污染物的主要内容，见表 13-1。

表 13-1　颗粒污染物的主要内容

名称	主要内容
粉尘	粉尘是指悬浮于空气中的固体颗粒，受重力作用可发生沉降，但在一定时间内能够保持悬浮状态，其粒径一般小于 75 μm。在这类颗粒物中，粒径大于 10 μm，靠重力作用能在短时间内沉降到地面的，称为降尘。粒径小于 10 μm，不易沉降，能长期在大气中飘浮的，称为飘尘
尘粒	尘粒一般是指粒径大于 75 μm 的颗粒物，易于沉降到地面
雾尘	雾尘是指小液体粒子悬浮于大气中的悬浮体的总称。这种小液体粒子一般是由于蒸汽的凝结、液体的喷雾、雾化以及化学反应过程所形成，粒子粒径小于 100 μm
烟尘	烟尘是指冶金过程或燃烧过程中所形成的固体颗粒。烟尘的粒子粒径很小，一般小于 1 μm。在燃料的燃烧、高温熔融和化学反应等过程中均可产生烟尘，是环境空气中空气动力学当量直径小于或等于 2.5 μm 的颗粒物的主要组成
煤尘	煤尘是指燃烧过程中未被燃烧的煤粉尘、大中型煤码头的煤扬尘以及露天煤矿的煤扬尘等

（2）气态污染物。

气体污染物的主要内容，见表 13-2。

表 13-2　气体污染物的主要内容

名称	主要内容
含氮化合物	含氮化合物种类很多，其中最主要的是一氧化氮、二氧化氮和氨气等
含硫化合物	含硫化合物主要指二氧化硫、三氧化硫和硫化氢等，其中二氧化硫的含量最多，危害也最大，是影响大气质量的最主要气态污染物
碳氢化合物	此处主要是指有机废气。有机废气中的许多组分会对大气造成污染，如烃、醇、酮、酯、胺等
碳氧化合物	污染大气的碳氧化合物主要是一氧化碳和二氧化碳
卤素化合物	对大气造成污染的卤素化合物，主要是含氯化合物及含氟化合物，如氯化氢、氟化氢、四氟化硅等

238

气态污染物从污染源排入大气，可以直接对大气造成污染，同时还可以经过化学反应形成二次污染物。

若大气污染物是从污染源直接排出的原始物质，进入大气后其性质没有发生变化，则称其为一次污染物，也可称为原发性污染物。若由污染源排出的一次污染物与大气中原有成分，或几种一次污染物之间，发生了一系列的化学变化或光化学反应，形成了与原污染物性质不同的新污染物，则形成的新污染物称为二次污染物，也可称为继发性污染物。二次污染物如硫酸烟雾和光化学烟雾，所造成的危害已受到人们的普遍重视。

在交通运输污染中，以汽车尾气污染影响最大。汽车尾气的主要污染物为碳氢化合物和氮氧化合物，柴油汽车所排放的尾气中含未完全燃烧柴油气溶胶，可能对人体危害更大。

碳氢化合物和氮氧化合物在阳光作用下，发生化学反应，产生甲醛、臭氧、过氧化苯甲酰硝基酯、丙烯醛等二次污染物，对人体危害更大，称为光化学烟雾。光化学烟雾是 1946 年首先在美国洛杉矶发现的，它一般出现在上午上班高峰期，当空气中碳氢化合物和氮氧化合物浓度达到最高，并与阳光作用3～4h后，到下午五六点，光化学烟雾的浓度迅速下降。这些物质具有强氧化性，能刺激眼睛和呼吸道，引起胸部疼痛，刺激黏膜，造成头痛、咳嗽、疲倦等症状，使哮喘病增加，植物神经损伤。

三、大气污染的危害

1. 大气的重要性

地球上所有生物的新陈代谢活动都离不开大气，大气也是人类赖以生存的氧气的唯一来源。人类机体与外界环境不断地进行着气体交换，机体由外界环境中吸入生命所必需的氧气，并将物质代谢过程中所产生的二氧化碳等气体排出体外。在通常情况下，每人每日平均吸入 10～12m³ 空气，在 60～90m² 的肺泡面积上进行气体交换与吸收，以维持人的正常生理活动。一般成年人每天呼吸的空气质量相当于一天食物质量的 10 倍、饮水质量的 3 倍。

植物从大气中吸收二氧化碳，放出氧气，但其正常的生理反应也是需要氧气的，没有氧气植物也会死亡。空气中的氮分子经过固氮微生物吸收成为固定的氮进入土壤，被高等植物和动物吸收利用，形成生命所必需的基础物质（蛋白质等）。

可以说大气的优劣，对整个生态系统和人类健康有着直接的影响。

2. 大气污染的具体危害

大气污染是当前世界最主要的环境问题之一，其对人类健康、工农业生产、动植物生长、社会经济和全球环境等都将造成很大的危害。大气污染的危害主要表现在以下几个方面（见表13-3）。

表13-3 大气污染的危害

危害类别	主要内容
对动物的危害	大气污染对动物的危害和影响与对人的情况相似。凡是对人造成了危害的大气污染事件，都同时对动物产生一定的危害和影响，使不少动物患病和死亡。大气污染对动物的慢性危害，除直接吸入外，还通过食物进入动物体内
对人体的危害	由于污染物的来源、性质、浓度和持续的时间不同，污染地区的气象条件、地理环境因素存在差别等，大气污染对人体健康的危害不同。其中以通过呼吸道进入人体危害最大，因为人们每时每刻都在呼吸，而且整个呼吸道富有水分，对有害物质吸附、溶解、吸收能力大，感受性强。大气污染物种类很多，不同的污染物对人体健康所造成的危害程度、表现病状也各不相同，通常可分为急性作用或慢性作用
对环境的影响	大气污染对环境的影响主要指温室效应、臭氧层破坏、酸雨等
对植物的危害	大气污染对农作物、森林等都有严重的危害，例如，严重的酸雨会使森林衰亡

第二节　大气污染控制及大气环境保护

一、大气污染的控制

1. 大气污染控制的原则

（1）以源头控制为主，实施全过程控制。

从根本上解决大气环境质量问题，就必须要从源头开始并实行全过程控制，推行清洁生产，即应利用适宜能源，减少能耗，提高能源利用率和工业生产原料利用率，在生产全过程中最大限度地减少污染物排放量。

（2）合理利用大气自净能力与人为措施相结合。

合理利用大气自净能力，既可保护环境，又可节约环境污染治理投资。但大气的自净能力并不是无限制的，一旦污染物的排放量超过了大气所能承受的负荷，会造成严重的后果。既要考虑单个污染源的治理，也要综合考虑大气自净能力，组成不同方案，然后择其最优或较优者。

（3）分散治理与综合防治相结合。

区域污染综合防治必须以污染集中控制为主，这样既能改善整个区域环境质量，又能以尽可能小的投入获取尽可能大的效益。污染综合防治又要以污染源分散治理为基础，因为区域主要污染物应控制的排放总量，是根据该区域的环境目标确定的，并将此总量合理分配落实到污染源，各主要污染源按总量控制指标采取防治措施，可以说分散治理是区域污染综合防治的基础。

（4）按功能区实行总量控制与浓度控制相结合。

按功能区实行总量控制是指在保持功能区环境目标值（环境质量符合功能区要求）的前提下，控制所能允许的某种污染物的最大排污总量。环境功能区的环境质量主要取决于区域的污染物排放总量，而不是单个污染源的排放浓度是否达标。如果某一功能区大气污染源的数量多，即使单个污染源都达标排放，整个功能区的污染物排放总量仍可能超过环境容量。实践表明，对污染源排放的浓度控制也是必需的，必须实施污染物排放浓度控制与污染物排放总量控制相结合的原则。

（5）技术措施与管理措施相结合。

污染综合防治一定要管治结合，污染治理重要，环境管理解决环境问题尤为重要。运用管理手段，坚持实行排污申报登记、排污收费、限期治理等各项环境管理制度，可以促进污染治理。

2. 大气污染控制手段

无论是大气污染源、污染物、污染类型还是大气污染的危害，都具有多样性，要从根本上解决大气污染的问题，必须多手段并行。在符合自然规律的前提下，运用社会、经济、技术多种手段对大气污染进行从源头到末端的综合防治，才能达到人与大气环境的和谐。

（1）提高能源的利用效率。

有效利用能源，顾名思义就是节约能源消费，从能源生产开始，一直到最终消费为止，在开采、运输、加工、转换、使用等各个环节上都要减少损失和浪费，提高其有效利用程度。提高能源利用效率，节约能源，要重视节能技术，开发和推广节能新工艺、新设备和新材料，加速节能技术改造。

（2）能源的开发。

煤和石油等能源的开发利用越多，地球上储存的资源就越少，同时也带来严重的环境污染问题。新型能源是指近期和将来被广泛开发和利用的能源，清洁能源则是指在能源的使用过程中不会对环境产生污染的能源。新型清洁能源中包含太阳能、风能、潮汐能、水能、海洋能以及氢能、地热能等，其中以太阳能最为核心。

（3）绿化造林。

绿地被称为城市的肺，是城市大气净化的呼吸系统。绿化造林，不仅美化环境，调节空气温度、湿度及城市小气候，保持水土，防风防沙，而且具有截留粉尘、净化大气、减低噪声等多种功能。

（4）工业污染源控制。

根据产品的结构和特性、排放污染物的化学性质等，合理布局，充分考虑环境承载力，将污染物排放量控制在大气允许排放标准浓度之内，防止造成局部地区污染物浓度过大，从而对环境产生危害；工厂的选址应考虑地理条件、气象因素，生产区与生活区之间要有缓冲区，要保证工厂区排出的污染物有足够的稀释空间，生活区应处于主导风向的上风区域；改进生产工艺可以减少生产过程中有害气体的排放，甚至可以将有害气体转化成无害物质，变废为宝；大力进行技术创新，从原材料选用、反应条件、工艺流程、尾气再利用等环节提高技术含量，减轻污染，对污染源进行治理，使大气环境质量达到标准。

二、大气环境的保护

1. 颗粒污染物的控制

颗粒污染物是指大气污染控制中涉及的颗粒物，一般是指所有比分子大的颗粒物，但实际的最小限界为 $0.01\,\mu m$ 左右。颗粒物既可单个地分散于气体介质，也可能因凝聚等作用使多个颗粒集合在一起，成为集合体的状态，它在气体介质中就像单一个体一样。此外，颗粒物还能从气体介质中分离出来，呈堆积状态存在，或者本来就呈堆积状态。一般将这种呈堆积状态存在的颗粒物称为粉尘。充分认识粉尘颗粒的大小等物理特性，是研究颗粒的分离、沉降和捕集机理以及选择、设计和使用除尘装置的基础。

颗粒污染物控制是我国大气污染控制的重点之一。颗粒污染物控制技术就是从废气中将颗粒污染物分离出来并加以捕集、回收的技术，即除尘技术。从气体中除去或收集固态或液态粒子的设备称为除尘装置或除尘器。根据除尘机理，常用的除尘装置可分为机械式除尘器、湿式除尘器、过滤式除尘器和电除尘器等几种类型。在选择除尘装置时，除要考虑所处理的粉尘特性外，还应考虑除尘装置的气体处理量、效率及压力损失等技术指标和有关经济性能指标。

（1）机械式除尘器。

机械式除尘器是借助质量力的作用来去除尘粒的除尘器。质量力包括重力、惯性力和离心力。除尘器的主要形式有重力沉降室、旋风除尘器和惯性除尘器等类型。这种除尘器构造简单、投资少、动力消耗低，除尘效率一般为 40% ~ 90%，是国内目前常用的除尘设备。由于这类除尘器的效果尚待提高，一些新建项目采用不多。

（2）湿式除尘器。

湿式除尘器是使含尘气体与液体（一般为水）相互接触，利用水滴和颗粒的惯性碰撞及拦截、扩散、静电等作用捕集颗粒或使其粒径增大的装置。湿式除尘器可以有效地将直径为 0.1 ~ 20μm 的液态或固态粒子从气流中除去，同时也能脱除部分气态污染物，这是其他类型除尘器所无法做到的，某些洗涤器也可以单独充当吸收器使用。它具有结构简单、造价低、占地面积小、操作及维修方便和净化效果高等优点，能够处理高温、高湿的气流，并将着火、爆炸的可能性减至最低，在除尘的同时还可去除气体中的有害物。但要特别注意设备和管道腐蚀以及污水和污泥的处理，此法不利于副产品的回收，而且可能造成二次污染。在寒冷地区和季节，设备易结冰。湿式除尘器的种类很多，按其净化机理可分成七类，包括重力喷雾除尘器、旋风除尘器、自激喷雾除尘器、板式塔除尘器、填料塔除尘器、文丘里除尘器、机械除尘器等。

（3）过滤式除尘器。

过滤式除尘器又称空气过滤器，是使含尘气流通过多孔滤料，利用多孔滤料的筛分、惯性碰撞、扩散、黏附、静电和重力等作用而将粉尘分离捕集的装置。采用滤纸或玻璃纤维等填充层作滤料的空气过滤器，主要用于通风及空气调节方面的气体净化；采用廉价的砂、砾、焦炭等颗粒物作为滤料的颗粒层除尘器，主要用于高温烟气除尘；采用纤维织物作滤料的袋式除尘器，在工业尾气的除尘中应用广泛。

（4）电除尘器。

电除尘器是利用静电从气流中分离悬浮粒子（尘粒或液滴）的装置，就是使含尘气流在通过高压电场进行电离的过程中，使尘粒荷电，并在电场力的作用下使尘粒沉积在集尘极上，从而将尘粒从含尘气流中分离出来的一种除尘设备。电除尘器的工作原理包括电晕放电、气体电离、粒子荷电、荷电粒子的迁移和捕集以及清灰等过程。

2. 气体污染物的控制

（1）气体污染物的控制原理。

气体污染物的常用控制方法包括吸收法、吸附法、催化转化法、燃烧法、冷凝法等。

1）吸收法。当气液两相接触时，利用气体中的不同组分在同一液体中的溶解度不同，气体中一种或数种溶解度大的组分进入到液相中，使气相中各组分相对浓度发生改变，气体即可得到分离净化，这个过程称为吸收。吸收法就是利用这一原理，采用适当的液体作为吸收剂，使含有有害物质的废气与吸收剂接触，废气中的有害物质被吸收于吸收剂中，使气体得到净化的方法。

常用的吸收剂包括：水，适用于去除溶于水的有害气体，如氯化氢、氨气、二氧化硫等；烧碱溶液、石灰乳、氨水等碱液，适用于酸性气体如二氧化硫、氮氧化物、硫化氢等的去除；硫酸溶液、盐酸溶液等酸液，适用于碱性气体如氨气的去除；

碳酸丙烯酯、冷甲醇等有机溶剂，可有效去除废气中的二氧化硫、硫化氢等。

吸收过程中，依据吸收质与吸收剂是否发生化学反应，可将吸收分为物理吸收与化学吸收：物理吸收在吸收过程中只发生纯物理过程，如水吸收二氧化碳或二氧化硫，吸收剂一般不予再生；化学吸收过程中常伴有明显的化学反应，如碱液吸收二氧化碳、酸液吸收氨气等，吸收剂会封闭循环使用。在处理以气量大、有害组分浓度低为特点的各种废气时，化学吸收的效果要比单纯物理吸收好得多，因此在用吸收法治理气态污染物时，多采用化学吸收法进行。

吸收法具有设备简单、捕集效率高、应用范围广、一次性投资低等特点。但由于吸收是将气体中的有害物质转移到了液体中，因此对吸收液必须进行处理，否则容易引起二次污染。

2）吸附法。固体表面上存在着未平衡和未饱和的分子引力或化学键，因此当其与气体接触时，就能吸引气体分子，使其聚集在固体表面并附着其上，这种现象称为吸附。

吸附法治理废气就是使废气与大表面多孔性固体物质相接触，将废气中的有害组分吸附在固体表面上，使其与气体混合物分离，达到净化目的。具有吸附作用的固体物质称为吸附剂，被吸附的气体组分称为吸附质。

吸附过程是可逆过程，在吸附质被吸附的同时，部分已被吸附的吸附质分子还可因分子的热运动而脱离固体表面回到气相中，这种现象称为脱附。当吸附速度与脱附速度相等时，就达到了吸附平衡，吸附剂就丧失了吸附能力。所以，当吸附进行到一定程度时，为了回收吸附质以及恢复吸附剂的吸附能力，需采用一定的方法使吸附质从吸附剂上解脱下来，称吸附剂的再生。吸附法治理气态污染物应包括吸附及吸附剂再生的全部过程。

吸附净化法的净化效率高，特别是对低浓度气体仍具有很强的净化能力。因此，吸附法特别适用于排放标准要求严格或有害物浓度低，用其他方法达不到净化要求的气体净化。吸附净化法常作为深度净化手段或联合应用几种净化方法时的最终控制手段。吸附效率高的吸附剂如活性炭、分子筛等，价格一般都比较昂贵，因此必须对失效吸附剂进行再生，重复使用吸附剂，以降低吸附的费用。常用的再生方法有升温脱附、减压脱附、吹扫脱附等。再生的操作比较麻烦，这一点限制了吸附方法的应用。另外，由于一般吸附剂的吸附容量有限，所以对高浓度废气的净化，不宜采用吸附法。

吸附过程中，合理选择与利用高效吸附剂，对提高吸附法的效果起着关键作用。

3）催化转化法。催化转化法是利用催化剂的催化作用，使气态污染物通过催化剂床层，转化为无害物质或易于处理和回收利用的物质的方法。

4）燃烧法。燃烧净化法是对含有可燃有害组分的混合气体进行氧化燃烧或高温分解，从而使这些有害组分转化为无害物质的方法。燃烧法主要应用于碳氢化合物、一氧化碳、沥青烟、黑烟等有害物质的净化治理。实际应用中的燃烧净化方法有三种，即直接燃烧、热力燃烧与催化燃烧。

①直接燃烧是把废气中的可燃有害组分当作燃料直接烧掉，因此只适用于净化含可燃组分浓度高或有害组分燃烧时热值较高的废气。直接燃烧是有火焰的燃烧，燃烧温度高，通常大于 1100℃，一般的窑、炉均可作为直接燃烧的设备。

②热力燃烧是利用辅助燃料燃烧放出的热量将混合气体加热到要求的温度，使可燃的有害物质进行高温分解变为无害物质。热力燃烧一般用于可燃有机物含量较低的废气或燃烧热值低的废气治理，可同时去除有机物及超微细颗粒。热力燃烧为有火焰燃烧，燃烧温度较低，一般在 760 ~ 820℃，燃烧设备为热力燃烧炉，在一定条件下也可用一般锅炉进行。

直接燃烧与热力燃烧的最终产物均为二氧化碳和水。

③催化燃烧是在催化剂存在下，废气中可燃组分于较低温度下进行燃烧反应而得到去除的方法。该方法能节约燃料的预热，提高反应速度，减小反应器容积，提高一种或几种反应物的相对转化率。其主要优点就是操作温度低，燃料耗量低，保温要求不严格，能减少回火及火灾危险。

燃烧法工艺比较简单，操作方便，可回收燃烧后的热量，但不能回收有用物质，并容易造成二次污染。

5）冷凝法。物质在不同的温度下具有不同的饱和蒸汽压，利用这一性质，降低系统温度或提高系统压力，使处于蒸汽状态的污染物冷凝并从废气中分离出来，这种方法即为冷凝法。冷凝法只适用于处理高浓度有机废气，常用作吸附、燃烧等方法净化高浓度废气的前处理，也用于高湿气体的预处理。冷凝法的设备简单，操作方便，并可回收到纯度较高的产物，因此也成为气态污染物治理的主要方法之一。

（2）常见污染物的控制。

1）二氧化硫控制技术。按硫元素的去向分类，常用的烟气脱硫方法有抛弃法和回收法两种。抛弃法是将脱硫的生成物作为固体废物抛掉，方法简单，费用低廉，美国、德国等一些国家多采用此法。回收法是将二氧化硫转变成有用的物质加以回收，成本高，所得副产品存在着应用及销路问题，但对保护环境有利。

按吸收剂的状态进行分类，烟气脱硫的方法可分为干法和湿法两大类，工业上应用的脱除二氧化硫的方法主要为湿法，即用液体吸收剂洗涤烟气，吸收所含的二氧化硫。干法是用吸附剂或催化剂脱除废气中的二氧化硫。

①氨液吸收法。以氨水或液态氨作吸收剂，吸收二氧化硫后生成亚硫酸铵和亚

硫酸氢铵。因为氨气易挥发，实际上此法是用氨水与二氧化硫反应后生成的亚硫酸铵水溶液作为吸收二氧化硫的吸收剂。若用浓硫酸或浓硝酸等对吸收液进行酸解，所得到的副产物为高浓度二氧化硫、硫酸铵或硝酸铵，该法称为氨—酸法。若用氨气、碳酸氢铵等将吸收液中的亚硫酸氢铵中和为亚硫酸铵后，经分离可副产结晶的亚硫酸铵，此法不消耗酸，称为氨—亚铵法，若将吸收液用氨气中和，使吸收液中的亚硫酸氢铵全部变为亚硫酸铵，再用空气对亚硫酸铵进行氧化，则可得副产品硫酸铵，该法称为氨—硫铵法。

氨液吸收法工艺成熟，流程、设备简单，操作方便，副产的二氧化硫可生产液态二氧化硫或制硫酸。硫铵可作化肥，亚铵可在制浆造纸时代替烧碱，是一种较好的方法。该法适用于处理硫酸生产尾气，但由于氨气易挥发，吸收剂消耗量大，因此缺乏氨源的地方不宜采用此法。

②碱液吸收法。以氢氧化钠溶液、碳酸钠溶液或石灰浆液作为吸收剂，吸收二氧化硫后制得亚硫酸钠或亚硫酸钙。生成的吸收液为亚硫酸钠和亚硫酸氢钠的混合液。用不同的方法处理吸收液，可得不同的副产物。

将吸收液中的亚硫酸氢钠用氢氧化钠中和，得到亚硫酸钠。亚硫酸钠溶解度较亚硫酸氢钠低，可从溶液中结晶出来，经分离得副产物亚硫酸钠。析出结晶后的母液作为吸收剂循环使用，该法称为亚硫酸钠法。亚硫酸钠法工艺成熟、简单，吸收效率高，所得副产品纯度高，但耗碱量大，成本高，因此只适用于中小气量烟气的治理。

若将吸收液中的亚硫酸氢钠加热再生，可得到高浓度二氧化硫作为副产物，而得到的亚硫酸钠结晶经分离溶解后返回吸收系统循环使用，此法称为亚硫酸钠循环法。

吸收液循环法可处理大气量烟气，吸收效率可达90%以上，在国外应用较多。

此法吸收剂吸收能力强，不易挥发，对吸收系统不存在结垢、堵塞等问题。

③活性炭吸附法。在有氧气及水蒸气存在的条件下，可用活性炭吸附二氧化硫。活性炭表面具有催化作用，可使吸附的二氧化硫被烟气中的氧气氧化为三氧化硫，三氧化硫再和水蒸气反应生成硫酸。生成的硫酸可用水洗涤下来，或用加热的方法使其分解，生成浓度高的二氧化硫，此二氧化硫可用来制酸。利用硫化氢将活性炭再生，称为还原再生法。

活性炭吸附法虽然不消耗酸、碱等原料，又无污水排出，但由于活性炭吸附容量有限，因此要不断对吸附剂进行再生，操作麻烦。另外，为保证吸附效率，烟气通过吸附装置的速度不宜过快。当处理气量大时，吸附装置体积必须很大才能满足要求，因而不适用于大气量烟气的处理。所得副产物硫酸浓度较低，需进行浓缩才能应用，故此法未得到普遍应用。

④催化氧化法。催化氧化法是在催化剂的作用下将二氧化硫氧化为三氧化硫后进行净化。二氧化氮在150℃时，可以使二氧化硫氧化成三氧化硫。此法为低温干式催化氧化脱硫法，既能净化氧气中的二氧化硫，又能部分脱除烟气中的氮氧化物，所以在电厂烟气脱硫中应用较多。

催化氧化法可用来处理硫酸尾气，技术成熟，已成为制酸工艺的一部分。用此法处理电厂锅炉烟气及炼油尾气，在技术上、经济上还存在一些需要解决的问题。

2）氮氧化物控制技术。氮氧化物包括一氧化二氮、一氧化氮、二氧化氮、三氧化二氮、四氧化二氮、五氧化二氮等，其中对大气造成污染的主要是一氧化氮、二氧化氮、一氧化二氮。对含氮氧化物的废气可采用多种方法进行净化处理，当然这些方法也主要用于治理生产工艺尾气。

①水吸收法。水对氮氧化物的吸收率很低，主要由一氧化氮被氧化成二氧化氮的速度决定。当一氧化氮浓度局时，吸收率有所提局。一般水吸收法的效率为30% ～ 50%。

用此法制得的浓度为5% ～ 10%的稀硝酸可用于中和碱性污水，作为废水处理的中和剂，也可用于生产化肥等。另外，此法是在588 ～ 686kPa的高压下操作，操作费及设备费均较尚。

②稀硝酸吸收法。用30%左右的稀硝酸作为吸收剂，在20℃和150kPa压力下，采用物理方法吸收氮氧化物，生成少量硝酸；然后将吸收液在30℃下用空气进行吹脱，吹出氮氧化物后，硝酸被漂白；漂白酸经冷却后再用于吸收氮氧化物。由于氮氧化物在漂白稀硝酸中的溶解度要比在水中的溶解度高，一般采用此法对氮氧化物的去除率可达80% ～ 90%。

③碱性溶液吸收法。利用碱性物质来中和所生成的硝酸和亚硝酸，使之变为硝酸盐和亚硝酸盐。使用的吸收剂主要有氢氧化钠、碳酸钠和石灰乳等。

④氧化吸收法。用氧化剂先将一氧化氮氧化成二氧化氮，然后再用吸收液加以吸收。例如，日本的NE法是采用碱性高锰酸钾溶液作为吸收剂，此法氮氧化物去除率达93% ～ 98%。氧化吸收法效率高，但运转费用也比较高。

⑤吸附法。吸附法排烟脱硝具有很高的净化效率。常用的吸附剂有分子筛、硅胶、活性炭、含氨泥煤等。

活性炭对低浓度氮氧化物具有很高的吸附能力，并且经解吸后可回收浓度高的氮氧化物，但由于温度高时活性炭有燃烧的可能，给吸附和再生造成困难，限制了该法的使用。

分子筛吸附氮氧化物是最有前途的一种。当含氮氧化物的废气通过分子筛时，废气中极性较强的水分子和二氧化氮分子被选择性地吸附在表面上，并进行反应生成硝酸，放出一氧化氮。新生成的一氧化氮和废气中原有的一氧化氮一起，与被吸附的氧气发生反应生成二氧化氮，生成的二氧化氮再与水进行反应重复上一个反应步骤。经过这样的反应后，废气中的氮氧化物即可被除去。对被吸附的硝酸和氮氧化物，可用水蒸气置换的方法将其脱附下来，脱附后的吸附剂经干燥、冷却后，即可重新用于吸附操作。分子筛吸附法适用于净化硝酸尾气，可将浓度为（1500 ~ 3000）$\times 10^{-6}$的氮氧化物降低到50×10^{-6}以下，而回收的氮氧化物可用于硝酸的生产，因此是一个很有前途的方法。但使用此法去除氮氧化物时其吸附剂吸附容量较小，需要频繁再生，限制了它的应用。

丝光沸石就是分子筛的一种。它是一种硅铝比为 10 ~ 13 的铝硅酸盐，其化学式为 $N_2O \cdot Al_2O_3 \cdot 10SiO_2 \cdot H_2O$，耐热、耐酸性能好，天然蕴藏量较多。用氢离子代替钠离子即得氢型丝光沸石。

丝光沸石脱水后孔隙很大，其比表面积达 500 ~ 1000m^2/g，可容纳相当数量的被吸附物质。其晶穴有很强的静电场和极性，对低浓度的氮氧化物有较强的吸附能力。当含氮氧化物的废气通过丝光沸石吸附层时，水（H_2O）和二氧化氮（NO_2）分子极性较强，被选择地吸附在丝光沸石分子筛的内表面上，两者在内表面上进行如下反应：

$$3NO_2 + H_2O \rightarrow 2HNO_3 + NO \uparrow$$

放出的一氧化氮连同废气中的一氧化氮与氧气在丝光沸石分子筛的内表面上被催化氧化成二氧化氮，继续起吸附作用，其反应式为：

$$2NO + O_2 \rightarrow 2NO_2$$

经过一定的吸附层高度，废气中的水和氮氧化物均被吸附。达到饱和的吸附层用热空气或水蒸气加热，可将被吸附的氮氧化物和在沸石内表面上生成的硝酸脱附出来。脱附后的丝光沸石经干燥后得以再生。

3）汽车尾气控制技术。城市建设和交通事业发展很快，汽车尾气对城市大气的污染日趋严重，净化汽车尾气已成为保护大气环境的重要课题。

汽车尾气中主要含烃类、一氧化碳和氮氧化物等有害物质，前两种是燃料不完全燃烧造成的，而氮氧化物则是由气缸中的高温条件造成的。汽车在起动过程中排放的这些成分会造成环境污染。针对污染物的来源，当前控制汽车尾气中有害物排放浓度的方法有两种：一种方法是改进发动机的燃烧方式，使污染物的产生量减少，称为机内净化；另一种方法是利用装置在发动机外部的净化设备对排出的废气进行净化治理，这种方法称为机外净化。从发展方向上说，机内净化是解决问题的根本途径，也是今后应重点研究的方向。

机外净化采用的主要方法是催化净化法，具体包括以下三种（见表13-4）。

表 13-4 催化净化法的主要内容

方法	主要内容
一段净化法	一段净化法又称催化燃烧法，即利用装在汽车排气管尾部的催化燃烧装置，将汽车发动机排出的一氧化碳和碳氢化合物，用空气中的氧气氧化成为二氧化碳和水，净化后的气体直接排入大气。显然，这种方法只能去除一氧化碳和碳氢化合物，对氮氧化物没有去除作用，但这种方法技术较成熟，是目前我国应用的主要方法
二段净化法	二段净化法是利用两个催化反应器或在一个反应器中装入两段性能不同的催化剂完成净化反应。由发动机排出的废气先通过第一段催化反应器（还原反应器），利用废气中的一氧化碳和氮氢化物还原为氮气；从还原反应器排出的气体进入第二段反应器（氧化反应器），在引入空气的作用下，将一氧化碳和碳氢化合物氧化为二氧化碳和水。这种先进行还原反应后进行氧化反应顺序的二段反应法在实践中已得到了应用。不过此法的缺点是燃料消耗增加，而且可能对发动机的操作性能产生影响，此外，在氧化反应器中，由于副反应的存在，将会导致氮氧化物含量回升
三元催化法	三元催化法是利用能同时完成一氧化碳、碳氢化合物的氧化和氮氧化物还原反应的催化剂，将三种有害物一起净化的方法。采用这种方法可以节省燃料，减少催化反应器的数量，是比较理想的方法。但由于需对空燃比进行严格控制，并对催化剂性能有较高要求，此法在技术上还不十分成熟

第十四章　水污染与保护

第一节　水体污染

一、水体

1．水体的概念

从自然地理的角度来解释，水体是指地表被水（河流、湖泊、沼泽、水库、地下水、冰川和海洋等）覆盖区域的自然综合体。因此，水体不仅包括水，而且也包括水中的悬浮物、溶解性物质、底泥和水中生物等，它是一个完整的自然生态系统。在环境污染研究中，区分"水"和"水体"的概念十分重要。例如，重金属污染物易于从水中转移到底泥中（生成沉淀或被吸附和螯合），水中重金属的含量一般都不高，仅从水着眼，似乎未受到污染，但从整个水体来看，则很可能受到较严重的污染。

2．水体的类型

根据水体成因，水体可分为自然水体和人工水体。根据化学成分和溶解于水中的盐含量，水体可分为咸水体和淡水体。

地表水如江河水，水量充足，自净能力强，水质较好。湖库水，流速较慢，易于沉积，浑浊度较高，易于水生生物繁殖，严重时会变臭，有色度。海水水量巨大，但矿物质多，水质硬，为咸水，经淡化才能使用。水塘水的水量少，自净能力差，常带异味和色度，含大量有机物和细菌。

地下水如浅层水，深度一般为几十米内，受降雨影响大，为农村主要饮水源，经表面土层渗滤，水质较好。深层水，一般不受污染，水质好，污染少，但盐类及矿物质多，硬度大。泉水，由地层断裂处自行涌出，水质好，可饮用。

二、水体污染相关知识

1．水体污染的概念

水体污染是由于人类的生产和生活活动，将大量的工业污水、生活污水、农业回流水及其他废物未经处理排入水体，使水体中污染物的含量超过一定程度，导致水体受到损害直至恶化，水体的物理、化学性质和生物群落生态平衡发生变化，水体功能被破坏，水体的使用价值降低。

2. 水体污染类型

水体污染的类型，见表 14–1。

表 14–1 水体污染的类型

类型	主要内容
物理型污染	物理型污染指色度和浊度物质污染、悬浮固体污染、热污染和放射性污染等物理因素造成的水体污染
化学型污染	化学型污染指随污水及其他废物排入水体中的无机物（如酸、碱、盐）和有机物（如碳水化合物、蛋白质、油脂、纤维素、氨基酸等）造成的水体污染
生物型污染	生物型污染指生活污水、医院污水以及屠宰、畜牧、制革业、餐饮业等排放的污水中含有的各种病原体（如病毒、病菌、寄生虫等）造成的水体污染

3. 水体污染源

水体污染源是指造成水体污染的污染物的发生源。水体污染源按造成水体污染的原因分为自然污染源和人为污染源，按受污染的水体分为地面水污染源、地下水污染源和海洋污染源，按污染释放的有害物质种类分为物理性污染源、化学性污染源和生物性污染源，按污染源分布排放特征分为点污染源、面污染源。

（1）点污染源。

点污染源包括工业废水、生活污水等通过管道、沟渠集中排入水体的污染源。点污染源具有连续性，水量的变化规律取决于工厂的生产特点和居民的生活习惯，一般有季节性，又有随机性，一些污水经过污水处理厂处理后排入水体。

（2）面污染源。

面污染源又称非点污染源，主要包括农村灌溉水形成的径流、农村中无组织排放的废水、地表径流及其他废水。例如，降水所形成的径流和渗流把土壤中的氮、磷和农药带入水体，牧场、养殖场、农副产品加工厂的有机废物排入水体，使水体的水质发生恶化，造成河流、水库、湖泊等水体污染，有的导致水体富营养化。非点污染源的特点是在不确定的时间内，通过不确定的途径，排放不确定数量的污染物质。

4. 水体污染物

（1）悬浮物。

悬浮物是水中的不溶性物质，是水质感官性的污染指标。悬浮物的主要来源是开矿、采石及建筑等生产活动产生的废物，以及农田的水土流失和岩石的自然风化。悬浮物漂浮在水体表面，能够截断光线，减少水生植物的光合作用并妨碍水体自净作用。它们可以伤害鱼鳃，并在浓度很大时使鱼类死亡。浑浊的天然水没有多大害处，但是由生活污水或工业污水形成的浑浊水却往往是有害的。水中的悬浮物又可能是各种污染物的载体，它可能吸附一部分水中的污染物并随水流动迁移，扩大污染。悬浮物在水体中沉积后，淤塞河道，危害水体底栖生物的繁殖，影响渔业生产。灌溉时，悬浮物会阻塞土壤的孔隙，不利于作物生长。在废水处理中，通常采用筛滤、沉淀等方法使悬浮物与废水分离而除去悬浮物。

（2）耗氧有机物污染物。

某些工业废水和生活污水中含有蛋白质、脂肪、氨基酸、糖、纤维素和许多合成有机物，这些物质排入水体后，在氧气存在下经水中需氧微生物的生化氧化最后分解成二氧化碳和硝酸盐等，消耗水中大量的溶解氧，给鱼类等水生生物带来危害，并可使水发生恶臭现象。最终使溶解氧耗尽，水中生物缺氧而死亡。耗氧有机物污染物采用化学需氧量（COD）、生化需氧量（BOD）、总需氧量（TOD）、总有机碳（TOC）、理论需氧量等综合水质污染指标来描述。

耗氧有机物污染物的主要来源是生活污水、牲畜污水以及屠宰、肉类加工、罐头等食品工业和制革、造纸、印染、焦化等工业废水。从排水量来看，生活污水是需氧污染物质的最主要来源。当水中溶解氧消失时，水中厌氧菌大量繁殖，在厌氧菌的作用下有机物可能分解放出甲烷和硫化氢等有毒气体，更不适于鱼类生存。

（3）酸碱盐污染物。

污染水体中的酸主要来自矿山排水、工业废水及酸雨。碱性废水主要来自碱法造纸、化学纤维制造、制碱、制革等工业的废水。酸碱废水的水质标准中以 pH 来反映其含量水平。酸性废水和碱性废水可相互中和产生各种盐类，酸性、碱性废水亦可与地表物质相互作用，生成无机盐类。酸碱污染水体，使水体的 pH 发生变化，破坏自然缓冲作用，消灭或抑制微生物生长，妨碍水体自净。如长期遭受酸碱污染，水质将逐渐恶化，使周围土壤酸化，危害渔业生产。

（4）营养性污染物。

营养性污染物指可以引起水体富营养化的物质，主要有氮和磷。可生化降解的有机物、维生素类物质、热污染等也能触发或促进富营养化过程。营养性污染物主要来源于农田施肥、农业废弃物、城市生活污水、某些工业废水、雨雪对大气的淋洗和径流对地表物质的淋溶与冲刷。含氮和磷物质包括蛋白质、多肽、氨基酸、尿素、氨氮、亚硝酸态氮、硝酸态氮、粪便、含磷洗涤剂、磷石灰、硝石、鸟粪层、化肥、农业废物植物秸秆等。

在自然界物质的正常循环过程中，湖泊将由贫营养湖发展为富营养湖，进一步又发展为沼泽地和干地，但这一历程需要很长的时间，在自然条件下需几万年甚至几十万年，但是人为的富营养化将大大加速这个过程。当大量生物所需的氮、磷等营养物质进入湖泊、河口、海湾等缓流水体时，将提高各种水生生物的活性，刺激它们异常繁殖（特别是藻类），这样就带来一系列严重后果，直至湖泊消亡。但是湖泊的富营养化是可逆性问题，特别对于人为富营养化湖，通过合理的治理，如切断流入湖内过量营养物质的来源，清除湖底淤泥，疏浚河道，缩短湖泊换水周期等，可使湖泊恢复"年轻"。

（5）重金属污染物。

重金属是构成地壳的物质，在自然界分布非常广泛。重金属在自然环境的各部分均存在着本底含量，在正常的天然水中重金属含量均很低。重金属污染物的主要来源是化石燃料的燃烧、采矿和冶炼，通过废水、废气和废渣向环境中排放重金属。目前，人们关注最多的是汞、镉、铅、铬、砷五大毒物的污染。

重金属进入水体后，可以通过沉淀（氢氧化物、硫化物、氯化物）、吸附（底泥）、配位—螯合（液相中）、氧化—还原等发生价态和存在形式的变化。在天然水体中，重金属只要有微量浓度即可产生毒性效应。微生物不能降解重金属，相反，某些重金属有可能在微生物作用下转化为金属有机化合物，产生更大的毒性，例如，汞在厌氧微生物作用下，可转化为毒性更大的有机汞（甲基汞、二甲基汞）。金属离子在水体中的转移、转化与水体的酸、碱条件有关，地表水中的重金属可以通过生物的食物链在生物体内逐步富集，重金属进入人体后能够和生理高分子物质如蛋白质和酶等发生强烈的相互作用而使它们失去活性，也可能累积在人体的某些器官中，造成慢性累积性中毒，最终造成危害。重金属在被水中悬浮物吸附后可沉入水底，积存在底泥中，所以水体底泥中含有的重金属量会高于上面的水层。

（6）油类污染物。

随着石油工业的迅速发展，油类物质对水体的污染越来越严重，在各类水体中以海洋受到油污染尤为严重。目前通过不同途径排入海洋的石油数量每年为几百万至一千万吨，排出的废油和含油废水使水体遭受污染。主要来源是石油开采、储运、炼制、使用和船舶、沿海沿河工厂等，以及不可预测的事件导致的油污染。

油污染的主要危害是破坏优美的滨海风景，降低其疗养、旅游等使用价值。油污染可严重危害水生生物，尤其是海洋生物。油污染可使大气与水面隔绝，影响大气中氧气的溶入，影响鱼类生存和水体的自净。油污染可阻碍水的蒸发，影响大气和海洋的热交换，影响局部地区的水文气象条件。石油组成成分中含有毒物质，特别是其中沸点在 $300 \sim 400$ ℃的稠环芳烃，大多是致癌物，如苯并芘、苯并蒽等。

油污染还可引起河面火灾，危及桥梁、船舶等。

（7）难降解有机污染物。

水体中难分解有机毒物主要有有机氯农药、有机磷农药和有机汞农药。有机氯农药性质比较稳定，在环境中不易被分解、破坏，它们可以长期残留于水体、土地和生物体中，通过食物链可以富集而进入人体，在脂肪中蓄积。有机氯农药的特点是毒性较缓慢，但残留时间长，是神经及实质脏器的毒物，可以在肝、肾、甲状腺、脂肪等组织和部位逐步蓄积，引起肝大、肝细胞变性或坏死。有机磷农药的特点是毒性较强，但可以分解，残留时间短，短期大量摄入可引起急性中毒，其毒理作用是抑制体内胆碱酯酶，使其失去分解乙酰胆碱的作用，造成乙酰胆碱的蓄积，导致神经功能紊乱，出现恶心、呕吐、呼吸困难、肌肉痉挛、神志不清等。有机汞农药性质稳定，毒性大，残留时间长，降解产物仍有较强的毒性。

（8）热污染。

因能源的消费而引起环境增温效应的污染称为热污染。主要来源是工矿企业向江河排放的冷却水，其中以电力工业为主，其次是冶金、化工、石油、造纸、建材和机械等工业。

热污染致使水体水温升高，增加水体中化学反应速率，使水体中有毒物质对生物的毒性提高。例如，当水温从8℃升高到18℃时，氰化钾对鱼类的毒性将提高一倍。水温升高，溶解氧减少，不利于水中生物生存，降低水生生物的繁殖率。水温增高促进藻类生长，加速水体原有的富营养化污染，使水体中溶解氧下降，破坏水体的生态，影响水体的使用价值。在大约32℃时，一般淡水有机体能保持正常的种群结构。水体温度升至35～40℃时，蓝藻占优势。而有些蓝藻种群可在家庭供水中产生不好的味道，有些可以使家畜中毒。

（9）生物污染物。

生物污染物主要指废水中的致病性微生物，它包括致病细菌、微生物、病虫卵和病毒，未污染的天然水中细菌含量很低。主要来源是生物制品生产、生活污水、医院污水、屠宰、肉类加工、制革等工业废水。致病性微生物主要通过动物和人排泄的粪便中含有的细菌、病菌及寄生虫类等污染水体，引起各种疾病传播。生物污染物污染的特点是数量大、分布广、存活时间长、繁殖速度快，必须予以高度重视。

第二节　水体的自净作用

一、水体净化

1. 水体净化的概念

当污染物进入水体后，随水稀释的同时，发生挥发、絮凝、水解、配合、氧化还原及微生物降解等物理、化学变化和生物转化过程，使污染物的浓度降低或至无害化的过程称为水体自净作用。水体的自净作用是有一定限度的，当污染物浓度超过水体的自净能力时，污染随之产生。

2. 净化理论

水体自净的机制包括稀释、混合、吸附沉淀等物理作用，氧化还原、分解化合等化学作用，以及生物分解、生物转化和生物富集等生物学作用。各种作用同时发生并相互影响，自净的初始阶段以物理和化学作用为主，后期则以生物学作用为主。

（1）物理净化。

污染物进入水体后，立即受到水体的稀释、扩散、沉淀和挥发等作用而使其在水中的浓度降低。颗粒物进入水体后，可以依靠其重力逐渐下沉，参与底泥的形成，此时水体变清，水质改善。其中稀释作用是一项重要的物理净化过程。

（2）化学净化。

化学净化是进入水体的污染物与水中成分发生化学作用，通过氧化、还原、酸碱反应或分解、凝聚、中和等作用，使水体中污染物质的存在形态发生变化，并且浓度降低的过程。

（3）生物净化。

天然水体中的生物活动过程使污染物质的浓度降低，特别重要的是水中微生物对有机物的氧化分解作用。生物自净过程需要消耗氧，所消耗的氧若得不到及时补充，生物自净过程就会停止，水体的水质就会恶化。因此，生物净化过程实际上包括了氧的消耗和氧的补充（复氧）两方面。氧的消耗过程主要取决于排入水体的有机污染物的量、氧的量和废水中无机性还原物的量。复氧包括大气中氧气向水体扩散，以及水生植物在阳光照射下进行光合作用放出氧气，使水体溶解氧增加。

（4）杀菌净化。

地面水在日光紫外线的照射作用、水生生物间的拮抗作用、噬菌体的噬菌作用以及微生物不适宜的环境因素作用下，可以发生杀菌净化作用。

3．净化形式

（1）水中的自净作用。

污染物质在水体中发生稀释、扩散、氧化、还原或生物化学分解等。

（2）水与大气间的自净作用。

水体表面不断地从大气中获得氧气，使氧化过程和微生物消耗掉的氧气得到补充，经过一段时间水体恢复到原来的洁净状态。天然水中某些有害气体的挥发释放等，也属于其净化形式。

（3）水与底质间的自净作用。

水体中悬浮物质的沉淀和污染物被底质吸附等。

（4）底质中的自净作用。

底质中微生物的作用使底质中有机污染物发生分解等。

任何水体的自净作用又常是相互交织在一起的，物理过程、化学过程及生物学过程常是同时、同地产生，相互影响，其中常以生物自净过程为主，生物体在水体自净作用中是最活跃、最积极的因素。

二、水环境容量

水体所具有的自净能力就是水环境接纳一定量污染物的能力。一定水体所能容纳污染物的最大负荷被称为水环境容量，即某水域所能承担外加的某种污染物的最大允许负荷量。它与水体所处的自净条件（如流量、流速等）、水体中的生物类群组成、污染物本身的性质等有关。污染物的物理化学性质越稳定，其环境容量越小，耗氧性有机物的水环境容量比难降解有机物的水环境容量大得多，而重金属污染物的水环境容量则甚微。

水环境容量与水体的用途和功能有十分密切的关系。水体功能越强，对其要求的水质目标越高，其水环境容量必将减少。反之，当水体的水质目标要求不甚严格时，水环境容量可能会大些。水体本身的特性，如河宽、河深、流量、流速以及天然水质、水文特征等，对水环境容量的影响很大。水体对某种污染物质的水环境容量可用下式表示：

$$W = V = (c_s - c_B) + C$$

式中 W——某地面水体对污染物的水环境容量，kg；

　　　V——该地面水体的体积，m^3；

　　　c_s——地面水中某污染物的环境标准，kg/m^3；

c_B——地面水中某污染物的环境背景值，kg/m^3；

C——地面水对污染物的自净能力，kg。

第三节　水环境的保护

一、水污染控制方法

水污染控制方法的主要内容，见表 14-2。

表 14-2　水污染控制方法的主要内容

方法	主要内容
提高水资源利用率	改造生产工艺，尽量不用或少用水，尽量不用或少用易产生污染的原料、设备及生产工艺。重复利用废水，尽量采用重复用水及循环用水系统，使废水排放量减至最少。一水多用，提高水的重复利用率，重点抓好工业用水中冷却水的循环利用。开展污水综合利用，从污水中回收有用产品，是防止废水污染的一项有效措施，尽量使流出废水中的原料和产品与水分离，就地回收。在城市中建立"中水道"系统，开辟第三水源，对中水经过不同程度的处理
发展污水处理技术	工业废水中常含有酸、碱、有毒物质、有害物质、重金属或其他污染物，应在厂内或车间内对工业废水进行局部处理。对于与城市污水相近的工业废水，一般排入城市下水道与城市污水共同处理。城市污水虽不含有害物质，但其中所含的悬浮物质会在水体中沉积、腐烂、发臭，影响水体的卫生状况。为确保水体不受污染，必须在废水排入水体前，对其进行妥善处理，确保达到国家或地方规定的排放标准
强化水体及污染源的管理	此法包括污水源的调查、对工业废水的排放量和废水浓度的监测及管理、对污水处理厂的监测和管理、对水体特征及经济指标的检测和管理

二、水污染控制技术

水污染控制技术就是采用某种方法将废水中所含的污染物分离出来，或将其分解转化为无害和稳定的物质，使废水得以净化。废水处理极为复杂，处理方法的选择，必须根据废水的水质和总量及接纳水体或水的用途来考虑，同时还要考虑废水处理过程中所产生的污泥、残渣的处理利用和可能产生的二次污染问题。废水一般要达到防止毒害和病菌传播、除掉异味和恶臭才能满足不同要求。根据其处理精度，可将废水处理划分为预处理、一级处理（初级处理）、二级处理和三级处理。根据其作用原理，可将废水处理划分为四大类别，即物理处理法、化学处理法、物理化学处理法和生物处理法。

1. 物理处理法

利用物理作用分离和除去废水中呈悬浮状态的污染物质，在处理过程中不改变其化学性质的方法叫物理处理法，又称机械治理法。优点是简单易行，效果良好，费用也较低。物理处理法包括调节、筛滤、隔油、沉淀、过滤、分离等方法。

（1）调节。

多数废水的水质、水量常常是不稳定的，具有很强的随机性。尤其是当操作不正常或设备产生泄漏时，废水的水质就会急剧恶化，水量也大大增加，往往会超出废水处理设备的处理能力，给处理操作带来很大的困难，使废水处理设施难以维持正常操作，这时就要进行水量与水质的调节。调节就是减少废水性质上的波动，为后续的水处理系统提供一个稳定和优化的操作条件。在调节的过程中将废水进行混合，以保证水质的均匀和稳定。调节的作用主要有以下内容：

通过调节提供对废水处理负荷的缓冲能力，防止处理系统负荷的急剧变化；减少进入处理系统废水流量的波动，使处理废水时所用化学品的加料速率稳定，适应加料设备的能力；控制废水的 pH，稳定水质，并可减少中和作用中化学品的消耗量；防止高浓度的有毒物质进入生物化学处理系统；当工厂或其他系统暂时停止排放废水时，仍能对处理系统继续输入废水，保证系统的正常运行。

调节主要通过设在废水处理系统之前的调节池来实现。水量调节有两种方式：一是线内调节；二是线外调节。水质调节有两种方法：一是外加动力调节；二是采用差流方式调节。差流方式调节池有对角线式和折流式两种。

调节池容积大小可视废水的浓度、流量变化、要求的调节程度及废水处理设备的处理能力来确定，做到既经济又满足废水处理系统的要求。

（2）筛滤。

筛滤是指利用筛滤介质截流废水中的悬浮物。废水通过一层带孔眼的过滤装置或介质，其中的悬浮颗粒可被截流在过滤装置表面，用反洗法即可除去截流物。筛滤介质有钢条、筛网、滤布、石英砂、合成纤维、微孔管等，筛滤设备有格栅、筛网、微滤机、砂滤器、真空滤机、压滤机等。

1）格栅。格栅用以拦截废水中较大的悬浮物，以防阻塞构筑物的孔洞、闸门和管道，或损坏水泵的机械设备，保证后续处理设备正常工作。格栅是由一组或多组平行圆钢或扁钢栅条制成的框架，直立或倾斜架设在废水处理构筑物前或泵站集水池进口处的渠道中。

格栅上截留物的清除分人工和机械两种清除方法。人工清除格栅适用于处理量不大或污染物量较少的场合，机械清除格栅适用于大型水处理厂或泵站前的大型格栅。

2）筛网。筛网用以截留尺寸较小的悬浮固体，尤其适用于分离和回收废水中细碎的纤维类悬浮物（如羊毛、棉布毛、纸浆纤维和化学纤维等），也可用作城市污水和工业废水的预处理以降低悬浮固体含量。筛网一般用金属丝或纤维丝编制而成，可以做成多种形式，如固定式、圆筒式、板框式等。不论何种形式，其构造都要做到既能截流悬浮物固体，又能自动清理筛面。

（3）隔油。

废水中的油有浮油、分散油、乳化油、溶解油。隔油主要用于对废水中浮油的处理，它是利用水中油品与水密度的差异与水分离并加以清除的过程。隔油过程在隔油池中进行，目前常用的隔油池有两大类：平流式隔油池与斜流式隔油池。

（4）沉淀。

沉淀是利用废水中悬浮物密度比水大，悬浮物借助重力作用下沉而达到液固分离目的，使水质得到澄清。沉淀的作用主要有：作为化学处理与生物处理的预处理；用于化学处理或生物处理后，分离化学沉淀物、活性污泥或生物膜；污泥的浓缩脱水；灌溉农田前作为灌前处理。影响沉淀处理效果的因素有同离子效应、盐效应、酸效应、配位效应、水温。根据废水中悬浮物的浓度、性质和絮凝性能的不同，沉淀现象可分自由沉淀、絮凝沉淀、拥挤沉淀和压缩沉淀。沉淀是通过沉淀池进行的。沉淀池是一种分离悬浮颗粒的构筑物，根据构造可分为普通沉淀池和斜板斜管沉淀池。普通沉淀池应用较为广泛，按其池内水流方向，可分为平流式、竖流式和辐流式三种。

（5）过滤。

过滤是用过滤介质把废水中悬浮物和胶体截留在介质表面而除去，使水得以澄清的工艺过程。过滤介质有格栅、筛网、砂、滤布、塑料微孔管等。过滤可截留水中悬浮物、有机物、细菌、病毒等。滤池的形式多种多样，以石英砂为滤料的普通快滤池使用历史最久，并在此基础上出现了双层滤料、多层滤料和向上流过滤等。若按作用水头分，滤池可分为重力式滤池和压力式滤池两类。还有自动冲洗的虹吸滤池、无网滤池等。

（6）分离。

废水中悬浮物通过旋转，在离心力的作用下，悬浮颗粒质量大的被甩到外圈，质量小的则留在内圈，通过不同的出口可将它们分别引导出来，从而使悬浮物与水分离。常用的离心设备有旋流分离器和离心分离机等。

1）旋流分离器。旋流分离器又称水力旋流器。污水在水泵的压力或进出水的压头差作用下以切线方向进入设备，通过快速旋转而产生离心力。根据产生水流旋转能量的来源，旋流分离器又分为压力式水力旋流器和重力式水力旋流器两种。

2）离心分离机。离心分离机是利用惯性离心力来分离液态非均相混合物的机械，它和旋流分离器最大的不同在于后者无转动部分，而离心机的主要部件则是高速旋转的转鼓。转鼓安装在竖直或水平的轴上，由电动机带动旋转，同时也带动要处理的液体一起旋转。由于液体中悬浮固体颗粒和液体的密度不同而产生力的差异，从而达到分离的目的。

2. 化学处理法

化学处理法是废水处理的基本方法之一。它是利用化学反应原理及方法处理废水中的溶解物质或胶体物质，分离回收废水中的污染物或改变污染物的性质，使其从有害变为无害。化学处理法用来去除废水中的金属离子、细小的胶体有机物、无机物、植物营养素（氮、磷）、乳化油、色度、臭味、酸、碱等。化学处理法包括混凝、中和、氧化还原、化学沉淀、消毒、电解等。

（1）混凝。

混凝法是废水处理中一种经常采用的方法，是指向水中投加药剂，进行废水与药剂的混合，使废水中的胶体物质产生凝聚和絮凝的综合过程。处理的对象是废水中自然沉淀法难以沉淀除去的细小悬浮物及胶体微粒，可降低废水的浊度和色度，去除多种高分子有机物、某些重金属和放射性物质。混凝法还能改善污泥的脱水性能。它既可以作为独立的处理方法，也可以和其他处理方法配合使用，作为预处理、中间处理或最终处理。

凝聚是通过双电层作用而使胶体颗粒相互聚结的过程，絮凝是通过高分子物质的吸附作用而使胶体颗粒相互黏结的过程。高分子混凝剂溶于水后，会产生水解和缩聚反应而形成高聚合物，这种高聚合物是线型结构，线的一端拉着一个胶体颗粒，另一端拉着另一个胶体颗粒，在相距较远的两个微粒之间起着黏结架桥作用，使得微粒逐步变大，变成大颗粒的絮凝体（矾花）。这种由于高分子物质的吸附架桥而使微粒相互黏结的过程，就称为絮凝。换言之，絮凝是向水中投加高分子物质絮凝剂，帮助已经中和的胶体微粒进一步凝聚，使其更快地凝成较大的絮凝物，从而加速沉淀。

能够使水中的胶体微粒相互黏结和聚结的物质称为混凝剂。混凝剂应具有混凝效果好、对人类健康无害、价廉易得、使用方便等特点。目前，常用的有硫酸铝 $[Al_2(SO_4)_3]$、明矾 $[Al_2(SO_4)_3 \cdot K_2SO_4 \cdot 24H_2O]$、聚合氧化铝 $[Al_2(OH)_nCl_{(6-n)}]_m$、硫酸亚铁 $(Fe_2SO_4 \cdot 7H_2O)$、三氯化铁 $(FeCl_3 \cdot 6H_2O)$、聚丙烯酰胺等。混凝法的优点是设备简单，操作易于掌握，处理效果好，间歇或连续运行均可以。缺点是运行费用高，沉渣量大，且脱水较困难。

混凝沉淀处理流程包括混凝剂的配制、投药、混合、反应和沉淀分离几个部分。混凝沉淀分为混合、反应、沉淀三个阶段。混合阶段的作用主要是将药剂迅速、均匀地投加到废水中，以压缩废水中胶体颗粒的双电层，降低或消除胶粒的稳定性，使废水中胶体能互相聚集成较大的微粒——绒粒。混合阶段需要快速地进行搅拌，作用时间要短，以达到混合效果最好的状态。

反应阶段的作用是促使失去稳定的胶体粒子碰撞结合，成为可见的矾花绒粒，然后送入沉淀池进行分离。

投药方法有干法和湿法。干法是把经过破碎、易于溶解的药剂直接投入废水中。湿法是将混凝剂和助凝剂配成一定浓度的溶液，然后按处理水量大小定量投加。

影响混凝效果的因素主要有水温、水的pH和碱度，水中杂质的成分、性质和浓度，混凝剂投加时与水的混合速度，接触介质，混凝剂的用量及其混合的均匀性等。

（2）中和。

中和法就是利用化学酸碱中和的原理来处理含酸、碱的废水，使废水达到中性的过程。酸性废水中有的含无机酸如硫酸、硝酸、盐酸、磷酸、氢氟酸、氢氰酸等，有的含有机酸如乙酸、甲酸、柠檬酸等，主要来源于化工厂、化纤厂、电镀厂、煤加工厂及金属酸洗车间等。碱性废水中含有碱性物质，如氢氧化钠、碳酸钠、硫化钠及氨类等，主要来源于印染厂、炼油厂、造纸厂、金属加工厂等。

在处理酸碱废液时，对于浓度较高的酸碱废液（如酸含量大于3% ~ 5%的废酸液或碱含量大于1% ~ 3%的废碱液）时，应首先考虑综合利用，这样既可回收酸碱，又可大大减少或消除酸碱污水的处理。对于酸碱含量低的废水采用中和处理，使污水的pH恢复到中性附近的一定范围（pH为6 ~ 9），消除其危害。

中和法有酸、碱废水互相中和、投药中和及过滤中和。

1）酸、碱废水互相中和。酸、碱废水互相中和是一种既简单又经济的以废治废的处理方法，适用于各种浓度的酸碱污水。当酸、碱废水排出的水量、水质比较均匀、稳定，并且酸、碱含量又能相互平衡时，可直接利用水泵于吸水池或管道进行混合中和。如果水量、水质变化较大，可在调节池调节后再在中和池中和。若污水水量和水质变化较大，酸、碱含量很难平衡，则可补加碱（或酸）性中和剂。当出水水质要求很高，可采用间歇式中和池。

2）投药中和。投药中和是一种广泛应用的中和方法。此法可处理任何浓度、任何性质的酸碱污水，也可以调节污水的pH。

中和酸性废水常用的药剂有石灰、石灰石、氢氧化钠、碳酸钠、电石渣或白云石等。其中以石灰为最常用，因为其不仅价格便宜，可中和任何浓度的酸，而且在污水中形成石灰乳，对污水中的杂质具有凝聚作用，能降低污水中有机物含量和色度。

投药中和法的工艺过程主要包括中和药剂的制备与投配、混合与反应、中和产物的分离、泥渣的处理与利用。

酸性污水投药中和之前，有时需要进行预处理。预处理包括悬浮杂质的澄清、水质及水量的均和。前者可以减少投药量，后者可以创造稳定的处理条件。投加石灰有干投法和湿投法两种方式。

中和碱性污水常用的药剂有硫酸、盐酸及压缩二氧化碳，其中工业硫酸应用最多。

3）过滤中和。过滤中和法是指以具有中和能力的碱性固体颗粒物为滤料，采用过滤的形式使酸性废水通过滤料而得到中和的一种方法。这种方法适用于处理含酸浓度不大于3g/L并生成易溶盐的各种酸性废水。滤料有石灰石、白云石、大理石等，最常用的是石灰石。

（3）氧化还原。

废水中的氧化性和还原性有机物以及无机物，在加氧化剂或还原剂药剂后，发生氧化或还原作用，使废水中有害的污染物转化为无毒或低毒物质的方法称为氧化还原法。氧化可使污水中部分有机物分解，具有消毒杀菌作用。还原可使高价有毒离子转化为无毒离子。常用的氧化剂有氧气、臭氧、氯气、硝酸、硫酸、重铬酸钾、高锰酸钾、双氧水、氯酸钾、漂白粉等，常用的还原剂有铁、锌、铝、碳、二价铁离子、亚硫酸、硼氢化钠、一氧化碳、硫化氢等。氧化还原法的工艺过程及设备比较简单，通常只需一个反应池，投药混合并发生反应即可。

（4）化学沉淀。

化学沉淀法是向水中投加某些化学药剂，使之与废水中溶解性物质发生化学反应，生成难溶化合物，然后进行固液分离，从而除去废水中污染物的方法。通常在给水处理中用于去除钙、镁硬度，在废水处理中用于去除重金属锌、镉、铬、铅、铜等和某些非金属砷、氟等污染物。化学沉淀法的工艺流程和设备与混凝法相类似，一般步骤为化学沉淀剂的配制与投加，沉淀剂与原水混合、反应，固液分离，泥渣处理与利用。

根据采用的沉淀剂及反应的生成物不同，可将化学沉淀法分为氢氧化物沉淀法、硫化物沉淀法、钡盐沉淀法、碳酸盐沉淀法和铁氧体沉淀法等。

（5）消毒。

消毒是利用物理法和化学法杀灭废水中的病原微生物如细菌类、病毒类、原生动物类以及寄生虫类，防止疾病扩散，保护公用水体的过程。消毒与灭菌不同，消毒是对有害微生物的杀灭过程，而灭菌是杀灭或去除一切活的细菌或其他微生物以及它们的芽孢。

消毒分为化学法消毒与物理法消毒两大类。化学法消毒是通过向水中投加化学消毒剂来实现消毒，主要有氯化法、臭氧消毒法、二氧化氯消毒法等。物理法消毒是应用热、光波、电子流等来实现消毒作用的方法。在水的消毒处理中，采用或研究的物理消毒方法有加热消毒、紫外线消毒、辐射消毒、高压静电消毒以及微电解消毒等方法。

（6）电解。

电解法就是利用电解的基本原理，在废水中插入通直流的电极，废水中的污染物在阳极被氧化，在阴极上被还原，使离子电荷中和，转化为无害成分被分离出去。这种在阳、阴两极上分别发生氧化反应和还原反应，从而使某些污染物转化为无害物质以实现污水净化的方法即为电解法。电解法按照去除对象以及产生的电化学作用可分为电解氧化、电解还原、电解气浮、电解凝聚等方法。

电解法广泛用于处理含氰、含铬、含镉的电镀废水，以及各种无机和有机的耗氧物质，如硫化物、氨、酚、油、有色物质、致病微生物等，电解过程的影响因素有电极材料、槽电压、电流密度、污水的 pH、搅拌等。

3. 物理化学处理法

物理化学处理法利用物理化学作用来处理或回收废水中溶解性物质或胶体物质，回收有用组分，使废水得到深度净化，适用于处理杂质浓度很高的废水（用作回收利用的方法）或杂质浓度很低的废水（用作废水深度处理）。处理废水前一般要经过预处理，以减少废水中的悬浮物、油类、有害气体等杂质，或调整废水的pH，以提高回收率，减少损耗，浓缩的残渣要经过后处理以避免二次污染。物理化学处理法包括气浮、吸附、离子交换、膜分离、萃取、吹脱等方法。

（1）气浮。

气浮又称浮选法，利用高度分散的微小气泡作为载体去除黏附于废水中的污染物，使低密度固体物质上浮到水面，实现固液或液液分离。气浮适用于分离水中的细小悬浮物、藻类及微絮体，回收工业废水中的有用物质，分离回收含油废水中的悬浮油和乳化油，分离回收以分子或离子状态存在的目的物质如表面活性剂和金属离子等。

气浮法是根据表面张力的作用原理，当液体和空气相接触时，在接触面上的液体分子与液体内部液体分子的引力使之趋向于被拉向液体的内部，引起液体表面收缩至最小，使得液珠总是呈圆球形。这种企图缩小表面积的力为表面张力，其单位为 N/m。将空气注入废水时，与废水中存在的细小颗粒物质，共同组成三相系统。细小颗粒黏附到气泡上时，使气泡界面发生变化，引起界面能的变化。

（2）吸附。

吸附法处理废水是利用一种多孔性固体材料（吸附剂）的表面来吸附水中的溶解污染物、有机污染物等（称为溶质或吸附质），以便回收或去除，使废水得以净化。吸附法用以脱除水中的微量污染物，包括脱色、除臭、脱除重金属、脱除各种溶解性有机物及放射性元素等，多用于给水处理。在处理流程中，吸附法可作为离子交换、膜分离等方法的预处理，以去除有机物、胶体物及余氯等。吸附法也可以作为二级处理后的深度处理手段，以保证回用水的质量。吸附剂有活性炭、活化煤、白土、硅藻土、活性氧化铝、焦炭、树脂吸附剂、炉渣、木屑、煤灰等。吸附法适应范围广，处理效果好，可回收有用物料，吸附剂可重复使用，但对进水预处理要求较高，运转费用较贵，系统庞大，操作较麻烦。

吸附的基本原理是溶质从水中移向固体颗粒表面，是水、溶质和固体颗粒三者相互作用的结果。引起吸附的主要原因在于溶质对水的疏水特性和溶质对固体颗粒的高度亲和力。溶质对水的疏水特性主要取决于溶质的溶解程度。溶质的溶解度越大，溶质向吸附界面运动的可能性越小。相反，溶质的疏水性越大，溶质向吸附界面移动的可能性越大。溶质对固体颗粒的高度亲和力主要由溶质与吸附剂之间的静电引力、范德华力或化学键所引起，由此相对应，吸附可分为交换吸附、物理吸附和化学吸附三种类型。

（3）离子交换。

离子交换法是利用离子交换树脂进行物质处理而使水质净化的方法。离子交换树脂是带有可交换阳离子的阳离子交换树脂和带有可交换阴离子的阴离子交换树脂的交换剂。它具有一定的空间网络结构，在与废水溶液接触时，就与溶液中的离子进行交换，不溶性固体骨架在这一交换过程中不发生任何化学变化。离子交换法在工业上首先用于给水处理技术，如硬水的软化、脱碱除盐、去硅除氟、制备纯水等。在工业废水处理中可用于回收和去除工业废水中金、镍、镉、铜、铬等，去除原子能工业废水中的放射性同位素，还能去除污水中磷酸、硝酸、氨、有机物等。

离子交换法对污水的预处理要求较高，应用范围较窄，且离子交换剂的再生及再生液的处理有时也是一个难以解决的问题。此法具有离子去除效率高、设备较简单、操作易控制、离子交换树脂可以合成等优点。

（4）膜分离法。

膜分离法是利用一种特殊的膜，对液体中的某些成分进行选择性透过的方法。溶剂透过膜的过程称为渗透，溶质透过膜的过程称为渗析。常用的膜分离方法有电渗析、反渗透、超滤、自然渗析和液膜技术。

1）电渗析。在直流电作用下，利用离子交换膜对溶液中阴、阳离子的选择透过性（即阳离子只能穿过阳离子交换膜，而被阴离子膜所阻，同样阴离子能穿过阴离子交换膜，而被阳离子膜所阻）而使溶液中的溶质与水分离的一种物理化学过程。

此方法应用在环保方面进行废水处理已取得良好的效果，但是由于耗电量很高，多数还仅限于在以回收为目的的情况下使用。

2）反渗透法。反渗透是利用半渗透膜进行分子过滤来处理废水的一种新方法，又称膜分离技术。通过一张平透膜，在一定的压力下，将水分子压过去，而溶质则被膜所截留，废水得到浓缩，而压过膜的水就是处理过的水。反渗透膜是进行反渗膜分离的关键，反渗膜是一类具有不带电荷的亲水性基团的膜，膜材料主要有醋酸纤维膜、芳香族聚酰胺膜。

反渗透法可以除去水中比水分子大的溶解固体、溶解性有机物和胶状物质，近年来应用范围在不断扩大，多用于海水淡化、高纯水制造及苦咸水淡化等方面。

3）超滤。超滤也称过滤法，是利用半透膜对溶质分子大小的选择透过性而进行的膜分离过程。超滤法所需的压力较低，一般为 0.1 ~ 0.5mPa，而反渗透的操作压力则为 2~10mPa。因化工废水中含有各种各样的溶质物质，所以只采用单一的超滤方法，不可能去除不同相对分子质量的各类溶质，一般多是与反渗透法联合使用，或者与其他处理法联合使用，多用于物料浓缩。

（5）萃取。

萃取法是向废水中投加一种与水互不相溶，但能良好溶解污染物的溶剂，使其与废水充分混合接触，废水中污染物溶于溶剂中，然后分离废水和溶剂，即可使废水得到净化。再利用溶质与溶剂的沸点差将溶质蒸馏回收，再生后的溶剂可循环使用。使用的溶剂叫萃取剂，萃取后的溶剂称为萃取液，提出的物质叫萃取物。萃取法具有处理水量大，设备简单，便于自动控制，操作安全、快速，成本低等优点，因而该法具有广阔的应用前景。

萃取工艺包括混合、分离和回收三个主要工序。根据萃取剂与废水的接触方式不同，萃取操作有间歇式和连续式两种。其中间歇萃取的工艺及计算与间歇吸附相同。连续逆流萃取设备常用的有填料塔、筛板塔、脉冲塔、转盘塔和离心萃取机。

（6）吹脱。

吹脱法是将气体通入废水中，使其与废水充分接触，废水中的溶解气体和易挥发的溶质便穿过气液界面进入大气中，从而达到脱除溶解气体（污染物）的目的。若把解吸的污染物收集，可以将其回收或制取新产品。吹脱法常用于去除污水中含有的有毒、有害的溶解气体，如二氧化碳、硫化氢、氰化氢等。吹脱设备有吹脱池和吹脱塔（内装填料或筛板）等。

1）吹脱池。吹脱池有自然吹脱池与强化吹脱池两种。前者依靠池面液体与空气自然接触而脱除溶解气体，它适用于溶解气体极易挥发、水温较高、风速较大、有开阔地段和不产生二次污染的场合。若向池内鼓入空气或在池面上安装喷水管，则构成强化吹脱池。

2）吹脱塔。吹脱塔采用塔式装置，吹脱效率较高，有利于回收有用气体，防止二次污染。在塔内设置栅板或瓷环填料或筛板，以促进气液两相的混合，增加传质面积。

填料塔的主要特征是在塔内装置一定高度的填料层，污水由塔顶往下喷淋，空气由鼓风机从塔底送入，在塔内逆流接触，进行吹脱与氧化。污水吹脱后从塔底经水封管排出，自塔顶排出的气体可进行回收或进一步处理。

三、污泥的处理

1. 污泥的处理方法

在城市污水和工业废水处理过程中会产生很多沉淀物与漂浮物，即污泥。污泥的成分非常复杂，不仅含有很多有毒物质如病原微生物、寄生虫卵和重金属离子等，也可能含有可利用的物质，如植物营养素、氮、磷、钾、有机物等。这些污泥若不加以妥善处理，就会造成二次污染，所以污泥在排入环境之前必须予以充分的重视。

（1）污泥的浓缩。

污泥浓缩的目的是使污泥初步脱水，增加固态物含量，减少后续污泥处理单元（泵、消化池、脱水设备）所处理污泥的体积。固态物含量为 3% ~ 8% 的污泥经浓缩后体积可减少 50%。污泥浓缩的方法有重力沉淀、浮选、离心等。

（2）污泥的脱水与干化。

污泥脱水的主要目的是减少污泥中的水分。脱水可去除污泥异味，使污泥成为非腐败性物质。脱水方法主要有加压过滤、离心过滤等。从二次沉淀池排出的剩余污泥含水率高达 99% ~ 99.5%，污泥体积大，堆放和运输都不方便，所以污泥的脱水、干化是污泥处理方法中较为重要的环节。

（3）污泥的稳定。

污泥稳定的目的是减少病原体，去除引起异味的物质，抑制、减少并去除可能导致腐化的物质。污泥稳定过程一般包括厌氧消化、好氧消化、化学（石灰、杀菌剂）稳定和混合等。

1）污泥的厌氧消化。将污泥置于密闭的消化池中，利用厌氧微生物的作用，使有机物分解，这种有机物厌氧分解的过程称为发酵。由于发酵的最终产物是沼气，污泥消化池又称沼气池。当沼气池温度为 30 ~ 35℃时，正常情况下 $1m^3$ 污泥可产生沼气 10 ~ $15m^3$，其中甲烷含量大约为 50%。沼气可用作燃料和提取甲烷等。污泥厌氧消化处理工艺的运行管理要求较高，处理构筑物要求密封、容积大、数量多而且复杂，所以污泥厌氧消化法适用于大型污水处理厂，污泥量比较大、回收沼气量多的情况。

2）污泥的好氧消化。污泥的好氧消化是在污泥处理系统中曝气供氧，利用好氧和兼性菌，分解生物可降解有机物（污泥）及细菌原生质，并从中获得能量。污泥好氧消化法设备简单，运行管理比较方便，但运行能耗及费用较大，适用于小型污水处理厂，即污泥量不大、沼气回收量小的情况。当污泥受到工业废水影响，进行厌氧处理有困难时，也可采用好氧消化法。

（4）污泥的干燥与焚烧。

1）污泥干燥。污泥经脱水干化后，采用加热干燥法，在300～400℃的高温下将含水率降至10%～15%。这样既缩小了体积，便于包装运输，又不破坏肥分，还杀灭了病原菌和寄生虫卵，有利于卫生。用于污泥干燥的设备有回转炉和快速干燥器等。

2）污泥焚烧。污泥焚烧可将污泥中的水分全部除去，使有机成分完全无机化，最后残留物减至最小。此法的成本较高，只有在别无他法可施时方予以考虑。此外，还有一种湿法燃烧法，是在高温高压下，用空气将湿污泥中的有机物氧化，无须进行脱水干化。在固体废物处理中也常采用焚烧的方法。

含有机物多的污泥经脱水及消化处理后，可用作农田肥料。当污泥中含有有毒物质，不宜作肥料时，应采用焚烧法进行彻底无害化处理、填埋或筑路。

2. 污泥的利用

污泥中含有许多有用物质，充分利用则能化害为利，这是最积极的污泥的处理。

（1）用作农肥。

污泥经过浓缩消化后可直接用作农肥，有显著肥效，但其中重金属离子等有害物质的含量应在允许范围内。

（2）制取沼气。

污泥经过厌氧发酵产生沼气，可作为能源使用，也可提取四氯化碳或用作其他化工原料。

（3）制造建筑材料。

某些工业废水中污泥和沉渣中的一些成分可用作建筑材料，如污泥焚烧后掺加黏土和硅砂制砖，或在活性污泥中加进木屑、玻璃纤维后压制成板材，以无机物为主要成分的沉渣可用于铺路和填坑等。

第十五章　土壤污染与保护

第一节　土壤污染

一、土壤

1. 土壤的概念

土壤是指地球陆地表面具有一定肥力且能生长作物的疏松表层，是由岩石风化以及大气、水，特别是动植物和微生物对地壳表层长期作用而形成的。它介于大气圈、岩石圈、水圈和生物圈之间，是环境的独特组成部分，是人类宝贵的自然资源。

2. 土壤的组成

土壤是由固相、液相和气相物质组成的一个复杂体系。土壤固相物质包括矿物质和有机物两大部分。土壤矿物质是土壤物质组成的主体部分，主要包括原生矿物和次生矿物。原生矿物是指直接来源于岩石，在岩石的物理风化中形成的矿物部分。次生矿物则是岩石化学风化和成土过程中新形成的矿物质，如各种矿物盐类及铁、铝氧化物类和黏土矿物成分等。不同土壤类型或同一土壤类型的不同层次中，固相物质的组成种类、数量都不尽相同。有机物又可分为有机质和活性有机体。有机质主要是大分子有机物——腐殖质，主要集中分布在土壤表层，其数量比例虽不大，但它是土壤环境的重要物质成分。此外，还有处于未分解或半分解状态的有机残体和可溶性简单有机化合物。活性有机体是指种类繁多、数量巨大的土壤微生物和土壤动物。土壤液相物质包括土壤溶液、水及其溶解物等。土壤气相物质包括氮气、氧气、二氧化碳、水汽等，与大气成分相同。土壤溶液（液相）和土壤空气（气相）的状况通常取决于土壤团聚体结构和土壤质地。

二、土壤的特性

1. 土壤的物理性质

土壤作为人类社会赖以生存和发展的重要自然资源，其最基本的特性之一就是具有肥力。所谓土壤肥力，是指土壤具有连续不断地供应植物生长发育所需的水分、营养元素以及协调土壤空气和温度等环境条件的能力。按其产生的原因可将土壤肥力分为自然肥力和人工肥力。自然肥力是在自然成土因素如生物、气候、母质、地形地貌、水文和时间等共同作用下形成的肥力。人工肥力则是在人为活动如种植、耕作、施肥、灌溉和土壤改良措施等的影响下产生的肥力。土壤还具有同化和代谢外界输入物质的能力，亦即土壤的净化能力。它能消纳部分污染物质，减少对土壤环境的污染。

2. 土壤的胶体性质

土壤胶体是土壤固体颗粒物中最细小的具有胶体性质的微粒。土壤中含有的无机胶体包括黏土矿物和铁、铝、硅等水合氧化物，有机胶体主要是腐殖质以及少量的生物活动产生的有机物和有机—无机复合胶体。腐殖质作为土壤有机胶体，具有吸收性能、缓冲性能以及与土壤重金属的配合性能等，这些性能对土壤结构、土壤性质和土壤质量都有重大影响。

3. 土壤的吸附与交换

土壤具有吸附并保持固态、液态和气态物质的能力，称为土壤的吸附性能。土壤的吸附性能与土壤中存在的胶体物质密切联系。土壤胶体以其特有的性质，使其具有吸附性。

（1）土壤胶体具有极大的比表面积和表面能。

比表面积是单位质量物质的表面积，表面能是由于处于表面的分子受到的引力不平衡而具有的剩余能量。物质的比表面积越大，表面能也越大，越容易把某些分子态的物质吸附在其表面上。土壤无机胶体中以蒙脱石比表面积最大（$600 \sim 800m^2/g$），高岭石最小（$7 \sim 30m^2/g$），有机胶体具有极大的比表面积（$700m^2/g$），与蒙脱石相当。胶体表面分子与内部分子所处的状态不同，受到内外部两种不同的引力，因而胶体具有多余的自由能即表面能，这是土壤胶体具有吸附作用的主要原因。

（2）土壤胶体的电性。

土壤胶体微粒一般带负电荷，表面具有双电层，即负离子层（决定电位离子层）和正离子层（反离子层或扩散层）。

（3）土壤胶体的凝聚性和分散性。

一方面，由于土壤胶体微粒带负电荷，胶体粒子相互排斥，具有分散性。负电荷越多，负的电动电位越高，分散性越强。另一方面，土壤溶液中含有阳离子，可中和负电荷使胶体凝聚，同时由于胶体比表面能很大，为减少表面能，胶体也具有相互吸引、凝聚的趋势。

4. 土壤的酸碱性

土壤的酸碱性是土壤的重要化学性质之一，是土壤在形成过程中受生物、气候、地质、水文等因素的综合作用所产生的重要性质。

（1）土壤酸度。

根据土壤中氢离子存在的形式，土壤酸度可分为两类：活性酸度和潜性酸度。

活性酸度也称为有效酸度，是土壤溶液中氢离子浓度直接反映出来的酸度，通常用 pH 表示。潜性酸度是由土壤胶体吸附的可代换性氢离子、铝离子造成的。可代换性氢离子、铝离子只有通过离子交换作用产生氢离子才显示酸性，因此称潜性酸度。活性酸度与潜性酸度是存在于同一平衡体系的两种酸度，二者可以相互转换，一定条件下可处于暂时平衡。活性酸度是土壤酸度的现实表现，土壤胶体是氢离子、铝离子的储存库，因此潜性酸度是活性酸度的储备。一般情况下，潜性酸度远大于活性酸度。

（2）土壤碱度。

土壤溶液中的氢氧根离子主要来源于碱金属和碱土金属的碳酸盐类，即碳酸盐碱度和重碳酸盐碱度的总量称为总碱度，可用滴定法测定。土壤中存在二氧化碳，可生成碳酸氢钠或碳酸钠，因此吸附钠离子多的土壤大多呈碱性。

（3）土壤的缓冲作用。

由于土壤复杂的特性，其不同成分具有对外界变化引起 pH 变化的缓冲作用。土壤溶液 pH 为 6.2 ~ 7.8，土壤溶液的缓冲体系包括碳酸氢根离子、碳酸根离子、蛋白质、氨基酸等两性物质。

三、土壤污染的性质

土壤污染是指由于人类活动所产生的物质（污染物）通过多种途径进入土壤，其数量和速度超过了土壤的容纳能力和净化速度，使土壤的性质、组成及性状等发生变化。污染物的积累过程逐渐占优势，破坏了土壤的自然动态平衡，从而导致土壤自然功能失调，土壤质量恶化，作物的生长发育受影响，产品的产量和质量下降，产生一定的环境效应（水体或大气发生次生污染），并可通过食物链对生物和人类构成危害。

当污染物进入土壤后，通过土体对污染物质的物理吸附、过滤阻留及胶体的物理化学吸附、化学沉淀、生物吸收等过程，污染物不断在土壤中积累，当其含量达到一定数量时，便引发土壤污染。

1. 土壤污染类型

土壤污染的类型目前并无严格的划分，如从污染物的属性来考虑，一般可分为有机物污染、无机物污染、生物污染与放射性物质的污染等。

（1）有机物污染。

有机污染物可分为天然有机污染物与人工合成有机污染物，这里主要是指后者，它包括有机废弃物（工农业生产及生活废弃物中生物易降解与生物难降解有机毒物）、农药（包括杀虫剂、杀菌剂与除莠剂）等污染。塑料地膜也是有机污染物。

（2）无机物污染。

无机污染物随地壳变迁、火山爆发、岩石风化等天然过程进入土壤，或随人类的生产与消费活动而进入。采矿、冶炼、机械制造、建筑、化工等生产部门，每天都排放大量的无机污染物，生活垃圾中的煤渣也是土壤无机物的重要组成部分。

（3）生物污染。

生物污染指一个或几个有害生物种群，从外界侵入土壤，大量繁殖，破坏原来的动态平衡，对人类健康与土壤生态系统造成不良影响。造成土壤生物污染的主要物质来源是未经处理的粪便、垃圾、城市生活污水、伺养场与屠宰场的污物等，其中危害最大的是传染病医院未经消毒处理的污水与污物。土壤生物污染不仅可能危害人体健康，而且有些长期在土壤中存活的植物病原体还能严重地危害植物，造成农业减产。

（4）放射性物质的污染。

此种污染主要指人类活动排放出的放射性污染物，能使土壤的放射性水平高于天然本底值。放射性污染物是指各种放射性核素，它的放射性与其化学状态无关。

放射性核素可通过多种途径污染土壤。放射性废水排放到地面上，放射性固体废物埋藏处置在地下，核企业发生放射性排放事故等，都会造成局部地区土壤的严重污染。大气中的放射性物质沉降，施用含有铀、镭等放射性核素的磷肥，用放射性污染的河水灌溉农田也会造成土壤放射性污染，虽然这种污染一般程度较轻，但污染的范围较大。

土壤被放射性物质污染后，通过放射性衰变，能产生 α、β、γ 射线。这些射线能穿透人体组织，损害细胞或造成外照射损伤，或通过呼吸系统或食物链进入人体，造成内照射损伤。

2. 土壤污染源

土壤污染源可分为天然污染源和人为污染源。天然污染源是指自然界自行向环境排放有害物质的场所，如活动的火山。人为污染源是指人类活动所形成的污染物排放源。土壤污染源按照其来源不同可分为污水灌溉、固体废物的农业利用、农业污染、大气污染、生物污染。

3. 土壤污染的特点

土壤污染的特点，见表15-1。

表 15-1 土壤污染的特点

特点	主要内容
隐蔽性或潜伏性	水体和大气的污染比较直观，而土壤污染则不同。土壤污染往往要通过粮食、蔬菜、水果或牧草等农作物生长状况的改变以及摄食这些作物的人或动物的健康状况变化反映出来。特别是土壤重金属污染，往往要通过对土壤样品进行分析化验和对农作物重金属的残留检测，甚至通过研究对人畜健康状况的影响才能确定
不可逆性和长期性	土壤一旦遭到污染，往往极难恢复，特别是重金属元素对土壤的污染几乎是一个不可逆过程，而许多有机化学物质的污染也需要比较长的降解时间
间接危害性	土壤污染的后果是进入土壤的污染物危害植物，也可以通过食物链危害动物和人体健康。土壤中的污染物随水分渗漏在土壤内并发生移动，可对地下水造成污染，或通过地表径流进入江河、湖泊等，对地表水造成污染。土壤遭风蚀后，其中的污染物可附着在土粒上被扬起，土壤中有些污染物也以气态的形式进入大气。因此，污染的土壤往往又是造成大气和水体污染的二次污染源
土壤污染的难治理性	大气和水体受到污染，切断污染源之后通过稀释和净化作用，大气和水体的污染状况有可能会不断改善，但是积累在污染土壤中的难降解污染物则很难靠稀释作用和自净化作用来消除。土壤污染一旦发生，仅仅依靠切断污染源的方法往往很难恢复，有时要靠换土、淋洗土壤等方法才能解决问题，其他治理技术则可能见效较慢。因此，治理污染土壤通常成本较尚，治理周期很长

四、土壤污染的危害

1. 土壤污染导致严重的直接经济损失

对于各种土壤污染造成的经济损失，目前尚缺乏系统的调查资料。仅以土壤重金属污染为例，全国每年因重金属污染而减产粮食 10^7t，另外被重金属污染的粮食每年也多达 1.2×10^7t，合计经济损失至少 200 亿元。

2. 土壤污染导致食物品质不断下降

我国大多数城市近郊土壤都受到了不同程度的污染，有许多地方粮食、蔬菜、水果等食物中镉、铬、砷、铅等重金属含量超标或接近临界值。有些地区污水灌溉已经使得蔬菜的味道变差、易烂，甚至出现难闻的异味，农产品的储藏品质和加工品质也不能满足深加工的要求。

3. 土壤污染危害人体健康

土壤污染会使污染物在植（作）物体中积累，并通过食物链富集到人体和动物体中，危害人畜健康，引发癌症和其他疾病等。

4. 土壤污染导致其他环境问题

土地受到污染后，含重金属浓度较高的污染表土容易在风力和水力的作用下分别进入到大气和水体中，导致大气污染、地表水污染、地下水污染和生态系统退化等其他次生生态环境问题。

第二节　土壤自净

一、土壤的自净作用

1. 自净作用

土壤自净作用是土壤本身通过吸附、分解、迁移、转化而使土壤污染物浓度降低甚至消失的过程。只要污染物浓度不超过土壤的自净容量，就不会造成污染。一般地，增加土壤有机质含量，增加或改善土壤胶体的种类和数量，改善土壤结构，可以增大土壤自净容量（或环境容量）。此外，发现、分离和培育新的微生物品种并引入土体，以增强生物降解作用，也是提高土壤自净能力的一种重要方法。

2. 土壤自净作用机理

按土壤自净作用机理的不同，土壤自净作用可划分为物理净化、物理化学净化、化学净化和生物净化四个方面（见表15-2）。

表 15-2　土壤自净作用

项目	主要内容
物理净化	土壤是一个多相的疏松多孔体系，犹如一个天然过滤器，固相中的各类胶态物质（土壤胶体）又具有很强的表面吸附能力，土壤对物质的滞阻能力很强，因而，进入土壤中的难溶性固体污染物可被土壤机械阻留。可溶性污染物被土壤水分稀释，毒性降低，或被土壤固相表面吸附（指物理吸附），也可能随水迁移至地表水或地下水中。特别是那些易溶的污染物（如硝酸盐、亚硝酸盐等）以及以中性分子和阴离子形态存在的某些农药等，随水迁移的可能性更大。某些污染物可挥发或转化成气态物质在土壤孔隙中迁移、扩散，甚至进入大气
物理化学净化	所谓土壤环境的物理化学净化作用，是指污染物的阴、阳离子与土壤胶体原来吸附的阴、阳离子之间的离子交换吸附作用。此种净化作用为可逆离子交换反应，服从质量作用定律，同时，此种净化作用也是土壤环境缓冲作用的重要机制。其净化能力的大小用土壤阳离子交换量或阴离子交换量来衡量。污染物的阴、阳离子被交换吸附到土壤胶体上，降低了土壤溶液中这些离子的活度，相对减轻了有害离子对植物生长的不利影响。由于一般土壤中带负电荷的胶体较多，因此，土壤对阳离子或带正电荷的污染物的净化能力较强。当污水中污染物离子浓度不大时，经过土壤的物理化学净化以后，就能得到较好的净化效果。增加土壤中胶体的含量，特别是有机胶体的含量，可以提高土壤的物理化学净化能力。此外，土壤 pH 增高，有利于对污染阳离子进行净化；相反，则有利于对污染阴离子进行净化

项目	主要内容
化学净化	污染物进入土壤后，可能发生一系列的化学反应，如凝聚与沉淀反应、氧化还原反应、配合—螯合反应、酸碱中和反应、同晶置换反应（次生矿物形成过程中）、水解反应、分解和化合反应，或者发生由太阳辐射能引起的光化学降解作用等。这些化学反应，或者使污染物转化成难溶、难解离性物质，使危害程度和毒性减小，或者分解为无毒或营养物质。这些净化作用统称为化学净化作用
生物净化	生物净化是指有机污染物在土壤微生物（如细菌、真菌、放线菌等）作用下，将复杂的有机物降解，逐步无机化或腐殖化而达到自净。有机物的无机化或腐殖化过程是病原微生物和蠕虫卵死亡的主要条件。日光照射、土壤温度改变、土壤微生物的拮抗作用和噬菌作用、一些植物根系分泌的植物杀菌素对某些真菌的杀灭作用等，都影响病原微生物和蠕虫卵的生存

二、土壤污染物的转化

1. 重金属

（1）土壤重金属污染。

土壤重金属污染是指人类活动使重金属在土壤中的累积量明显高于土壤环境背景值，致使土壤环境质量下降和生态恶化的现象。重金属的采掘、冶炼、矿物燃烧及化肥的生产和施用是土壤重金属污染的主要污染源，见表 15-3。

表 15-3 土壤重金属的主要来源

元素	主要来源
汞	制碱、汞化物生产等工业废水和污泥，含汞农药，金属汞蒸汽
镉	冶炼、电镀、染料工业废水及污泥和废气，肥料杂质
铜	冶炼、钢制品生产等工业废水及污泥和废渣，含铜农药
锌	冶炼、镀锌、纺织等工业废水及污泥和废渣，含锌农药和磷肥
铬	冶炼、镀锌、制革、印染等工业废水和污泥
铅	颜料、冶炼等工业废水，防爆汽油燃烧废气，农药
镍	冶炼、电镀、炼油、染料等工业废水和污泥
砷	硫酸、化肥、农药、医药、玻璃等工业废水和废气，含砷农药
硒	电子、电器、油漆、墨水等工业排放物

重金属元素在土壤中一般不易随水移动，不能被微生物分解，而是在土壤中累积，甚至有的可能转化成毒性更强的化合物（如甲基化合物），进而被植物吸收并在植物体内富集转化，给人类带来潜在危害。重金属在土壤中的累积初期不易被人

274

们觉察和关注，属于潜在危害，一旦毒害作用比较明显地表现出来，也就难以彻底消除。通过各种途径进入土壤中的重金属种类很多，其中影响较大，目前研究较多的重金属元素有汞、镉、砷、铅、铜、锌等。各元素本身具有不同的化学性质，因而造成的污染危害也不尽相同。

（2）土壤重金属污染的生物效应。

植物对各种重金属的需求有很大差别，有些重金属是植物生长发育中并不需要的元素，而且对人体健康的直接危害十分明显，如汞、镉、铅等。有些元素则是植物正常生长发育所必需的微量元素，包括铁、锰、锌、铜、钼、钴等，但如果这些元素在土壤中的含量过高，也会发生污染危害。土壤因受重金属污染而对作物生长产生危害时，不同的重金属危害并不相同。例如，铜、锌主要是妨碍植物正常生长发育。土壤受铜污染，可使水稻生长不良，过量铜被植物根系吸收后会形成稳定的配合物，破坏植物根系的正常代谢功能，引起水稻减产。镉、汞、铅等元素污染一般不会引起植物生长发育障碍，但这些元素会在植物体内蓄积，如镉、汞、铅可在水稻体内累积形成"镉米""汞米""铅米"，我国局部地区已有发现。

土壤重金属污染对植物的影响或对植物的生物效应，受到多种因素的控制。例如，重金属形态是决定重金属有效性程度的基础。一般来说，植物吸收重金属的量随土壤溶液中可溶态重金属浓度的升高而增加，同时还受重金属从土壤固相形态向液相形态转移数量的影响。

除上述影响因素外，重金属污染的生物效应还与重金属之间及其他常量元素之间的交互作用有关。

2. 化肥农药

农药能防治病、虫、草害，如果使用得当，可保证作物增产，但它是一类危害性很大的土壤污染物，施用不当会引起土壤污染。喷施于作物体上的农药（粉剂、水剂、乳液等），除部分被植物吸收或逸入大气外，约有一半散落于农田，这一部分农药与直接施用于田间的农药（如拌种消毒剂、地下害虫熏蒸剂和杀虫剂等）构成农田土壤中农药的基本来源。农作物从土壤中吸收农药，在根、茎、叶、果实和种子中积累，通过食物、饲料危害人体和牲畜的健康。此外，农药在杀虫、防病的同时，也使有益于农业的微生物、昆虫、鸟类遭到伤害，破坏了生态系统，使农作物遭受间接损失。所以，农药污染现已成为全球性的环境问题。农药进入土壤后，与土壤中的固、气、液体物质发生一系列化学、物理化学和生物化学反应。通过上述反应，土壤中的农药发生三方面的作用：第一，土壤的吸附作用使农药残留于土壤中。第二，农药在土壤中进行气、水迁移，并被植物吸收。第三，农药在土壤中发生化学、光化学和生物化学降解作用，残留量逐渐减少。

3. 污染土壤的修复

土壤污染通过食物链、饮水、呼吸或直接接触等多种途径，危害动物和人类的身体健康。对于已经污染的土壤，针对不同土壤污染物的种类可采取下列改良手段：

（1）增施有机肥，改良砂性土壤。

土壤腐殖质可以促进土壤对有毒物质的吸附作用，增加土壤容量，提高土壤自净能力。在保持耕地生产能力的前提下，可适当压缩粮、棉、油等传统农产品的种植，发展蔬菜、花卉等农产品的种植。

（2）改变耕作制。

改变土壤环境条件，可消除某些污染物的毒害，实现水旱轮作、间作、套种、休耕等方法，做到用地与养地相结合，减轻或消除农药污染。

（3）换土、深翻、刮土。

对换出的污染土壤必须妥善处理，防止次生污染。将污染的土壤翻到下层，掩埋深度应根据不同作物根系发育特点，以不致污染作物为原则。这种方法适用于污染较轻的地区。

（4）合理使用农药、化肥。

对残留量高、本身毒性大的农药，应该控制使用范围、使用量和使用次数。大力试制和发展高效、低毒和低残留并且对病虫害有防治效果而对非生物目标（如农作物）没有妨害的农药新品种。理想的农药药效应当长到足以杀死病虫害并能及时得到降解。

（5）加改良剂减少重金属对土壤的污染。

施加改良剂主要用于加速有机物的分解，降低重金属在土壤中的停留时间。加入石灰、磷肥、硅酸盐类的化肥，它们可与重金属污染物发生反应，使其转化为难溶性化合物，降低重金属在土壤和植物体内的停留时间。

（6）生物防治。

土壤污染物可以通过生物降解或吸收而净化土壤。研究分离和培育新的微生物品种，增强生物降解作用，是提高土壤净化能力的重要措施之一。

对矿山（特别是有色金属矿）及其周围地域的农田，应通过土壤普查、农产品重金属含量测定，确定其是否适宜种植农作物。对土壤中重金属元素含量高的农田，应结合退耕还林，转而种植用材林、薪炭林，但不宜培育干鲜果林。

农业生态工程治理是合理利用和改良严重污染农田的综合途径。一是在污染区种植非食用作物，收获后从茎秆中提取酒精，残渣压制纤维板。二是繁育建材、观赏苗木和绿化用草皮。这些措施既可以美化环境，又可以净化土壤。

第三节　土壤环境的保护

一、控制污染源

1. 大气污染的控制

大气污染会对人类和其他生物造成危害。大气污染的防治措施很多，但最根本的一条是减少污染源。一般采用工业合理布局，区域采暖和集中供热，减少交通废气的污染，改变燃料构成，绿化造林。

2. 水污染的控制

（1）减少和消除污染物排放的废水量。

第一，可采用改进工艺，减少甚至不排废水，或者降低有毒废水的毒性。第二，重复利用废水。第三，控制废水中污染物浓度，回收有用产品。第四，处理好城市垃圾与工业废渣，避免因降水或径流的冲刷、溶解而污染水体。

（2）全面规划，合理布局，进行区域性综合治理；加强监测管理，制定法律和控制标准。

3. 固体废物的处理与处置

固体废物处理指通过物理、化学、生物等不同方法，使固体废物适于运输、储存、资源化利用，以及最终处置的一种过程。固体废物的物理处理包括破碎、分选、沉淀、过滤、离心分离等处理方式。化学处理包括焚烧、焙烧、热解、溶出、固化等处理方式。生物处理包括好氧分解与厌氧分解等处理方式。固体废物处置是指最终处理，目的在于寻求固体废物的最终归宿，如焚烧、综合利用、卫生填埋、安全填埋等。

二、土壤环境的保护措施

1. 水土流失控制

地球上人类赖以生存的基本条件就是土壤和水分。在山区、丘陵区和风沙区，不利的自然因素和人类不合理的经济活动，造成地面的水和土离开原来的位置，流失到较低的地方，再经过坡面、沟壑，汇集到江河河道，这种现象称为水土流失。

目前，我国水土流失的治理措施主要有两种：一种是生物措施，通过植树造林，特别是种植抗旱保水的植被，利用其强大的根系锁住水分，如在黄土高原地区开展的大规模退耕还林；另一种是工程措施，把坡地推成梯田，利用鱼鳞坑、水窖等积水，结合小流域综合治理。

2．沙漠化控制

人们把因过度使用和管理不当导致耕地变成荒地的过程称为土地沙漠化或荒漠化。自然界中，如果地表失去具有保护作用的草皮或树木，土壤就很容易受到风雨侵蚀，逐步出现沙漠化。在沙漠化初期，地表的细微尘土被风带走，造成降尘。而后，地面上粗糙的沙粒也会随风而起，形成沙尘暴。我国的沙漠及沙漠化土地面积约为 $1.607 \times 10^{6} km^{2}$，占国土面积的 16.7%。当前我国沙漠化土地面积正以每年 $2460 km^{2}$ 的速度扩展，而且还有加速扩大的趋势。大量的研究结果表明，沙漠化产生的根源是人口对土地的压力过大。因此沙漠化的治理应该从提高沙漠化土地的承载力，减缓和消除过重的人口压力入手。我国对沙漠化土地治理的具体措施如下：

在农牧交错地区，可针对沙区中居民点、耕地、草场相对分散分布的特点，以生态户为基础，采取天然封育，调整以旱作农业为主的土地利用结构，扩大林草用地比例，集约经营水土条件较好的土地，并营造防风沙林带、林网，在沙丘表面栽植固沙植物，在丘间地营造片林或封育；在草原牧区，除了合理确定草场载畜量，轮牧和建立人工草地及饲料基地外，还应与合理配置水井、确定放牧点密度、修建牧道等结合起来；在干旱地带，要以内陆河流域为生态单元进行全面规划，合理确定用水计划，以绿洲为中心，建立绿洲内部护田林网、绿洲边缘乔灌结合的防沙林带和绿洲外围沙丘固定带，形成一个完整的防治体系。

3．盐渍化控制

灌溉渠系和田间灌水的渗漏，可引起地下水位的上升。地下水通过蒸发自土壤表层而散失，地下水和土壤中的盐分将留在土壤中。当地下水位上升和盐分积累到一定程度后，将导致土壤的沼泽化和盐渍化。

通过修建完善的水平或竖井排水系统，可以降低地下水位，避免土壤根层和灌溉土地面积上积盐，但需要较大的投资。大部分灌区由于排水中所带走的盐分小于自灌渠引进的盐分，灌区所控制范围仍将处于积盐状态。灌溉水所带来的盐分，一部分将随灌溉水的渗漏进入深层，导致土壤和地下水含水层矿化度的增加，一部分将被地下水输送至灌区内的洼地、非耕地和荒地，使盐分在这些地区聚积，对灌区土地的进一步开发利用造成困难。为将灌区的排水排出区外，需要有一定的排水出路，在以河流、湖泊等水体为容泄区的情况下，高矿化度和含有一定有毒物质的排水，将导致水环境的恶化，给野生动物甚至人类的健康造成不利的影响，也威胁着灌区的持续发展。应在整个灌区对进水盐分进行分析，确定应采取的控制盐渍化的工程、农业技术和管理措施。

4．控制土壤污染方法

控制和消除土壤污染源，即在控制进入土壤中的污染物的数量和速度的同时，利用土壤本身对污染物所具有的净化能力来达到消除污染物的目的。

（1）采用生物防治。

所谓生物防治，就是利用捕食害虫或寄生于害虫体内外的生物，抑制或控制害虫数量及其发展。这种方法消除了土壤污染源，减少了土壤中污染物的含量，既是自然保护生态平衡的好方法，又是防止土壤污染的有效措施。利用生物防治害虫，在我国有悠久的历史。我国古代就有利用一种蚁防治柑橘害虫的事例。

生物防治包括：一是利用天敌防治有害生物；二是利用作物对病菌的抗性；三是改变农业耕作环境，以减少害虫的发生。生物防治还包括利用放射线处理害虫，使它们成为不育性个体，而后释放出去与其他害虫交配，使其后代失去繁殖能力；通过改变有害昆虫的遗传基因，使其后代活力降低、生殖力减弱或出现遗传不育；利用激素或其他代谢产物，使某些昆虫失去繁殖能力等。

（2）施加抑制剂。

对重金属轻度污染的土壤，施加某些抑制剂，可改变重金属污染物质在土壤中的迁移转化方向，促进某些有毒物质转化为难溶物质，以减少作物吸收。常用的抑制剂有石灰、碱性磷酸盐、硅酸钙等。

（3）控制土壤的氧化还原条件。

水稻土壤的氧化还原状况，可控制水稻土壤中重金属的迁移转化。据研究，淹水状态下，土壤具有较强的还原性，即氧化还原电位很低，在这种条件下，土壤中的硫酸根离子可还原为硫离子，而重金属大部分为亲硫元素，此时硫离子就可与重金属离子形成硫化物沉淀，从而降低土壤中重金属离子浓度。

（4）改变耕作制度。

改变耕作制度，从而改变土壤环境条件，可消除某些污染物的毒害。据我国苏北棉田旱改水试验，棉田中施加的（双对氯苯基三氯乙烷）和六六六由于降解很慢，在田中积累的残留量较大，消除困难。而棉田改水田后，大大加速 DDT 的降解，仅一年左右，残存在土壤中的 DDT 就基本消失。因此，实行水旱轮作，是减轻或消除农药污染的有效措施。

（5）深耕翻土。

被重金属或难分解的化学农药严重污染的土壤，在面积不大的情况下，可采用深翻客土和换土的方法来去除污染物。但是对换出的土壤，必须妥善处理，防止再次污染。此外，也可将污染土壤深翻到下层，埋藏深度应根据不同作物根系发育的实际情况，以不致污染作物而定。

参考文献

［1］方承远，张振国.工厂电气控制技术［M］.3版.北京：机械工业出版社，2006.

［2］赵明，许缪.工厂电气控制设备［M］.2版.北京：机械工业出版社，2005.

［3］齐占庆，王振臣.机床电气控制技术［M］.4版.北京：机械工业出版社，2008.

［4］高玉奎.简明维修电工手册［M］.北京：中国电力出版社，2005.

［5］李仁.电器控制［M］.北京：机械工业出版社，2002.

［6］阮友松.电气控制与 PLC 实训教程［M］.北京：人民邮电出版社，2006.

［7］韩顺杰，吕树清.电气控制技术［M］.北京：北京大学出版社，中国林业出版社，2006.

［8］吴寅生.机床电气［M］.北京：机械工业出版社，2003.

［9］张质文.起重机设计手册［M］.北京：中国铁道出版社，2001.

［10］白森懋，等.起重机械驾驶安全技术［M］.上海：上海市质量技术监督局，2005.

［11］张质文.电气控制技术与技能训练［M］.北京：电子工业出版社，2010.

［12］高速公路丛书编委会.高速公路环境保护与绿化［M］.人民交通出版社，2001.

［13］王祥荣.生态园林与城市环境保护［J］.中国园林，1998（2）：14-16.

［14］鲁如坤.土壤磷素水平和水体环境保护［J］.磷肥与复肥，2003，18（1）：4-6.

［15］江玉林，杜娟.高等级公路生态环境保护问题与对策［J］.公路，2000（8）：68-72.

［16］余德辉，王金南.发展循环经济是 21 世纪环境保护的战略选择［J］.环境科学研究，2002（3）：36-38.

［17］潘岳.环境保护与公众参与［J］.文明，2004（6）：6-8.

［18］赵细康.环境保护与产业国际竞争力：理论与实证分析［M］.中国社会科学出版社，2003.